中国农业标准经典收藏系列

畜牧业行业标准汇编

（2004—2011）

第　二　卷

农　业　部　畜　牧　业　司
全　　国　　畜　　牧　　总　　站　编
全国畜牧业标准化技术委员会

U0248152

中　国　农　业　出　版　社

前　　言

改革开放 30 多年来，我国畜牧业克服了产业波动影响，突破了资源环境制约，保持了产业平稳较快发展的良好势头，为保障主要畜产品有效供给和质量安全、促进农民增收、推动草原牧区生产和生态协调发展，作出了重要贡献。畜牧业标准作为产业发展的技术基础和科技成果转化的桥梁纽带，对于提高畜产品质量安全水平、提升行业监管能力、应对国际贸易竞争、规范市场行为和促进畜牧业持续健康发展，具有不可替代的重要作用。

当前，我国畜牧业正处于由传统向现代转型的关键时期，加快转变畜牧业生产方式、推进畜禽标准化规模养殖，是今后一段时期畜牧行业的核心工作，也是《全国现代农业建设规划（2011—2015 年）》明确的重点任务。要全面实现畜禽养殖的标准化，必须尽快建立健全完善的畜牧业标准体系，进一步加大现行标准的宣传和推广力度，通过生产实践对标准的科学性、先进性、有效性和实用性进行全面地检验，不断提升畜牧业标准制修订水平和推广应用率。为方便广大畜牧生产从业人员、科研教学工作者和行业管理人员在工作中了解和应用标准，我们将 2004—2011 年期间由农业部发布的畜牧业行业标准汇编成册，以飨读者。

本汇编共四卷，收集了畜牧业行业标准 142 项，内容涵盖了名称术语等基础标准、品种资源标准、养殖生产管理标准、生产环境标准、畜禽饲养标准、畜产品质量等级和规格要求标准、畜产品加工技术和设计要求标准、质量安全限量及检测方法标准以及草业环境与基础设施、资源管理、生产与加工、产品质量与控制等标准。

由于时间仓促，难免有疏漏和错误之处，敬请广大读者批评指正。

编委会

前 言

目　　录

ICS 65.020.30
B 43

NY

中华人民共和国农业行业标准

NY/T 33—2004
代替 NY/T 33—1986

鸡饲养标准

Feeding standard of chicken

2004-08-25 发布

2004-09-01 实施

中华人民共和国农业部 发布

前　言

本标准代替 NY/T 33—1986。

本标准由中华人民共和国农业部提出并归口。

本标准主要起草单位：中国农业科学院畜牧研究所、中国农业科学院饲料研究所、中国农业大学动物科技学院、广东省农业科学院畜牧研究所、山东省农业科学院家禽研究所。

本标准主要起草人：文杰、蔡辉益、呙于明、齐广海、陈继兰、张桂芝、刘国华、熊本海、苏基双、计成、刁其玉、刘汉林。

鸡 饲 养 标 准

1 范围

本标准适用于专业化养鸡场和配合饲料厂。蛋用鸡营养需要适用于轻型和中型蛋鸡，肉用鸡营养需要适用于专门化培育的品系，黄羽肉鸡营养需要适用于地方品种和地方品种的杂交种。

2 规范性引用文件

下列文件中的条款通过本标准的引用而成为本标准的条款。凡是注日期的引用文件，其随后所有的修改单(不包括勘误的内容)或修订版均不适用于本标准，然而，鼓励根据本标准达成协议的各方研究是否可使用这些文件的最新版本。凡是不注日期的引用文件，其最新版本适用于本标准。

GB/T 6432 饲料中粗蛋白质含量的测定
GB/T 6433 饲料中粗脂肪含量的测定
GB/T 6435 饲料中水分及干物质含量的测定
GB/T 6436 饲料中钙含量的测定
GB/T 6437 饲料中总磷含量的测定
GB/T 10647 饲料工业通用术语
GB/T 15400 饲料中氨基酸含量的测定

3 术语和定义

下列术语和定义适用于本标准。

3.1

蛋用鸡 layer

人工饲养的、用于生产供人类食用蛋的鸡种。

3.2

肉用鸡 meat-type chicken

人工饲养的、用于供人类食肉的鸡种。这里指专门化培育品系肉鸡。

3.3

黄羽肉鸡 Chinese color-feathered chicken

指《中国家禽品种志》及省、市、自治区地方《畜禽品种志》所列的地方品种鸡，同时还含有这些地方品种鸡血缘的培育品系、配套系鸡种，包括黄羽、红羽、褐羽、黑羽、白羽等羽色。

3.4

代谢能 metabolizable energy

食入饲料的总能减去粪、尿排泄物中的总能即为代谢能，也称表观代谢能，英文简写为AME。以兆焦或兆卡表示。

蛋白能量比CP/ME：每兆焦或每千卡饲粮代谢能所含粗蛋白的克数。

赖氨酸能量比Lys/ME：每兆焦或每千卡饲粮代谢能所含赖氨酸的克数。

3.5

粗蛋白质 crude protein

粗蛋白质包括真蛋白质和非蛋白质含氮化合物，英文简写为CP。无论饲养标准还是饲料成分表中的蛋白质含量，都由含氮量乘以6.25而来。

3.6

表观可利用氨基酸 apparent available amino acids

食入饲料的氨基酸减去粪尿中排泄的氨基酸即为表观可利用氨基酸。氨基酸表观利用率(AAAA%)的计算公式为式(1)：

$$AAAA\% = \frac{饲料中氨基酸 - 粪尿中氨基酸}{饲料中氨基酸} \times 100 \quad \cdots\cdots (1)$$

3.7

非植酸磷 nonphytate P

饲料中不与植酸成结合态的磷，即总磷减去植酸磷。

3.8

必需矿物质元素 mineral

饲料或动物组织中的无机元素为矿物质元素，以百分数(%)表示者为常量元素，用毫克/千克(mg/kg)表示者为微量元素。

3.9

维生素 vitamin

维生素是一族化学结构不同、营养作用和生理功能各异的有机化合物。维生素既非供能物质，也非动物的结构成分。主要用于控制和调节物质代谢。以国际单位(IU)或毫克(mg)表示。

4 鸡的营养需要

4.1 蛋用鸡的营养需要

生长蛋鸡、产蛋鸡的营养需要见表1和表2。生长蛋鸡体重与耗料量见表3。

表1 生长蛋鸡营养需要

Table 1 Nutrient Requirements of Immature Egg-Type Chickens

营养指标 Nutrient	单位 Unit	0周龄～8周龄 0wks～8wks	9周龄～18周龄 9wks～18wks	19周龄～开产 19wks～onset of lay
代谢能 ME	MJ/kg(Mcal/kg)	11.91(2.85)	11.70(2.80)	11.50(2.75)
粗蛋白质 CP	%	19.0	15.5	17.0
蛋白能量比 CP/ME	g/MJ(g/Mcal)	15.95(66.67)	13.25(55.30)	14.78(61.82)
赖氨酸能量比 Lys/ME	g/MJ(g/Mcal)	0.84(3.51)	0.58(2.43)	0.61(2.55)
赖氨酸 Lys	%	1.00	0.68	0.70
蛋氨酸 Met	%	0.37	0.27	0.34
蛋氨酸+胱氨酸 Met+Cys	%	0.74	0.55	0.64
苏氨酸 Thr	%	0.66	0.55	0.62
色氨酸 Trp	%	0.20	0.18	0.19
精氨酸 Arg	%	1.18	0.98	1.02
亮氨酸 Leu	%	1.27	1.01	1.07
异亮氨酸 Ile	%	0.71	0.59	0.60
苯丙氨酸 Phe	%	0.64	0.53	0.54
苯丙氨酸+酪氨酸 Phe+Tyr	%	1.18	0.98	1.00
组氨酸 His	%	0.31	0.26	0.27

表 1 （续）

营养指标 Nutrient	单位 Unit	0 周龄～8 周龄 0wks～8wks	9 周龄～18 周龄 9wks～18wks	19 周龄～开产 19wks～onset of lay
脯氨酸 Pro	%	0.50	0.34	0.44
缬氨酸 Val	%	0.73	0.60	0.62
甘氨酸＋丝氨酸 Gly＋Ser	%	0.82	0.68	0.71
钙 Ca	%	0.90	0.80	2.00
总磷 Total P	%	0.70	0.60	0.55
非植酸磷 Nonphytate P	%	0.40	0.35	0.32
钠 Na	%	0.15	0.15	0.15
氯 Cl	%	0.15	0.15	0.15
铁 Fe	mg/kg	80	60	60
铜 Cu	mg/kg	8	6	8
锌 Zn	mg/kg	60	40	80
锰 Mn	mg/kg	60	40	60
碘 I	mg/kg	0.35	0.35	0.35
硒 Se	mg/kg	0.30	0.30	0.30
亚油酸 Linoleic Acid	%	1	1	1
维生素 A Vitamin A	IU/kg	4 000	4 000	4 000
维生素 D Vitamin D	IU/kg	800	800	800
维生素 E Vitamin E	IU/kg	10	8	8
维生素 K Vitamin K	mg/kg	0.5	0.5	0.5
硫胺素 Thiamin	mg/kg	1.8	1.3	1.3
核黄素 Riboflavin	mg/kg	3.6	1.8	2.2
泛酸 Pantothenic Acid	mg/kg	10	10	10
烟酸 Niacin	mg/kg	30	11	11
吡哆醇 Pyridoxine	mg/kg	3	3	3
生物素 Biotin	mg/kg	0.15	0.10	0.10
叶酸 Folic Acid	mg/kg	0.55	0.25	0.25
维生素 B_{12} Vitamin B_{12}	mg/kg	0.010	0.003	0.004
胆碱 Choline	mg/kg	1 300	900	500

注：根据中型体重鸡制订，轻型鸡可酌减 10%；开产日龄按 5%产蛋率计算。
Based on middle-weight layers but reduced 10% for light-weight. The day of 5% egg production is the onset lay age.

表2 产蛋鸡营养需要

Table 2 Nutrient Requirements of Laying Hens

营养指标 Nutrient	单位 Unit	开产~高峰期(>85%) Onset of lay~over 85% rate of lay	高峰后(<85%) Rate of lay<85%	种鸡 Breeder
代谢能 ME	MJ/kg(Mcal/kg)	11.29(2.70)	10.87(2.65)	11.29(2.70)
粗蛋白质 CP	%	16.5	15.5	18.0
蛋白能量比 CP/ME	g/MJ(g/Mcal)	14.61(61.11)	14.26(58.49)	15.94(66.67)
赖氨酸能量比 Lys/ME	g/MJ(g/Mcal)	0.64(2.67)	0.61(2.54)	0.63(2.63)
赖氨酸 Lys	%	0.75	0.70	0.75
蛋氨酸 Met	%	0.34	0.32	0.34
蛋氨酸+胱氨酸 Met+Cys	%	0.65	0.56	0.65
苏氨酸 Thr	%	0.55	0.50	0.55
色氨酸 Trp	%	0.16	0.15	0.16
精氨酸 Arg	%	0.76	0.69	0.76
亮氨酸 Leu	%	1.02	0.98	1.02
异亮氨酸 Ile	%	0.72	0.66	0.72
苯丙氨酸 Phe	%	0.58	0.52	0.58
苯丙氨酸+酪氨酸 Phe+Tyr	%	1.08	1.06	1.08
组氨酸 His	%	0.25	0.23	0.25
缬氨酸 Val	%	0.59	0.54	0.59
甘氨酸+丝氨酸 Gly+Ser	%	0.57	0.48	0.57
可利用赖氨酸 Available Lys	%	0.66	0.60	—
可利用蛋氨酸 Available Met	%	0.32	0.30	—
钙 Ca	%	3.5	3.5	3.5
总磷 Total P	%	0.60	0.60	0.60
非植酸磷 Nonphytate P	%	0.32	0.32	0.32
钠 Na	%	0.15	0.15	0.15
氯 Cl	%	0.15	0.15	0.15
铁 Fe	mg/kg	60	60	60
铜 Cu	mg/kg	8	8	6
锰 Mn	mg/kg	60	60	60
锌 Zn	mg/kg	80	80	60
碘 I	mg/kg	0.35	0.35	0.35
硒 Se	mg/kg	0.30	0.30	0.30
亚油酸 Linoleic Acid	%	1	1	1
维生素 A Vitamin A	IU/kg	8 000	8 000	10 000
维生素 D Vitamin D	IU/kg	1 600	1 600	2 000
维生素 E Vitamin E	IU/kg	5	5	10
维生素 K Vitalmin K	mg/kg	0.5	0.5	1.0

表 2 （续）

营养指标 Nutrient	单位 Unit	开产～高峰期(>85%) Onset of lay～over 85% rate of lay	高峰后(<85%) Rate of lay<85%	种鸡 Breeder
硫胺素 Thiamin	mg/kg	0.8	0.8	0.8
核黄素 Riboflavin	mg/kg	2.5	2.5	3.8
泛酸 Pantothenic Acid	mg/kg	2.2	2.2	10
烟酸 Niacin	mg/kg	20	20	30
吡哆醇 Pyridoxine	mg/kg	3.0	3.0	4.5
生物素 Biotin	mg/kg	0.10	0.10	0.15
叶酸 Folic Acid	mg/kg	0.25	0.25	0.35
维生素 B_{12} Vitamin B_{12}	mg/kg	0.004	0.004	0.004
胆碱 Choline	mg/kg	500	500	500

表 3　生长蛋鸡体重与耗料量

Table 3　Body Weight and Feed Consumption of Immature Egg-type Chicken

周龄 wks	周末体重,克/只 BW,g/bird	耗料量,克/只 FI,g/bird	累计耗料量,克/只 Accumulative FI,g/bird
1	70	84	84
2	130	119	203
3	200	154	357
4	275	189	546
5	360	224	770
6	445	259	1 029
7	530	294	1 323
8	615	329	1 652
9	700	357	2 009
10	785	385	2 394
11	875	413	2 807
12	965	441	3 248
13	1 055	469	3 717
14	1 145	497	4 214
15	1 235	525	4 739
16	1 325	546	5 285
17	1 415	567	5 852
18	1 505	588	6 440
19	1 595	609	7 049
20	1 670	630	7 679

注:0～8 周龄为自由采食,9 周龄开始结合光照进行限饲。

Fed at liberty during 0～8 weeks, controlled feeding begging at 9th week combing lighting regime.

4.2 肉用鸡营养需要

肉用仔鸡营养需要量见表4、表5,体重与耗料量见表6。

表4 肉用仔鸡营养需要之一

Table 4 Nutrient Requirement of Broilers (1)

营养指标 Nutrient	单位 Unit	0周龄~3周龄 0wks~3wks	4周龄~6周龄 4wks~6wks	7周龄~ 7 wks~
代谢能 ME	MJ/kg(Mcal/kg)	12.54(3.00)	12.96(3.10)	13.17(3.15)
粗蛋白质 CP	%	21.5	20.0	18.0
蛋白能量比 CP/ME	g/MJ(g/Mcal)	17.14(71.67)	15.43(64.52)	13.67(57.14)
赖氨酸能量比 Lys/ME	g/MJ(g/Mcal)	0.92(3.83)	0.77(3.23)	0.67(2.81)
赖氨酸 Lys	%	1.15	1.00	0.87
蛋氨酸 Met	%	0.50	0.40	0.34
蛋氨酸+胱氨酸 Met+Cys	%	0.91	0.76	0.65
苏氨酸 Thr	%	0.81	0.72	0.68
色氨酸 Trp	%	0.21	0.18	0.17
精氨酸 Arg	%	1.20	1.12	1.01
亮氨酸 Leu	%	1.26	1.05	0.94
异亮氨酸 Ile	%	0.81	0.75	0.63
苯丙氨酸 Phe	%	0.71	0.66	0.58
苯丙氨酸+酪氨酸 Phe+Tyr	%	1.27	1.15	1.00
组氨酸 His	%	0.35	0.32	0.27
脯氨酸 Pro	%	0.58	0.54	0.47
缬氨酸 Val	%	0.85	0.74	0.64
甘氨酸+丝氨酸 Gly+Ser	%	1.24	1.10	0.96
钙 Ca	%	1.0	0.9	0.8
总磷 Total P	%	0.68	0.65	0.60
非植酸磷 Nonphytate P	%	0.45	0.40	0.35
氯 Cl	%	0.20	0.15	0.15
钠 Na	%	0.20	0.15	0.15
铁 Fe	mg/kg	100	80	80
铜 Cu	mg/kg	8	8	8
锰 Mn	mg/kg	120	100	80
锌 Zn	mg/kg	100	80	80
碘 I	mg/kg	0.70	0.70	0.70
硒 Se	mg/kg	0.30	0.30	0.30
亚油酸 Linoleic acid	%	1	1	1
维生素 A Vitamin A	IU/kg	8 000	6 000	2 700
维生素 D Vitamin D	IU/kg	1 000	750	400
维生素 E Vitamin E	IU/kg	20	10	10

表 4 (续)

营养指标 Nutrient	单位 Unit	0 周龄~3 周龄 0wks~3wks	4 周龄~6 周龄 4wks~6wks	7 周龄~ 7 wks~
维生素 K Vitamin K	mg/kg	0.5	0.5	0.5
硫胺素 Thiamin	mg/kg	2.0	2.0	2.0
核黄素 Riboflavin	mg/kg	8	5	5
泛酸 Pantothenic Acid	mg/kg	10	10	10
烟酸 Niacin	mg/kg	35	30	30
吡哆醇 Pyridoxine	mg/kg	3.5	3.0	3.0
生物素 Biotin	mg/kg	0.18	0.15	0.10
叶酸 Folic Acid	mg/kg	0.55	0.55	0.50
维生素 B_{12} Vitamin B_{12}	mg/kg	0.010	0.010	0.007
胆碱 Choline	mg/kg	1 300	1 000	750

表 5 肉用仔鸡营养需要之二

Table 5 Nutrient Requirement of Broilers (2)

营养指标 Nutrient	单位 Unit	0 周龄~2 周龄 0wks~2wks	3 周龄~6 周龄 3wks~6wks	7 周龄~ 7wks~
代谢能 ME	MJ/kg(Mcal/kg)	12.75(3.05)	12.96(3.10)	13.17(3.15)
粗蛋白质 CP	%	22.0	20.0	17.0
蛋白能量比 CP/ME	g/MJ(g/Mcal)	17.25(72.13)	15.43(64.52)	12.91(53.97)
赖氨酸能量比 Lys/ME	g/MJ(g/Mcal)	0.88(3.67)	0.77(3.23)	0.62(2.60)
赖氨酸 Lys	%	1.20	1.00	0.82
蛋氨酸 Met	%	0.52	0.40	0.32
蛋氨酸+胱氨酸 Met+Cys	%	0.92	0.76	0.63
苏氨酸 Thr	%	0.84	0.72	0.64
色氨酸 Trp	%	0.21	0.18	0.16
精氨酸 Arg	%	1.25	1.12	0.95
亮氨酸 Leu	%	1.32	1.05	0.89
异亮氨酸 Ile	%	0.84	0.75	0.59
苯丙氨酸 Phe	%	0.74	0.66	0.55
苯丙氨酸+酪氨酸 Phe+Tyr	%	1.32	1.15	0.98
组氨酸 His	%	0.36	0.32	0.25
脯氨酸 Pro	%	0.60	0.54	0.44
缬氨酸 Val	%	0.90	0.74	0.72
甘氨酸+丝氨酸 Gly+Ser	%	1.30	1.10	0.93
钙 Ca	%	1.05	0.95	0.80
总磷 Total P	%	0.68	0.65	0.60
非植酸磷 Nonphytate P	%	0.50	0.40	0.35

表 5 （续）

营养指标 Nutrient	单位 Unit	0 周龄～2 周龄 0wks～2wks	3 周龄～6 周龄 3wks～6wks	7 周龄～ 7wks～
钠 Na	%	0.20	0.15	0.15
氯 Cl	%	0.20	0.15	0.15
铁 Fe	mg/kg	120	80	80
铜 Cu	mg/kg	10	8	8
锰 Mn	mg/kg	120	100	80
锌 Zn	mg/kg	120	80	80
碘 I	mg/kg	0.70	0.70	0.70
硒 Se	mg/kg	0.30	0.30	0.30
亚油酸 Linoleic acid	%	1	1	1
维生素 A Vitamin A	IU/kg	10 000	6 000	2 700
维生素 D Vitamin D	IU/kg	2 000	1 000	400
维生素 E Vitamin E	IU/kg	30	10	10
维生素 K Vitamin K	mg/kg	1.0	0.5	0.5
硫胺素 Thiamin	mg/kg	2	2	2
核黄素 Riboflavin	mg/kg	10	5	5
泛酸 Pantothenic Acid	mg/kg	10	10	10
烟酸 Niacin	mg/kg	45	30	30
吡哆醇 Pyridoxine	mg/kg	4.0	3.0	3.0
生物素 Biotin	mg/kg	0.20	0.15	0.10
叶酸 Folic Acid	mg/kg	1.00	0.55	0.50
维生素 B_{12} Vitamin B_{12}	mg/kg	0.010	0.010	0.007
胆碱 Choline	mg/kg	1 500	1 200	750

表 6　肉用仔鸡体重与耗料量

Table 6　Body Weight and Feed Consumption of Broilers

周龄 wks	体重，克/只 BW，g/bird	耗料量，克/只 FI，g/bird	累计耗料量，克/只 Accumulative FI，g/bird
1	126	113	113
2	317	273	386
3	558	473	859
4	900	643	1 502
5	1 309	867	2 369
6	1 696	954	3 323
7	2 117	1 164	4 487
8	2 457	1 079	5 566

肉用种鸡营养需要见表 7，体重与耗料量见表 8。

表 7　肉用种鸡营养需要

Table 7　Nutrient Requirements of Meat-type Chicken Breeders

营养指标 Nutrient	单位 Unit	0 周龄～6 周龄 0wks～6wks	7 周龄～18 周龄 7wks～18wks	19 周龄～开产 19wks～Onset of lay	开产至高峰期(产蛋>65%) Onset of lay to >65%Rate of lay	高峰期后(产蛋<65%) Rate of lay <65%
代谢能 ME	MJ/kg(Mcal/kg)	12.12(2.90)	11.91(2.85)	11.70(2.80)	11.70(2.80)	11.70(2.80)
粗蛋白质 CP	%	18.0	15.0	16.0	17.0	16.0
蛋白能量比 CP/ME	g/MJ(g/Mcal)	14.85(62.07)	12.59(52.63)	13.68(57.14)	14.53(60.71)	13.68(57.14)
赖氨酸能量比 Lys/ME	g/MJ(g/Mcal)	0.76(3.17)	0.55(2.28)	0.64(2.68)	0.68(2.86)	0.64(2.68)
赖氨酸 Lys	%	0.92	0.65	0.75	0.80	0.75
蛋氨酸 Met	%	0.34	0.30	0.32	0.34	0.30
蛋氨酸+胱氨酸 Met+Cys	%	0.72	0.56	0.62	0.64	0.60
苏氨酸 Thr	%	0.52	0.48	0.50	0.55	0.50
色氨酸 Trp	%	0.20	0.17	0.16	0.17	0.16
精氨酸 Arg	%	0.90	0.75	0.90	0.90	0.88
亮氨酸 Leu	%	1.05	0.81	0.86	0.86	0.81
异亮氨酸 Ile	%	0.66	0.58	0.58	0.58	0.58
苯丙氨酸 Phe	%	0.52	0.39	0.42	0.51	0.48
苯丙氨酸+酪氨酸 Phe+Tyr	%	1.00	0.77	0.82	0.85	0.80
组氨酸 His	%	0.26	0.21	0.22	0.24	0.21
脯氨酸 Pro	%	0.50	0.41	0.44	0.45	0.42
缬氨酸 Val	%	0.62	0.47	0.50	0.66	0.51
甘氨酸+丝氨酸 Gly+Ser	%	0.70	0.53	0.56	0.57	0.54
钙 Ca	%	1.00	0.90	2.0	3.30	3.50
总磷 Total P	%	0.68	0.65	0.65	0.68	0.65
非植酸磷 Nonphytate P	%	0.45	0.40	0.42	0.45	0.42
钠 Na	%	0.18	0.18	0.18	0.18	0.18
氯 Cl	%	0.18	0.18	0.18	0.18	0.18
铁 Fe	mg/kg	60	60	80	80	80
铜 Cu	mg/kg	6	6	8	8	8
锰 Mn	mg/kg	80	80	100	100	100
锌 Zn	mg/kg	60	60	80	80	80
碘 I	mg/kg	0.70	0.70	1.00	1.00	1.00
硒 Se	mg/kg	0.30	0.30	0.30	0.30	0.30
亚油酸 Linoleic Acid	%	1	1	1	1	1
维生素 A Vitamin A	IU/kg	8 000	6 000	9 000	12 000	12 000
维生素 D Vitamin D	IU/kg	1 600	1 200	1 800	2 400	2 400
维生素 E Vitamin E	IU/kg	20	10	10	30	30
维生素 K Vitamin K	mg/kg	1.5	1.5	1.5	1.5	1.5

表7（续）

营养指标 Nutrient	单位 Unit	0周龄～6周龄 0wks～6wks	7周龄～18周龄 7wks～18wks	19周龄～开产 19wks～Onset of lay	开产至高峰期（产蛋>65%） Onset of lay to >65%Rate of lay	高峰期后（产蛋<65%） Rate of lay <65%
硫胺素 Thiamin	mg/kg	1.8	1.5	1.5	2.0	2.0
核黄素 Riboflavin	mg/kg	8	6	6	9	9
泛酸 Pantothenic Acid	mg/kg	12	10	10	12	12
烟酸 Niacin	mg/kg	30	20	20	35	35
吡哆醇 Pyridoxine	mg/kg	3.0	3.0	3.0	4.5	4.5
生物素 Biotin	mg/kg	0.15	0.10	0.10	0.20	0.20
叶酸 Folic Acid	mg/kg	1.0	0.5	0.5	1.2	1.2
维生素 B_{12} Vitamin B_{12}	mg/kg	0.010	0.006	0.008	0.012	0.012
胆碱 Choline	mg/kg	1 300	900	500	500	500

表8 肉用种鸡体重与耗料量

Table 8 Body Weight and Feed Consumption of Meat-type Chicken Breeders

周龄 wks	体重，克/只 BW，g/bird	耗料量，克/只 FI，g/bird	累计耗料量，克/只 Accumulative FI，g/bird
1	90	100	100
2	185	168	268
3	340	231	499
4	430	266	765
5	520	287	1 052
6	610	301	1 353
7	700	322	1 675
8	795	336	2 011
9	890	357	2 368
10	985	378	2 746
11	1 080	406	3 152
12	1 180	434	3 586
13	1 280	462	4 048
14	1 380	497	4 545
15	1 480	518	5 063
16	1 595	553	5 616
17	1 710	588	6 204
18	1 840	630	6 834
19	1 970	658	7 492
20	2 100	707	8 199
21	2 250	749	8 948

表 8 (续)

周龄 wks	体重,克/只 BW,g/bird	耗料量,克/只 FI,g/bird	累计耗料量,克/只 Accumulative FI,g/bird
22	2 400	798	9 746
23	2 550	847	10 593
24	2 710	896	11 489
25	2 870	952	12 441
29	3 477	1 190	13 631
33	3 603	1 169	14 800
43	3 608	1 141	15 941
58	3 782	1 064	17 005

4.3 黄羽肉鸡营养需要

黄羽肉鸡仔鸡营养需要见表 9,体重及耗料量见表 10。

表 9 黄羽肉鸡仔鸡营养需要

Table 9 Nutrient Requirements of Chinese Color-feathered Chicken

营养指标 Nutrient	单位 Unit	♀0 周龄~4 周龄 ♂0 周龄~3 周龄 ♀0wks~4wks ♂0wks~3wks	♀5 周龄~8 周龄 ♂4 周龄~5 周龄 ♀5wks~8wks ♂4wks~5wks	♀>8 周龄♂>5 周龄 ♀>8wks♂>5wks
代谢能 ME	MJ/kg(Mcal/kg)	12.12(2.90)	12.54(3.00)	12.96(3.10)
粗蛋白质 CP	%	21.0	19.0	16.0
蛋白能量比 CP/ME	g/MJ(g/Mcal)	17.33(72.41)	15.15(63..3)	12.34(51.61)
赖氨酸能量比 Lys/ME	g/MJ(g/Mcal)	0.87(3.62)	0.78(3.27)	0.66(2.74)
赖氨酸 Lys	%	1.05	0.98	0.85
蛋氨酸 Met	%	0.46	0.40	0.34
蛋氨酸+胱氨酸 Met+Cys	%	0.85	0.72	0.65
苏氨酸 Thr	%	0.76	0.74	0.68
色氨酸 Trp	%	0.19	0.18	0.16
精氨酸 Arg	%	1.19	1.10	1.00
亮氨酸 Leu	%	1.15	1.09	0.93
异亮氨酸 Ile	%	0.76	0.73	0.62
苯丙氨酸 Phe	%	0.69	0.65	0.56
苯丙氨酸+酪氨酸 Phe+Tyr	%	1.28	1.22	1.00
组氨酸 His	%	0.33	0.32	0.27
脯氨酸 Pro	%	0.57	0.55	0.46
缬氨酸 Val	%	0.86	0.82	0.70
甘氨酸+丝氨酸 Gly+Ser	%	1.19	1.14	0.97
钙 Ca	%	1.00	0.90	0.80
总磷 Total P	%	0.68	0.65	0.60
非植酸磷 Nonphytate P	%	0.45	0.40	0.35
钠 Na	%	0.15	0.15	0.15

表 9 （续）

营养指标 Nutrient	单位 Unit	♀0 周龄～4 周龄 ♂0 周龄～3 周龄 ♀0wks～4wks ♂0wks～3wks	♀5 周龄～8 周龄 ♂4 周龄～5 周龄 ♀5wks～8wks ♂4wks～5wks	♀>8 周龄♂>5 周龄 ♀>8wks♂>5wks
氯 Cl	%	0.15	0.15	0.15
铁 Fe	mg/kg	80	80	80
铜 Cu	mg/kg	8	8	8
锰 Mn	mg/kg	80	80	80
锌 Zn	mg/kg	60	60	60
碘 I	mg/kg	0.35	0.35	0.35
硒 Se	mg/kg	0.15	0.15	0.15
亚油酸 Linoleic Acid	%	1	1	1
维生素 A Vitamin A	IU/kg	5 000	5 000	5 000
维生素 D Vitamin D	IU/kg	1 000	1 000	1 000
维生素 E Vitamin E	IU/kg	10	10	10
维生素 K Vitamin K	mg/kg	0.50	0.50	0.50
硫胺素 Thiamin	mg/kg	1.80	1.80	1.80
核黄素 Riboflavin	mg/kg	3.60	3.60	3.00
泛酸 Pantothenic Acid	mg/kg	10	10	10
烟酸 Niacin	mg/kg	35	30	25
吡哆醇 Pyridoxine	mg/kg	3.5	3.5	3.0
生物素 Biotin	mg/kg	0.15	0.15	0.15
叶酸 Folic Acid	mg/kg	0.55	0.55	0.55
维生素 B_{12} Vitamin B_{12}	mg/kg	0.010	0.010	0.010
胆碱 Choline	mg/kg	1 000	750	500

表 10 黄羽肉鸡仔鸡体重及耗料量

Table 10 Body Weight and Feed Consumption of Chinese Color-feathered Chicken

周龄 wks	周末体重，克/只 BW，g/bird		耗料量，克/只 FI，g/bird		累计耗料量，克/只 Accumulative FI，g/bird	
	公鸡 Male	母鸡 Female	公鸡 Male	母鸡 Female	公鸡 Male	母鸡 Female
1	88	89	76	70	76	70
2	199	175	201	130	277	200
3	320	253	269	142	546	342
4	492	378	371	266	917	608
5	631	493	516	295	1 433	907
6	870	622	632	358	2 065	1 261
7	1 274	751	751	359	2 816	1 620
8	1 560	949	719	479	3 535	2 099

表 10 (续)

周龄 wks	周末体重,克/只 BW,g/bird		耗料量,克/只 FI,g/bird		累计耗料量,克/只 Accumulative FI,g/bird	
	公鸡 Male	母鸡 Female	公鸡 Male	母鸡 Female	公鸡 Male	母鸡 Female
9	1 814	1 137	836	534	4 371	2 633
10		1 254		540		3 028
11		1 380		549		3 577
12		1 548		514		4 091

黄羽肉鸡种鸡营养需要见表 11,生长期体重与耗料量见表 12。

黄羽肉鸡种鸡产蛋期体重与耗料量见表 13。

表 11 黄羽肉鸡种鸡营养需要

Table 11 Nutrient Requirements of Chinese Color—feathered Chicken Breeders

营养指标 Nutrient	单位 Unit	0 周龄~6 周龄 0wks~6wks	7 周龄~18 周龄 7wks~18wks	19 周龄~开产 19wks~Onset of lay	产蛋期 Laying Period
代谢能 ME	MJ/kg(Mcal/kg)	12.12(2.90)	11.70(2.70)	11.50(2.75)	11.50(2.75)
粗蛋白 CP	%	20.0	15.0	16.0	16.0
蛋白能量比 CP/ME	g/MJ(g/Mcal)	16.50(68.96)	12.82(55.56)	13.91(58.18)	13.91(58.18)
赖氨酸能量比 Lys/ME	g/MJ(g/Mcal)	0.74(3.10)	0.56(2.32)	0.70(2.91)	0.70(2.91)
赖氨酸 Lys	%	0.90	0.75	0.80	0.80
蛋氨酸 Met	%	0.38	0.29	0.37	0.40
蛋氨酸+胱氨酸 Met+Cys	%	0.69	0.61	0.69	0.80
苏氨酸 Thr	%	0.58	0.52	0.55	0.56
色氨酸 Try	%	0.18	0.16	0.17	0.17
精氨酸 Arg	%	0.99	0.87	0.90	0.95
亮氨酸 Leu	%	0.94	0.74	0.83	0.86
异亮氨酸 Ile	%	0.60	0.55	0.56	0.60
苯丙氨酸 Phe	%	0.51	0.48	0.50	0.51
苯丙氨酸+酪氨酸 Phe+Tyr	%	0.86	0.81	0.82	0.84
组氨酸 His	%	0.28	0.24	0.25	0.26
脯氨酸 Pro	%	0.43	0.39	0.40	0.42
缬氨酸 Val	%	0.60	0.52	0.57	0.70
甘氨酸+丝氨酸 Gly+Ser	%	0.77	0.69	0.75	0.78
钙 Ca	%	0.90	0.90	2.00	3.00
总磷 Total P	%	0.65	0.61	0.63	0.65
非植酸磷 Nonphytate P	%	0.40	0.36	0.38	0.41

表 11 （续）

营养指标 Nutrient	单位 Unit	0 周龄～6 周龄 0wks～6wks	7 周龄～18 周龄 7wks～18wks	19 周龄～开产 19wks～Onset of lay	产蛋期 Laying Period
钠 Na	%	0.16	0.16	0.16	0.16
氯 Cl	%	0.16	0.16	0.16	0.16
铁 Fe	mg/kg	54	54	72	72
铜 Cu	mg/kg	5.4	5.4	7.0	7.0
锰 Mn	mg/kg	72	72	90	90
锌 Zn	mg/kg	54	54	72	72
碘 I	mg/kg	0.60	0.60	0.90	0.90
硒 Se	mg/kg	0.27	0.27	0.27	0.27
亚油酸 Linoleic Acid	%	1	1	1	1
维生素 A Vitamin A	IU/kg	7 200	5 400	7 200	10 800
维生素 D Vitamin D	IU/kg	1 440	1 080	1 620	2 160
维生素 E Vitamin E	IU/kg	18	9	9	27
维生素 K Vitamin K	mg/kg	1.4	1.4	1.4	1.4
硫胺素 Thiamin	mg/kg	1.6	1.4	1.4	1.8
核黄素 Riboflavin	mg/kg	7	5	5	8
泛酸 Pantothenic Acid	mg/kg	11	9	9	11
烟酸 Niacin	mg/kg	27	18	18	32
吡哆醇 Pyridoxine	mg/kg	2.7	2.7	2.7	4.1
生物素 Biotin	mg/kg	0.14	0.09	0.09	0.18
叶酸 Folic Acid	mg/kg	0.90	0.45	0.45	1.08
维生素 B_{12} Vitamin B_{12}	mg/kg	0.009	0.005	0.007	0.010
胆碱 Choline	mg/kg	1 170	810	450	450

表 12 黄羽肉鸡种鸡生长期体重与耗料量

Table 12 Body Weight and Feed Consumption of Chinese Color-feathered Chicken Breeders during Growing Period

周龄 wks	体重，克/只 BW，g/bird	耗料量，克/只 FI，g/bird	累计耗料量，克/只 Accumulative FI，g/bird
1	110	90	90
2	180	196	286
3	250	252	538
4	330	266	804
5	410	280	1 084
6	500	294	1 378
7	600	322	1 700
8	690	343	2 043
9	780	364	2 407

表 12 （续）

周龄 wks	体重,克/只 BW,g/bird	耗料量,克/只 FI,g/bird	累计耗料量,克/只 Accumulative FI,g/bird
10	870	385	2 792
11	950	406	3 198
12	1 030	427	3 625
13	1 110	448	4 073
14	1 190	469	4 542
15	1 270	490	5 032
16	1 350	511	5 543
17	1 430	532	6 075
18	1 510	553	6 628
19	1 600	574	7 202
20	1 700	595	7 797

表 13　黄羽肉鸡种鸡产蛋期体重与耗料量

Table 13　Body Weight and Feed Consumption of Chinese Color-feathered Chicken Breeders during Laying Period

周龄 wks	体重,克/只 BW,g/bird	耗料量,克/只 FI,g/bird	累计耗料量,千克/只 Accumulative FI,kg/bird
21	1 780	616	616
22	1 860	644	1 260
24	2 030	700	1 960
26	2 200	840	2 800
28	2 280	910	3 710
30	2 310	910	4 620
32	2 330	889	5 509
34	2 360	889	6 398
36	2 390	875	7 273
38	2 410	875	8 148
40	2 440	854	9 002
42	2 460	854	9 856
44	2 480	840	10 696
46	2 500	840	11 536
48	2 520	826	12 362
50	2 540	826	13 188
52	2 560	826	14 014
54	2 580	805	14 819
56	2 600	805	15 624
58	2 620	805	16 429
60	2 630	805	17 234
62	2 640	805	18 039
64	2 650	805	18 844
66	2 660	805	19 649

5 鸡的常用饲料成分及营养价值表

饲料描述及常规成分见表14。
饲料中氨基酸含量见表15。
饲料中矿物质及维生素含量见表16。
鸡用饲料氨基酸表观利用率见表17。

6 常用矿物质饲料中矿物质元素的含量

常用矿物质饲料中矿物质元素的含量见表18。

7 维生素化合物的维生素含量

常用维生素类饲料添加剂产品有效成分含量见表19。

8 鸡常用必需矿物质元素耐受量

鸡常用必需矿物质元素耐受量见表20。

中国禽用饲料成分及营养价值表

Tables of Feed Composition and Nutritive Values for Poultry in China

表 14 饲料描述及常规成分

Table14 Feed Description and Proximate Composition

序号 No.	中国饲料号 CFN	饲料名称 Feed Name	饲料描述 Description	干物质 DM,%	粗蛋白 CP,%	粗脂肪 EE,%	粗纤维 CF,%	无氮浸出物 NFE,%	粗灰分 Ash,%	中洗纤维 NDF,%	酸洗纤维 ADF,%	钙 Ca,%	总磷 P,%	非植酸磷 N-Phy-P,%	鸡代谢能 ME Mcal/kg	鸡代谢能 ME MJ/kg
1	4-07-0278	玉米 corn grain	成熟,高蛋白优质 mature,high-protein,high-class	86.0	9.4	3.1	1.2	71.1	1.2	—	—	0.02	0.27	0.12	3.18	13.31
2	4-07-0288	玉米 corn grain	成熟,高赖氨酸,优质 mature,high lysine,high-class	86.0	8.5	5.3	2.6	67.3	1.3	—	—	0.16	0.25	0.09	3.25	13.60
3	4-07-0279	玉米 corn grain	成熟,GB/T 17890—1999,1 级 mature, GB/T17890&1999, 1st-grade	86.0	8.7	3.6	1.6	70.7	1.4	9.3	2.7	0.02	0.27	0.12	3.24	13.56
4	4-07-0280	玉米 corn grain	成熟,GB/T 17890—1999,2 级 mature, GB/T17890—1999, 2nd-grade	86.0	7.8	3.5	1.6	71.8	1.3	—	—	0.02	0.27	0.12	3.22	13.47
5	4-07-0272	高粱 sorghum grain	成熟,NY/T 1 级 mature,NY/T 1st-grade	86.0	9.0	3.4	1.4	70.4	1.8	17.4	8.0	0.13	0.36	0.17	2.94	12.30
6	4-07-0270	小麦 wheat grain	混合小麦,成熟 NY/T 2 级 mixed wheat, mature NY/T 2nd- grade	87.0	13.9	1.7	1.9	67.6	1.9	13.3	3.9	0.17	0.41	0.13	3.04	12.72
7	4-07-0274	大麦(裸) naked barley grain	裸大麦,成熟 NY/T 2 级 naked barley, mature NY/T 2nd- grade	87.0	13.0	2.1	2.0	67.7	2.2	10.0	2.2	0.04	0.39	0.21	2.68	11.21
8	4-07-0277	大麦(皮) barley grain	皮大麦,成熟 NY/T 1 级 barley grain,mature, GB/T 17890—1999,1st-grade	87.0	11.0	1.7	4.8	67.1	2.4	18.4	6.8	0.09	0.33	0.17	2.70	11.30
9	4-07-0281	黑麦 rye	籽粒,进口 grain(kernel),imported	88.0	11.0	1.5	2.2	71.5	1.8	12.3	4.6	0.05	0.30	0.11	2.69	11.25
10	4-07-0273	稻谷 paddy	成熟 晒干 NY/T 2 级 mature, sun-cured, NY/T, 1st-grade	86.0	7.8	1.6	8.2	63.8	4.6	27.4	28.7	0.03	0.36	0.20	2.63	11.00

表 14 （续）

序号 No.	中国饲料号 CFN	饲料名称 Feed Name	饲料描述 Description	干物质 DM,%	粗蛋白 CP,%	粗脂肪 EE,%	粗纤维 CF,%	无氮浸出物 NFE,%	粗灰分 Ash,%	中洗纤维 NDF,%	酸洗纤维 ADF,%	钙 Ca,%	总磷 P,%	非植酸磷 N-Phy-P,%	鸡代谢能 ME	
															Mcal/kg	MJ/kg
11	4-07-0276	糙米 rough rice	良,成熟,未去米糠 good-class,mature with rice bran	87.0	8.8	2.0	0.7	74.2	1.3	—	—	0.03	0.35	0.15	3.36	14.06
12	4-07-0275	碎米 broken rice	良,加工精米后的副产品 good-class, byproduct for refined rice	88.0	10.4	2.2	1.1	72.7	1.6	—	—	0.06	0.35	0.15	3.40	14.23
13	4-07-0479	粟(谷子) millet grain	合格,带壳,成熟 qualified,mature with hull	86.5	9.7	2.3	6.8	65.0	2.7	15.2	13.3	0.12	0.30	0.11	2.84	11.88
14	4-04-0067	木薯干 cassava tuber flake	木薯干片,晒干 NY/T 合格 cassava tuber flake, sun-cured,NY/T,qualified	87.0	2.5	0.7	2.5	79.4	1.9	8.4	6.4	0.27	0.09	—	2.96	12.38
15	4-04-0068	甘薯干 sweet potato tuber flake	甘薯干片,晒干 NY/T 合格 sweet potato tuber flake,sun-cured,NY/T,qualified	87.0	4.0	0.8	2.8	76.4	3.0	—	—	0.19	0.02	—	2.34	9.79
16	4-08-0104	次粉 wheat middling and reddog	黑面,黄粉,下面 NY/T 1 级 rough, yellow meal, NY/T 1st-grade	88.0	15.4	2.2	1.5	67.1	1.5	18.7	4.3	0.08	0.48	0.14	3.05	12.76
17	4-08-0105	次粉 wheat middling and reddog	黑面,黄粉,下面 NY/T 2 级 rough, yellow meal, NY/T 2nd-grade	87.0	13.6	2.1	2.8	66.7	1.8	—	—	0.08	0.48	0.14	2.99	12.51
18	4-08-0069	小麦麸 wheat bran	传统制粉工艺 NY/T 1 级 traditional processing, NY/T 1st-grade	87.0	15.7	3.9	8.9	53.6	4.9	42.1	13.0	0.11	0.92	0.24	1.63	6.82
19	4-08-0070	小麦麸 wheat bran	传统制粉工艺 NY/T 2 级 traditional processing, NY/T 2nd-grade	87.0	14.3	4.0	6.8	57.1	4.8	—	—	0.10	0.93	0.24	1.62	6.78
20	4-08-0041	米糠 rice bran	新鲜,不脱脂 NY/T 2 级 fresh,nondefat NY/T 2nd-grade	87.0	12.8	16.5	5.7	44.5	7.5	22.9	13.4	0.07	1.43	0.10	2.68	11.21
21	4-10-0025	米糠饼 rice bran meal (exp.)	未脱脂,机榨 NY/T 1 级 nondefat, mech-extd, NY/T 1st-grade	88.0	14.7	9.0	7.4	48.2	8.7	27.7	11.6	0.14	1.69	0.22	2.43	10.17

表 14 （续）

序号 No.	中国饲料号 CFN	饲料名称 Feed Name	饲料描述 Description	干物质 DM,%	粗蛋白 CP,%	粗脂肪 EE,%	粗纤维 CF,%	无氮浸出物 NFE,%	粗灰分 Ash,%	中洗纤维 NDF,%	酸洗纤维 ADF,%	钙 Ca,%	总磷 P,%	非植酸磷 N-Phy-P,%	鸡代谢能 ME Mcal/kg	鸡代谢能 ME MJ/kg
22	4 - 10 - 0018	米糠粕 rice bran meal (sol.)	浸提或预压浸提,NY/T 1 级 solv-extd/pre-press solv-extd, NY/T 1st-grade	87.0	15.1	2.0	7.5	53.6	8.8	—	—	0.15	1.82	0.24	1.98	8.28
23	5 - 09 - 0127	大豆 soybean	黄大豆,成熟 NY/T 2 级 yellow, mature, NY/T 2nd-grade	87.0	35.5	17.3	4.3	25.7	4.2	7.9	7.3	0.27	0.48	0.30	3.24	13.56
24	5 - 09 - 0128	全脂大豆 full-fat soybean	湿法膨化,生大豆为 NY/T 2 级 moister swelling , raw bean NY/T 2nd-grade	88.0	35.5	18.7	4.6	25.2	4.0	—	—	0.32	0.40	0.25	3.75	15.69
25	5 - 10 - 0241	大豆饼 soybean meal (exp.)	机榨 NY/T 2 级 mech-extd NY/T 2nd-grade	89.0	41.8	5.8	4.8	30.7	5.9	18.1	15.5	0.31	0.50	0.25	2.52	10.54
26	5 - 10 - 0103	大豆粕 soybean meal (sol.)	去皮,浸提或预压浸提 NY/T 1 级 dehull, solv-extd/pre-press solv-extd NY/T	89.0	47.9	1.0	4.0	31.2	4.9	8.8	5.3	0.34	0.65	0.19	2.40	10.04
27	5 - 10 - 0102	大豆粕 soybean meal (sol.)	浸提或预压浸提 NY/T 2 级 solv-extd/pre-press solv-extd NY/T 2nd-grade	89.0	44.0	1.9	5.2	31.8	6.1	13.6	9.6	0.33	0.62	0.18	2.35	9.83
28	5 - 10 - 0118	棉籽饼 cottonseed meal (exp.)	机榨 NY/T 2 级 mech-extd NY/T 2nd-grade	88.0	36.3	7.4	12.5	26.1	5.7	32.1	22.9	0.21	0.83	0.28	2.16	9.04
29	5 - 10 - 0119	棉籽粕 cottonseed meal (sol.)	浸提或预压浸提 NY/T 1 级 solv-extd/pre-press solv-extd NY/T 1st-grade	90.0	47.0	0.5	10.2	26.3	6.0	—	—	0.25	1.10	0.38	1.86	7.78
30	5 - 10 - 0117	棉籽粕 cottonseed meal (sol.)	浸提或预压浸提 NY/T 2 级 solv-extd/pre-press solv-extd NY/T 2nd-grade	90.0	43.5	0.5	10.5	28.9	6.6	28.4	19.4	0.28	1.04	0.36	2.03	8.49
31	5 - 10 - 0183	菜籽饼 rapeseed meal (exp.)	机榨 NY/T 2 级 mech-extd NY/T 2nd-grade	88.0	35.7	7.4	11.4	26.3	7.2	33.3	26.0	0.59	0.96	0.33	1.95	8.16

表 14 （续）

序号 No.	中国饲料号 CFN	饲料名称 Feed Name	饲料描述 Description	干物质 DM，%	粗蛋白 CP，%	粗脂肪 EE，%	粗纤维 CF，%	无氮浸出物 NFE，%	粗灰分 Ash，%	中洗纤维 NDF，%	酸洗纤维 ADF，%	钙 Ca，%	总磷 P，%	非植酸磷 N-Phy-P，%	鸡代谢能 ME Mcal/kg	鸡代谢能 ME MJ/kg
32	5 - 10 - 0121	菜籽粕 rapeseed meal (sol.)	浸提或预压浸提 NY/T 2 级 solv-extd/pre-press solv-extd NY/T 2nd-grade	88. 0	38. 6	1. 4	11. 8	28. 9	7. 3	20. 7	16. 8	0. 65	1. 02	0. 35	1. 77	7. 41
33	5 - 10 - 0116	花生仁饼 peanut meal(exp.)	机榨 NY/T 2 级 mech-extd NY/T 2nd-grade	88. 0	44. 7	7. 2	5. 9	25. 1	5. 1	14. 0	8. 7	0. 25	0. 53	0. 31	2. 78	11. 63
34	5 - 10 - 0115	花生仁粕 peanut meal(sol.)	浸提或预压浸提 NY/T 2 级 solv-extd/pre-press solv-extd NY/T 2nd-grade	88. 0	47. 8	1. 4	6. 2	27. 2	5. 4	15. 5	11. 7	0. 27	0. 56	0. 33	2. 60	10. 88
35	5 - 10 - 0031	向日葵仁饼 sunflower meal (exp.)	壳仁比为 35∶65 NY/T 3 级 hull/kernel 35 ∶ 65，NY/T 3rd-grade	88. 0	29. 0	2. 9	20. 4	31. 0	4. 7	41. 4	29. 6	0. 24	0. 87	0. 13	1. 59	6. 65
36	5 - 10 - 0242	向日葵仁粕 sunflower meal (sol.)	壳仁比为 16∶84 NY/T 2 级 hull/kernel 16∶84 NY/T 3rd grade	88. 0	36. 5	1. 0	10. 5	34. 4	5. 6	14. 9	13. 6	0. 27	1. 13	0. 17	2. 32	9. 71
37	5 - 10 - 0243	向日葵仁粕 sunflower meal (sol.)	壳仁比为 24∶76 NY/T 2 级 hull/kernel 24 ∶ 76 NY/T 2nd-grade	88. 0	33. 6	1. 0	14. 8	38. 8	5. 3	32. 8	23. 5	0. 26	1. 03	0. 16	2. 03	8. 49
38	5 - 10 - 0119	亚麻仁饼 linseed meal (exp.)	机榨 NY/T 2 级 mech-extd NY/T 2nd-grade	88. 0	32. 2	7. 8	7. 8	34. 0	6. 2	29. 7	27. 1	0. 39	0. 88	0. 38	2. 34	9. 79
39	5 - 10 - 0120	亚麻仁粕 linseed meal (sol.)	浸提或预压浸提 NY/T 2 级 solv-extd/pre-press solv-extd NY/T 2nd-grade	88. 0	34. 8	1. 8	8. 2	36. 6	6. 6	21. 6	14. 4	0. 42	0. 95	0. 42	1. 90	7. 95
40	5 - 10 - 0246	芝麻饼 sesame meal (exp.)	机榨，CP40% mech-extd ，CP 40%	92. 0	39. 2	10. 3	7. 2	24. 9	10. 4	18. 0	13. 2	2. 24	1. 19	0. 00	2. 14	8. 95
41	5 - 11 - 0001	玉米蛋白粉 corn gluten meal	玉米去胚芽，淀粉后的面筋部分 CP60% corn gluten without plumule & starch，CP60%	90. 1	63. 5	5. 4	1. 0	19. 2	1. 0	8. 7	4. 6	0. 07	0. 44	0. 17	3. 88	16. 23

表 14 （续）

序号 No.	中国饲料号 CFN	饲料名称 Feed Name	饲料描述 Description	干物质 DM,%	粗蛋白 CP,%	粗脂肪 EE,%	粗纤维 CF,%	无氮浸出物 NFE,%	粗灰分 Ash,%	中洗纤维 NDF,%	酸洗纤维 ADF,%	钙 Ca,%	总磷 P,%	非植酸磷 N-Phy-P,%	鸡代谢能 ME Mcal/kg	鸡代谢能 ME MJ/kg
42	5-11-0002	玉米蛋白粉 corn gluten meal	同上，中等蛋白产品，CP50% corn gluten without plumule &starch，CP50%	91.2	51.3	7.8	2.1	28.0	2.0	—	—	0.06	0.42	0.16	3.41	14.27
43	5-11-0008	玉米蛋白粉 corn gluten meal	同上，中等蛋白产品，CP40% corn gluten without plumule &starch，CP40%	89.9	44.3	6.0	1.6	37.1	0.9	—	—	—	—	—	3.18	13.31
44	5-11-0003	玉米蛋白饲料 corn gluten feed	玉米去胚芽去淀粉后的含皮残渣 corn residue without plumule &starch	88.0	19.3	7.5	7.8	48.0	5.4	33.6	10.5	0.15	0.70	—	2.02	8.45
45	4-10-0026	玉米胚芽饼 corn germ meal (exp.)	玉米湿磨后的胚芽，机榨 corn plumule, wet grinder, mech-extd	90.0	16.7	9.6	6.3	50.8	6.6	—	—	0.04	1.45	—	2.24	9.37
46	4-10-0244	玉米胚芽粕 corn germ meal (sol.)	玉米湿磨后的胚芽，浸提 corn plumule, wet grinder, solv-extd	90.0	20.8	2.0	6.5	54.8	5.9	—	—	0.06	1.23	—	2.07	8.66
47	5-11-0007	DDGS corn distiller's grains with	玉米啤酒糟及可溶物，脱水 corn distiller's grains with soluble, dehy	90.0	28.3	13.7	7.1	36.8	4.1	—	—	0.20	0.74	0.42	2.20	9.20
48	5-11-0009	蚕豆粉浆蛋白粉 broad bean gluten meal	蚕豆去皮制粉丝后的浆液，脱水 broad bean distiller's with solubes, dehy	88.0	66.3	4.7	4.1	10.3	2.6	—	—	—	0.59	—	3.47	14.52
49	5-11-0004	麦芽根 barley malt sprouts	大麦芽副产品，干燥 barley malt byproduct, dried	89.7	28.3	1.4	12.5	41.4	6.1	—	—	0.22	0.73	—	1.41	5.90
50	5-13-0044	鱼粉(CP64.5%) fish meal	7样平均值 average for 7 samples	90.0	64.5	5.6	0.5	8.0	11.4	—	—	3.81	2.83	2.83	2.96	12.38
51	5-13-0045	鱼粉(CP62.5%) fish meal	8样平均值 average for 8 samples	90.0	62.5	4.0	0.5	10.0	12.3	—	—	3.96	3.05	3.05	2.91	12.18

表 14 （续）

序号 No.	中国饲料号 CFN	饲料名称 Feed Name	饲料描述 Description	干物质 DM,%	粗蛋白 CP,%	粗脂肪 EE,%	粗纤维 CF,%	无氮浸出物 NFE,%	粗灰分 Ash,%	中洗纤维 NDF,%	酸洗纤维 ADF,%	钙 Ca,%	总磷 P,%	非植酸磷 N-Phy-P,%	鸡代谢能 ME Mcal/kg	鸡代谢能 ME MJ/kg
52	5-13-0046	鱼粉(CP60.2%) fish meal	沿海产的海鱼粉,脱脂,12 样平均值 sea fish meal by coast, defat, average for 12 samples	90.0	60.2	4.9	0.5	11.6	12.8	—	—	4.04	2.90	2.90	2.82	11.80
53	5-13-0077	鱼粉(CP53.5%) fish meal	沿海产的海鱼粉,脱脂,11 样平均值 sea fish meal by coast, defat, average for 11 samples	90.0	53.5	10.0	0.8	4.9	20.8	—	—	5.88	3.20	3.20	2.90	12.13
54	5-13-0036	血粉 blood meal	鲜猪血 喷雾干燥 fresh pig blood, dried	88.0	82.8	0.4	0.0	1.6	3.2	—	—	0.29	0.31	0.31	2.46	10.29
55	5-13-0037	羽毛粉 feather meal	纯净羽毛,水解 pure feather, hydrolysis	88.0	77.9	2.2	0.7	1.4	5.8	—	—	0.20	0.68	0.68	2.73	11.42
56	5-13-0038	皮革粉 leather meal	废牛皮,水解 wasted cattlehide, hydrolysis	88.0	74.7	0.8	1.6	—	10.9	—	—	4.40	0.15	0.15	—	—
57	5-13-0047	肉骨粉 meat and bone meal	屠宰下脚,带骨干燥粉碎 slaughter waste with bone, dried, ground	93.0	50.0	8.5	2.8	—	31.7	32.5	5.6	9.20	4.70	4.70	2.38	9.96
58	5-13-0048	肉粉 meat meal	脱脂 defatted	94.0	54.0	12.0	1.4	—	—	31.6	8.3	7.69	3.88	—	2.20	9.20
59	1-05-0074	苜蓿草粉(CP19%) alfalfa meal	一茬盛花期烘干 NY/T 1 级 1st-flower period, stoving, NY/T 1st-grade	87.0	19.1	2.3	22.7	35.3	7.6	36.7	25.0	1.40	0.51	0.51	0.97	4.06
60	1-05-0075	苜蓿草粉(CP17%) alfalfa meal	一茬盛花期烘干 NY/T 2 级 1st-flower period, stoving, NY/T 2nd-grade	87.0	17.2	2.6	25.6	33.3	8.3	39.0	28.6	1.52	0.22	0.22	0.87	3.64
61	1-05-0076	苜蓿草粉(CP14%～15%) alfalfa meal	NY/T 3 级 NY/T 3rd-grade	87.0	14.3	2.1	29.8	33.8	10.1	36.8	2.9	1.34	0.19	0.19	0.84	3.51
62	5-11-0005	啤酒糟 brewers dried grain	大麦酿造副产品 byproducts for barley brewer	88.0	24.3	5.3	13.4	40.8	4.2	39.4	24.6	0.32	0.42	0.14	2.37	9.92

表 14 （续）

序号 No.	中国饲料号 CFN	饲料名称 Feed Name	饲料描述 Description	干物质 DM,%	粗蛋白 CP,%	粗脂肪 EE,%	粗纤维 CF,%	无氮浸出物 NFE,%	粗灰分 Ash,%	中洗纤维 NDF,%	酸洗纤维 ADF,%	钙 Ca,%	总磷 P,%	非植酸磷 N-Phy-P,%	鸡代谢能 ME Mcal/kg	鸡代谢能 ME MJ/kg
63	7-15-0001	啤酒酵母 brewers dried yeast	啤酒酵母菌粉,QB/T 1940—94 brewer's yeast meal, QB/T1940—94	91.7	52.4	0.4	0.6	33.6	4.7	—	—	0.16	1.02	—	2.52	10.54
64	4-13-0075	乳清粉 whey,dehydrated	乳清,脱水,低乳糖含量 whey,dehydrated,low lactose	94.0	12.0	0.7	0.0	71.6	9.7	—	—	0.87	0.79	0.79	2.73	11.42
65	5-01-0162	酪蛋白 casein	脱水 dehydrosis	91.0	88.7	0.8	—	—	—	—	—	0.63	1.01	0.82	4.13	17.28
66	5-14-0503	明胶 gelatin		90.0	88.6	0.5	—	—	—	—	—	0.49	—	—	2.36	9.87
67	4-06-0076	牛奶乳糖 milk lactose	进口,含乳糖 80%以上 imported,lactose ≥80%	96.0	4.0	0.5	0.0	83.5	8.0	—	—	0.52	0.62	0.62	2.69	11.25
68	4-06-0077	乳糖 milk lactose		96.0	0.3	—	—	95.7	—	—	—	—	—	—	—	—
69	4-06-0078	葡萄糖 glucose		90.0	0.3	—	—	89.7	—	—	—	—	—	—	3.08	12.89
70	4-06-0079	蔗糖 sucrose		99.0	0.0	0.0	—	—	—	—	—	0.04	0.01	0.01	3.90	16.32
71	4-02-0889	玉米淀粉 corn starch		99.0	0.3	0.2	—	—	—	—	—	0.00	0.03	0.01	3.16	13.22
72	4-07-0001	牛脂 bef tallow		99.0	0.3	≥98	0.0	—	—	—	—	0.00	0.00	0.00	7.78	32.55
73	4-07-0002	猪油 lard		99.0	0.0	≥98	0.0	—	—	—	—	0.00	0.00	0.00	9.11	38.11
74	4-07-0003	家禽脂肪 poultry fat		99.0	0.0	≥98	0.0	—	—	—	—	0.00	0.00	0.00	9.36	39.16

表 14 （续）

序号 No.	中国饲料号 CFN	饲料名称 Feed Name	饲料描述 Description	干物质 DM,%	粗蛋白 CP,%	粗脂肪 EE,%	粗纤维 CF,%	无氮浸出物 NFE,%	粗灰分 Ash,%	中洗纤维 NDF,%	酸洗纤维 ADF,%	钙 Ca,%	总磷 P,%	非植酸磷 N-Phy-P,%	鸡代谢能 ME	
															Mcal/kg	MJ/kg
75	4-07-0004	鱼油 fish oil		99.0	0.0	≥98	0.0	—	—	—	—	0.00	0.00	0.00	8.45	35.35
76	4-07-0005	菜籽油 vegetable oil		99.0	0.0	≥98	0.0	—	—	—	—	0.00	0.00	0.00	9.21	38.53
77	4-07-0006	椰子油 coconut oil		99.0	0.0	≥98	0.0	—	—	—	—	0.00	0.00	0.00	8.81	36.76
78	4-07-0007	玉米油 corn oil		100.0	0.0	≥99	0.0	—	—	—	—	0.00	0.00	0.00	9.66	40.42
79	4-17-0008	棉籽油 cottonseed oil		100.0	0.0	≥99	0.0	—	—	—	—	0.00	0.00	0.00	—	—
80	4-17-0009	棕榈油 palm oil		100.0	0.0	≥99	0.0	—	—	—	—	0.00	0.00	0.00	5.80	24.27
81	4-17-0010	花生油 peanuts oil		100.0	0.0	≥99	0.0	—	—	—	—	0.00	0.00	0.00	9.36	39.16
82	4-17-0011	芝麻油 sesame oil		100.0	0.0	≥99	0.0	—	—	—	—	0.00	0.00	0.00	—	—
83	4-17-0012	大豆油 soybean oil	粗制 semifinished products	100.0	0.0	≥99	0.0	—	—	—	—	0.00	0.00	0.00	8.37	35.02
84	4-17-0013	葵花油 sunflower oil		100.0	0.0	≥99	0.0	—	—	—	—	0.00	0.00	0.00	9.66	40.42

表 15 饲料中氨基酸含量

Table 15 Amino Acids Contents in Feeds

序号 No.	中国 饲料号 CFN	饲料名称 Feed Name	干物质 DM,%	粗蛋白 CP,%	精氨酸 Arg,%	组氨酸 His,%	异亮氨酸 Ile,%	亮氨酸 Leu,%	赖氨酸 Lys,%	蛋氨酸 Met,%	胱氨酸 Cys,%	苯丙氨酸 Phe,%	酪氨酸 Tyr,%	苏氨酸 Thr,%	色氨酸 Trp,%	缬氨酸 Val,%
1	4-07-0278	玉米 corn grain	86.0	9.4	0.38	0.23	0.26	1.03	0.26	0.19	0.22	0.43	0.34	0.31	0.08	0.40
2	4-07-0288	玉米 corn grain	86.0	8.5	0.50	0.29	0.27	0.74	0.36	0.15	0.18	0.37	0.28	0.30	0.08	0.46
3	4-07-0279	玉米 corn grain	86.0	8.7	0.39	0.21	0.25	0.93	0.24	0.18	0.20	0.41	0.33	0.30	0.07	0.38
4	4-07-0280	玉米 corn grain	86.0	7.8	0.37	0.20	0.24	0.93	0.23	0.15	0.15	0.38	0.31	0.29	0.06	0.35
5	4-07-0272	高粱 sorghum grain	86.0	9.0	0.33	0.18	0.35	1.08	0.18	0.17	0.12	0.45	0.32	0.26	0.08	0.44
6	4-07-0270	小麦 wheat grain	87.0	13.9	0.58	0.27	0.44	0.80	0.30	0.25	0.24	0.58	0.37	0.33	0.15	0.56
7	4-07-0274	大麦(裸)naked barley grain	87.0	13.0	0.64	0.16	0.43	0.87	0.44	0.14	0.25	0.68	0.40	0.43	0.16	0.63
8	4-07-0277	大麦(皮)barley grain	87.0	11.0	0.65	0.24	0.52	0.91	0.42	0.18	0.18	0.59	0.35	0.41	0.12	0.64
9	4-07-0281	黑麦 rye	88.0	11.0	0.50	0.25	0.40	0.64	0.37	0.16	0.25	0.49	0.26	0.34	0.12	0.52
10	4-07-0273	稻谷 paddy	86.0	7.8	0.57	0.15	0.32	0.58	0.29	0.19	0.16	0.40	0.37	0.25	0.10	0.47
11	4-07-0276	糙米 rough rice	87.0	8.8	0.65	0.17	0.30	0.61	0.32	0.20	0.14	0.35	0.31	0.28	0.12	0.49
12	4-07-0275	碎米 broken rice	88.0	10.4	0.78	0.27	0.39	0.74	0.42	0.22	0.17	0.49	0.39	0.38	0.12	0.57
13	4-07-0479	粟(谷子)millet grain	86.5	9.7	0.30	0.20	0.36	1.15	0.15	0.25	0.20	0.49	0.26	0.35	0.17	0.42
14	4-04-0067	木薯干 cassava tuber flake	87.0	2.5	0.40	0.05	0.11	0.15	0.13	0.05	0.04	0.10	0.04	0.10	0.03	0.13
15	4-04-0068	甘薯 sweet potato tuber flake	87.0	4.0	0.16	0.08	0.17	0.26	0.16	0.06	0.08	0.19	0.13	0.18	0.05	0.27
16	4-08-0104	次粉 wheat middling and reddog	88.0	15.4	0.86	0.41	0.55	1.06	0.59	0.23	0.37	0.66	0.46	0.50	0.21	0.72
17	4-08-0105	次粉 wheat middling and reddog	87.0	13.6	0.85	0.33	0.48	0.98	0.52	0.16	0.33	0.63	0.45	0.50	0.18	0.68
18	4-08-0069	小麦麸 wheat bran	87.0	15.7	0.97	0.39	0.46	0.81	0.58	0.13	0.26	0.58	0.28	0.43	0.20	0.63
19	4-08-0070	小麦麸 wheat bran	87.0	14.3	0.88	0.35	0.42	0.74	0.53	0.12	0.24	0.53	0.25	0.39	0.18	0.57
20	4-08-0041	米糠 rice bran	87.0	12.8	1.06	0.39	0.63	1.00	0.74	0.25	0.19	0.63	0.50	0.48	0.14	0.81
21	4-10-0025	米糠饼 rice bran meal(exp.)	88.0	14.7	1.19	0.43	0.72	1.06	0.66	0.26	0.30	0.76	0.51	0.53	0.15	0.99
22	4-10-0018	米糠粕 rice bran meal(sol.)	87.0	15.1	1.28	0.46	0.78	1.30	0.72	0.28	0.32	0.82	0.55	0.57	0.17	1.07
23	5-09-0127	大豆 soybeans	87.0	35.5	2.57	0.59	1.28	2.72	2.20	0.56	0.70	1.42	0.64	1.41	0.45	1.50
24	5-09-0128	全脂大豆 full-fat soybeans	88.0	35.5	2.63	0.63	1.32	2.68	2.37	0.55	0.76	1.39	0.67	1.42	0.49	1.53

表 15 （续）

序号 No.	中国饲料号 CFN	饲料名称 Feed Name	干物质 DM,%	粗蛋白 CP,%	精氨酸 Arg,%	组氨酸 His,%	异亮氨酸 Ile,%	亮氨酸 Leu,%	赖氨酸 Lys,%	蛋氨酸 Met,%	胱氨酸 Cys,%	苯丙氨酸 Phe,%	酪氨酸 Tyr,%	苏氨酸 Thr,%	色氨酸 Trp,%	缬氨酸 Val,%
25	5-10-0241	大豆饼 soybean meal(exp.)	89.0	41.8	2.53	1.10	1.57	2.75	2.43	0.60	0.62	1.79	1.53	1.44	0.64	1.70
26	5-10-0103	大豆粕 soybean meal(sol.)	89.0	47.9	3.67	1.36	2.05	3.74	2.87	0.67	0.73	2.52	1.69	1.93	0.69	2.15
27	5-10-0102	大豆粕 soybean meal(sol.)	89.0	44.0	3.19	1.09	1.80	3.26	2.66	0.62	0.68	2.23	1.57	1.92	0.64	1.99
28	5-10-0118	棉籽饼 cottonseed meal(exp.)	88.0	36.3	3.94	0.90	1.16	2.07	1.40	0.41	0.70	1.88	0.95	1.14	0.39	1.51
29	5-10-0119	棉籽粕 cottonseed meal(sol.)	88.0	47.0	4.98	1.26	1.40	2.67	2.13	0.56	0.66	2.43	1.11	1.35	0.54	2.05
30	5-10-0117	棉籽粕 cottonseed meal(sol.)	90.0	43.5	4.65	1.19	1.29	2.47	1.97	0.58	0.68	2.28	1.05	1.25	0.51	1.91
31	5-10-0183	菜籽饼 rapeseed meal(exp.)	88.0	35.7	1.82	0.83	1.24	2.26	1.33	0.60	0.82	1.35	0.92	1.40	0.42	1.62
32	5-10-0121	菜籽粕 rapeseed meal(sol.)	88.0	38.6	1.83	0.86	1.29	2.34	1.30	0.63	0.87	1.45	0.97	1.49	0.43	1.74
33	5-10-0116	花生仁饼 peanut meal(exp.)	88.0	44.7	4.60	0.83	1.18	2.36	1.32	0.39	0.38	1.81	1.31	1.05	0.42	1.28
34	5-10-0115	花生仁粕 peanut meal(sol.)	88.0	47.8	4.88	0.88	1.25	2.50	1.40	0.41	0.40	1.92	1.39	1.11	0.45	1.36
35	1-10-0031	向日葵仁饼 sunflower meal(exp.)	88.0	29.0	2.44	0.62	1.19	1.76	0.96	0.59	0.43	1.21	0.77	0.98	0.28	1.35
36	5-10-0242	向日葵仁粕 sunflower meal(sol.)	88.0	36.5	3.17	0.81	1.51	2.25	1.22	0.72	0.62	1.56	0.99	1.25	0.47	1.72
37	5-10-0243	向日葵仁粕 sunflower meal(sol.)	88.0	33.6	2.89	0.74	1.39	2.07	1.13	0.69	0.50	1.43	0.91	1.14	0.37	1.58
38	5-10-0119	亚麻仁饼 linseed meal(exp.)	88.0	32.2	2.35	0.51	1.15	1.62	0.73	0.46	0.48	1.32	0.50	1.00	0.48	1.44
39	5-10-0120	亚麻仁粕 linseed meal(sol.)	88.0	34.8	3.59	0.64	1.33	1.85	1.16	0.55	0.55	1.51	0.93	1.10	0.70	1.51
40	5-10-0246	芝麻饼 sesame meal(exp.)	92.0	39.2	2.38	0.81	1.42	2.52	0.82	0.82	0.75	1.68	1.02	1.29	0.49	1.84
41	5-11-0001	玉米蛋白粉 corn gluten meal	90.1	63.5	1.90	1.18	2.85	11.59	0.97	1.42	0.96	4.10	3.19	2.08	0.36	2.98
42	5-11-0002	玉米蛋白粉 corn gluten meal	91.2	51.3	1.48	0.89	1.75	7.87	0.92	1.14	0.76	2.83	2.25	1.59	0.31	2.05
43	5-11-0008	玉米蛋白粉 corn gluten meal	89.9	44.3	1.31	0.78	1.63	7.08	0.71	1.04	0.65	2.61	2.03	1.38	—	1.84
44	5-11-0003	玉米蛋白饲料 corn gluten feed	88.0	19.3	0.77	0.56	0.62	1.82	0.63	0.29	0.33	0.70	0.50	0.68	0.14	0.93
45	4-10-0026	玉米胚芽饼 corn genm meal(exp.)	90.0	16.7	1.16	0.45	0.53	1.25	0.70	0.31	0.47	0.64	0.54	0.64	0.16	0.91
46	4-10-0244	玉米胚芽粕 corn genm meal(sol.)	90.0	20.8	1.51	0.62	0.77	1.54	0.75	0.21	0.28	0.93	0.66	0.68	0.18	1.66
47	5-11-0007	DDGS corn distiller's grain with soluble	90.0	28.3	0.98	0.59	0.98	2.63	0.59	0.59	0.39	1.93	1.37	0.92	0.19	1.30
48	5-11-0009	蚕豆粉浆蛋白粉 broad bean gluten meal	88.0	66.3	5.96	1.66	2.90	5.88	4.44	0.60	0.57	3.34	2.21	2.31	—	3.20
49	5-11-0004	麦芽根 barley malt sprouts	89.7	28.3	1.22	0.54	1.08	1.58	1.30	0.37	0.26	0.85	0.67	0.96	0.42	1.44

表 15 （续）

序号 No.	中国饲料号 CFN	饲料名称 Feed Name	干物质 DM,%	粗蛋白 CP,%	精氨酸 Arg,%	组氨酸 His,%	异亮氨酸 Ile,%	亮氨酸 Leu,%	赖氨酸 Lys,%	蛋氨酸 Met,%	胱氨酸 Cys,%	苯丙氨酸 Phe,%	酪氨酸 Tyr,%	苏氨酸 Thr,%	色氨酸 Trp,%	缬氨酸 Val,%
50	5-13-0044	鱼粉(CP64.5%)fish meal	90.0	64.5	3.91	1.75	2.68	4.99	5.22	1.71	0.58	2.71	2.13	2.87	0.78	3.25
51	5-13-0045	鱼粉(CP62.5%)fish meal	90.0	62.5	3.86	1.83	2.79	5.06	5.12	1.66	0.55	2.67	2.01	2.78	0.75	3.14
52	5-13-0046	鱼粉(CP60.2%)fish meal	90.0	60.2	3.57	1.71	2.68	4.80	4.72	1.64	0.52	2.35	1.96	2.57	0.70	3.17
53	5-13-0077	鱼粉(CP53.5%)fish meal	90.0	53.5	3.24	1.29	2.30	4.30	3.87	1.39	0.49	2.22	1.70	2.51	0.60	2.77
52	5-13-0036	血粉 blood meal	88.0	82.8	2.99	4.40	0.75	8.38	6.67	0.74	0.98	5.23	2.55	2.86	1.11	6.08
53	5-13-0037	羽毛粉 feather meal	88.0	77.9	5.30	0.58	4.21	6.78	1.65	0.59	2.93	3.57	1.79	3.51	0.40	6.05
54	5-13-0038	皮革粉 leather meal	88.0	74.7	4.45	0.40	1.06	2.53	2.18	0.80	0.16	1.56	0.63	0.71	0.50	1.91
55	5-13-0047	肉骨粉 meat and bone meal	93.0	50.0	3.35	0.96	1.70	3.20	2.60	0.67	0.33	1.70	—	1.63	0.26	2.25
56	5-13-0048	肉粉 meat meal	94.0	54.0	3.60	1.14	1.60	3.84	3.07	0.80	0.60	2.17	1.40	1.97	0.35	2.66
57	1-05-0074	苜蓿草粉(CP19%)alfalfa meal	87.0	19.1	0.78	0.39	0.68	1.20	0.82	0.21	0.22	0.82	0.58	0.74	0.43	0.91
58	1-05-0075	苜蓿草粉(CP17%)alfalfa meal	87.0	17.2	0.74	0.32	0.66	1.10	0.81	0.20	0.16	0.81	0.54	0.69	0.37	0.85
59	1-05-0076	苜蓿草粉(CP14%～15%)alfalfa meal	87.0	14.3	0.61	0.19	0.58	1.00	0.60	0.18	0.15	0.59	0.38	0.45	0.24	0.58
60	5-11-0005	啤酒糟 brewers dried grain	88.0	24.3	0.98	0.51	1.18	1.08	0.72	0.52	0.35	2.35	1.17	0.81	—	1.66
61	7-15-0001	啤酒酵母 brewers dried yeast	91.7	52.4	2.67	1.11	2.85	4.76	3.38	0.83	0.50	4.07	0.12	2.33	2.08	3.40
62	4-13-0075	乳清粉 whey,dehydrated	94.0	12.0	0.40	0.20	0.90	1.20	1.10	0.20	0.30	0.40	—	0.80	0.20	0.70
63	5-01-0162	酪蛋白 casein	91.0	88.7	3.26	2.82	4.66	8.79	7.35	2.70	0.41	4.79	4.77	3.98	1.14	6.10
64	5-14-0503	明胶 gelatin	90.0	88.6	6.60	0.66	1.42	2.91	3.62	0.76	0.12	1.74	0.43	1.82	0.05	2.26
65	4-06-0076	牛奶乳糖 milk lactose	96.0	4.0	0.29	0.10	0.10	0.18	0.16	0.03	0.04	0.10	0.02	0.10	0.10	0.10

注:"—"表示未测值,下同　　"—"unmeasured,the same below

表 16 饲料中矿物质及维生素含量
Table 16 Minerals and Vitamins Contents in Feeds

序号 No.	中国饲料号 CFN	饲料名称 Feed Name	钠 Na %	氯 Cl %	镁 Mg %	钾 K %	铁 Fe mg/kg	铜 Cu mg/kg	锰 Mn mg/kg	锌 Zn mg/kg	硒 Se mg/kg	胡萝卜素β-carrouine mg/kg	维生素E mg/kg	维生素 B_1 mg/kg	维生素 B_2 mg/kg	泛酸 Pantothenic Acid mg/kg	烟酸 Niacin mg/kg	生物素 Biotin mg/kg	叶酸 Folic Acid mg/kg	胆碱 Choline mg/kg	维生素 B_6 mg/kg	维生素 B_{12} μg/kg	亚油酸 Linoleic Acid %
1	4-07-0278	玉米 corn grain	0.01	0.04	0.11	0.29	36	3.4	5.8	21.1	0.04	—	22.0	3.5	1.1	5.0	24.0	0.06	0.15	620	10.0	—	2.20
2	4-07-0288	玉米 corn grain	0.01	0.04	0.11	0.29	36	3.4	5.8	21.1	0.04	—	22.0	3.5	1.1	5.0	24.0	0.06	0.15	620	10.0	—	2.20
3	4-07-0279	玉米 corn grain	0.02	0.04	0.12	0.30	37	3.3	6.1	19.2	0.03	0.8	22.0	2.6	1.1	3.9	21.0	0.08	0.12	620	10.0	0.0	2.20
4	4-07-0280	玉米 corn grain	0.02	0.04	0.12	0.30	37	3.3	6.1	19.2	0.03	—	22.0	2.6	1.1	3.9	21.0	0.08	0.12	620	10.0	—	2.20
5	4-07-0272	高粱 sorghum grain	0.03	0.09	0.15	0.34	87	7.6	17.1	20.1	0.05	—	7.0	3.0	1.3	12.4	41.0	0.26	0.20	668	5.2	0.0	1.13
6	4-07-0270	小麦 wheat grain	0.06	0.07	0.11	0.50	88	7.9	45.9	29.7	0.05	0.4	13.0	4.6	1.3	11.9	51.0	0.11	0.36	1 040	3.7	0.0	0.59
7	4-07-0274	大麦（裸）naked barley grain	0.04	—	0.11	0.60	100	7.0	18.0	30.0	0.16	—	48.0	4.1	1.4	—	87.0	—	—	—	19.3	0.0	—
8	4-07-0277	大麦（皮）barley grain	0.02	0.15	0.14	0.56	87	5.6	17.5	23.6	0.06	4.1	20.0	4.5	1.8	8.0	55.0	0.15	0.07	990	4.0	0.0	0.83
9	4-07-0281	黑麦 rye	0.02	0.04	0.12	0.42	117	7.0	53.0	35.0	0.40	—	15.0	3.6	1.5	8.0	16.0	0.06	0.60	440	2.6	0.0	0.76
10	4-07-0273	稻谷 paddy	0.04	0.07	0.07	0.34	40	3.5	20.0	8.0	0.04	—	16.0	3.1	1.2	3.7	34.0	0.08	0.45	900	28.0	0.0	0.28
11	4-07-0276	糙米 rough rice	0.04	0.06	0.14	0.34	78	3.3	21.0	10.0	0.07	—	13.5	2.8	1.1	11.0	30.0	0.08	0.40	1014	—	—	—
12	4-07-0275	碎米 broken rice	0.07	0.08	0.11	0.13	62	8.8	47.5	36.4	0.06	—	14.0	1.4	0.7	8.0	30.0	0.08	0.20	800	28.0	—	—
13	4-07-0479	粟（谷子）millet grain	0.04	0.14	0.16	0.43	270	24.5	22.5	15.9	0.08	1.2	36.3	6.6	1.6	7.4	53.0	—	15.00	790	—	—	0.84
14	4-04-0067	木薯干 cassava tuber flake	—	—	—	—	150	4.2	6.0	14.0	0.04	—	—	—	—	—	—	—	—	—	—	—	—
15	4-04-0068	甘薯干 sweet potato tuber flake	—	—	0.08	—	107	6.1	10.0	9.0	0.07	—	—	—	—	—	—	—	—	—	—	—	—
16	4-08-0104	次粉 wheat middling and reddog	0.60	0.04	0.41	0.60	140	11.6	94.2	73.0	0.07	3.0	20.0	16.5	1.8	15.6	72.0	0.33	0.76	1 187	9.0	—	1.74
17	4-08-0105	次粉 wheat middling and reddog	0.60	0.04	0.41	0.60	140	11.6	94.2	73.0	0.07	3.0	20.0	16.5	1.8	15.6	72.0	0.33	0.76	1 187	9.0	—	1.74
18	4-08-0069	小麦麸 wheat bran	0.07	0.07	0.52	1.19	170	13.8	104.3	96.5	0.07	1.0	14.0	8.0	4.6	31.0	186.0	0.36	0.63	980	7.0	0.0	1.70
19	4-08-0070	小麦麸 wheat bran	0.07	0.07	0.47	1.19	157	16.5	80.6	104.7	0.05	1.0	14.0	8.0	4.6	31.0	186.0	0.36	0.63	980	7.0	0.0	1.70
20	4-08-0041	米糠 rice bran	0.07	0.07	0.90	1.73	304	7.1	175.9	50.3	0.09	—	60.0	22.5	2.5	23.0	293.0	0.42	2.20	1 135	14.0	0.0	3.57
21	4-10-0025	米糠饼 rice bran meal（exp.）	0.08	—	1.26	1.80	400	8.7	211.6	56.4	0.09	—	11.0	24.0	2.9	94.9	689.0	0.70	0.88	1 700	54.0	40.0	—
22	4-10-0018	米糠粕 rice bran meal（sol.）	0.09	—	—	1.80	432	9.4	228.4	60.9	0.10	—	—	—	—	—	—	—	—	—	—	—	—

表 16 （续）

序号 No.	中国饲料号 CFN	饲料名称 Feed Name	钠 Na %	氯 Cl %	镁 Mg %	钾 K %	铁 Fe mg/kg	铜 Cu mg/kg	锰 Mn mg/kg	锌 Zn mg/kg	硒 Se mg/kg	胡萝卜素 β-carrouine mg/kg	维生素 E mg/kg	维生素 B_1 mg/kg	维生素 B_2 mg/kg	泛酸 Pantothenic Acid mg/kg	烟酸 Niacin mg/kg	生物素 Biotin mg/kg	叶酸 Folic Acid mg/kg	胆碱 Choline mg/kg	维生素 B_6 mg/kg	维生素 B_{12} μg/kg	亚油酸 Linoleic Acid %
23	5-09-0127	大豆 soybeans	0.02	0.03	0.28	1.70	111	18.1	21.5	40.7	0.06	—	40.0	12.3	2.9	17.4	24.0	0.42	—	3 200	12.0	—	8.00
24	5-09-0128	全脂大豆 full-fat soybeans	0.02	0.03	0.28	1.70	111	18.1	21.5	40.7	0.06	—	40.0	12.3	2.9	17.4	24.0	0.42	—	3 200	12.0	—	8.00
25	5-10-0241	大豆饼 soybean meal（exp.）	0.02	0.02	0.25	1.77	187	19.8	32.0	43.4	0.04	—	6.6	1.7	4.4	13.8	37.0	0.32	0.45	2 673	—	—	—
26	5-10-0103	大豆粕 soybean meal（sol.）	0.03	0.05	0.28	2.05	185	24.0	38.2	46.4	0.10	0.2	3.1	4.6	3.0	16.4	30.7	0.33	0.81	2 858	6.10	0.0	0.51
27	5-10-0102	大豆粕 soybean meal（sol.）	0.03	0.05	0.28	1.72	185	24.0	28.0	46.4	0.06	0.2	3.1	4.6	3.0	16.4	30.7	0.33	0.81	2 858	6.10	0.0	0.51
28	5-10-0118	棉籽饼 cottonseed meal（exp.）	0.04	0.14	0.52	1.20	266	11.6	17.8	44.9	0.11	0.2	16.0	6.4	5.1	10.0	38.0	0.53	1.65	2 753	5.30	0.0	2.47
29	5-10-0119	棉籽粕 cottonseed meal（sol.）	0.04	0.04	0.40	1.16	263	14.0	18.7	55.5	0.15	0.2	15.0	7.0	5.5	12.0	40.0	0.30	2.51	2 933	5.10	0.0	1.51
30	5-10-0117	棉籽粕 cottonseed meal（sol.）	0.04	0.04	0.40	1.16	263	14.0	18.7	55.5	0.15	0.2	15.0	7.0	5.5	12.0	40.0	0.30	2.51	2 933	5.10	0.0	1.51
31	5-10-0183	菜籽饼 rapeseed meal（exp.）	0.02	—	—	1.34	687	7.2	78.1	59.2	0.29	—	—	—	—	—	—	—	—	—	—	—	—
32	5-10-0121	菜籽粕 rapeseed meal（sol.）	0.09	0.11	0.51	1.40	653	7.1	82.2	67.5	0.16	—	54.0	5.2	3.7	9.5	160.0	0.98	0.95	6700	7.20	0.0	0.42
33	5-10-0116	花生仁饼 peanut meal（exp.）	0.04	0.03	0.33	1.14	347	23.7	36.7	52.5	0.06	—	3.0	7.1	5.2	47.0	166.0	0.33	0.40	1 655	10.00	0.0	1.43
34	5-10-0115	花生仁粕 peanut meal（sol.）	0.07	0.03	0.31	1.23	368	25.1	38.9	55.7	0.06	—	3.0	5.7	11.0	53.0	173.0	0.39	0.39	1 854	10.00	0.0	0.24
35	1-10-0031	向日葵仁饼 sunflower meal（exp.）	0.02	0.01	0.75	1.17	424	45.6	41.5	62.1	0.09	—	0.9	—	18.0	4.0	86.0	1.40	0.40	800	—	—	—
36	5-10-0242	向日葵仁粕 sunflower meal（sol.）	0.20	0.01	0.75	1.00	226	32.8	34.5	82.7	0.06	—	0.7	4.6	2.3	39.0	22.0	1.70	1.60	3 260	17.20	—	—
37	5-10-0243	向日葵仁粕 sunflower meal（sol.）	0.20	0.10	0.68	1.23	310	35.0	35.0	80.0	0.08	—	—	3.0	3.0	29.9	14.0	1.40	1.14	3 100	11.10	0.0	0.98
38	5-10-0119	亚麻仁饼 linseed meal（exp.）	0.09	0.04	0.58	1.25	204	27.0	40.3	36.0	0.18	—	7.7	2.6	4.1	16.5	37.4	0.36	2.90	1 672	6.10	—	—
39	5-10-0120	亚麻仁粕 linseed meal（sol.）	0.14	0.05	0.56	1.38	219	25.5	43.3	38.7	0.18	0.2	5.8	7.5	3.2	14.7	33.0	0.41	0.34	1 512	6.00	200.0	0.36
40	5-10-0246	芝麻饼 sesame meal（exp.）	0.04	0.05	0.50	1.39	—	50.4	32.0	2.4	—	0.2	—	2.8	3.6	6.0	30.0	2.40	—	1 536	12.50	0.0	1.90
41	5-11-0001	玉米蛋白粉 corn gluten	0.01	0.05	0.08	0.30	230	1.9	5.9	19.2	0.02	44.0	25.5	0.3	2.2	3.0	55.0	0.15	0.20	330	6.90	50.0	1.17
42	5-11-0002	玉米蛋白粉 corn gluten	0.02	—	—	0.35	332	10.0	78.0	49.0	—	—	—	—	—	—	—	—	—	—	—	—	—
43	5-11-0008	玉米蛋白粉 corn gluten	0.02	0.08	0.05	0.40	400	28.0	7.0	—	1.00	16.0	19.9	0.2	1.5	9.6	54.5	0.15	0.22	330	—	—	—
44	5-11-0003	玉米蛋白饲料 corn gluten	0.12	0.22	0.42	1.30	282	10.7	77.1	59.2	0.23	8.0	14.8	2.0	2.4	17.8	75.5	0.22	0.28	1 700	13.00	250.0	1.43
45	4-10-0026	玉米胚芽饼 corn germ meal（exp.）	0.01	—	0.10	0.30	99	12.8	19.0	108.1	—	2.0	87.0	—	3.7	3.3	42.0	—	—	1 936	—	—	1.47

表 16（续）

序号 No.	中国饲料号 CFN	饲料名称 Feed Name	钠 Na %	氯 Cl %	镁 Mg %	钾 K %	铁 Fe mg/kg	铜 Cu mg/kg	锰 Mn mg/kg	锌 Zn mg/kg	硒 Se mg/kg	胡萝卜素 β-carrouine mg/kg	维生素 E mg/kg	维生素 B_1 mg/kg	维生素 B_2 mg/kg	泛酸 Pantothenic Acid mg/kg	烟酸 Niacin mg/kg	生物素 Biotin mg/kg	叶酸 Folic Acid mg/kg	胆碱 Choline mg/kg	维生素 B_6 mg/kg	维生素 B_{12} μg/kg	亚油酸 Linoleic Acid %
46	4-10-0244	玉米胚芽粕 corn germ meal	0.01	—	0.16	0.69	214	7.7	23.3	126.6	0.33	2.0	80.8	1.1	4.0	4.4	37.7	0.22	0.20	2000	—	—	1.47
47	5-11-0007	DDGS corn distiller's grains with soluble	0.88	0.17	0.35	0.98	197	43.9	29.5	83.5	0.37	3.5	40.0	3.5	8.6	11.0	75.0	0.30	0.88	2637	2.28	10.0	2.15
48	5-11-0009	蚕豆粉浆蛋白粉 broad bean gluten meal	0.01	—	—	0.06	—	22.0	16.0	—	—	—	—	—	—	—	—	—	—	—	—	—	—
49	5-11-0004	麦芽根 barley malt sprouts	0.06	0.59	0.16	2.18	198	5.3	67.8	42.4	0.60	—	4.2	0.7	1.5	8.6	43.3	—	0.20	1548	—	—	—
50	5-13-0044	鱼粉（CP64.5%）fish meal	0.88	0.60	0.24	0.90	226	9.1	9.2	98.9	2.7	—	5.0	0.3	7.1	15.0	100.0	0.23	0.37	4408	4.00	352.0	0.20
51	5-13-0045	鱼粉（CP62.5%）fish meal	0.78	0.61	0.16	0.83	181	6.0	12.0	90.0	1.62	—	5.7	0.2	4.9	9.0	55.0	0.15	0.30	3099	4.00	150.0	0.12
52	5-13-0046	鱼粉（CP60.2%）fish meal	0.97	0.61	0.16	1.10	80	8.0	10.0	80.0	1.5	—	7.0	0.5	4.9	9.0	55.0	0.20	0.30	3056	4.00	104.0	0.12
53	5-13-0077	鱼粉（CP53.5%）fish meal	1.15	0.61	0.16	0.94	292	8.0	9.7	88.0	1.94	—	5.6	0.4	8.8	8.8	65.0	—	—	3000	—	143.0	—
54	5-13-0036	血粉 blood meal	0.31	0.27	0.16	0.90	2100	8.0	2.3	14.0	0.7	—	1.0	0.4	1.6	1.2	23.0	0.09	0.11	800	4.40	50.0	0.10
55	5-13-0037	羽毛粉 feather meal	0.31	0.26	0.20	0.18	73	6.8	8.8	53.8	0.8	—	7.3	0.1	2.0	10.0	27.0	0.04	0.20	880	3.00	71.0	0.83
56	5-13-0038	皮革粉 leather meal	—	—	—	—	131	11.1	25.2	89.8	—	—	—	—	—	—		—	—	—	—	—	—
57	5-13-0047	肉骨粉 meat and bone meal	0.73	0.75	1.13	1.40	500	1.5	12.3	90.0	0.25		0.8	0.2	5.2	4.4	59.4	0.14	0.60	2000	4.60	100.0	0.72
58	5-13-0048	肉粉 meat meal	0.80	0.97	0.35	0.57	440	10.0	10.0	94.0	0.37		1.2	0.6	4.7	5.0	57.0	0.08	0.50	2077	2.40	80.0	0.80
59	1-05-0074	苜蓿草粉（CP19%）alfalfa meal	0.09	0.38	0.30	2.08	372	9.1	30.7	17.1	0.46	94.6	144.0	5.8	15.5	34.0	40.0	0.35	4.36	1419	8.00	0	0.44
60	1-05-0075	苜蓿草粉（CP17%）alfalfa meal	0.17	0.46	0.36	2.40	361	9.7	30.7	21.0	0.46	94.6	125.0	3.4	13.6	29.0	38.0	0.30	4.20	1401	6.50	0	0.35
61	1-05-0076	苜蓿草粉（CP14%～15%）alfalfa meal	0.11	0.46	0.36	2.22	437	9.1	33.2	22.6	0.48	63.0	98.0	3.0	10.6	20.8	41.8	0.25	1.54	1548	—	—	—
62	5-11-0005	啤酒糟 brewers dried grain	0.25	0.12	0.19	0.08	274	20.1	35.6	104.0	0.41	0.2	27.0	0.6	1.5	8.6	43.0	0.24	0.24	1 723	0.70	0	2.94
63	7-15-0001	啤酒酵母 brewers dried	0.10	0.12	0.23	1.70	248	61.0	22.3	86.7	1.00	—	2.2	91.8	37.0	109.0	448	0.63	9.90	3 984	42.80	999.9	0.04
64	4-13-0075	乳清粉 whey，dehydrated	2.11	0.14	0.13	1.81	160	43.1	4.6	3.0	0.06	—	0.3	3.9	29.9	47.0		0.34	0.66	1 500	4.00	20.0	0.01
65	5-01-0162	酪蛋白 casein	0.01	0.04	0.01	0.01	14	4.0	4.0	30.0	0.16	—	—	0.4	1.5	2.7	1.0	0.04	0.51	205	0.40	—	—
66	5-14-0503	明胶 gelatin	—	—	0.05	—	—	—	—	—	—	—	—	—	—	—	—	—	—	—	—	—	—
67	4-06-0076	牛奶乳糖 milk lactose	—	—	0.15	2.40	—	—	—	—	—	—	—	—	—	—	—	—	—	—	—	—	—

注：“—”表示未测值，下同　　“—” unmeasured，the same below

表 17 鸡用饲料氨基酸表观利用率

Table 17 Apparent Digestibility of Amino Acids in Feed Ingredients Used for Poultry

序号 No.	中国饲料号 CFN	饲料名称 Feed Name	干物质 DM,%	粗蛋白 CP,%	精氨酸 Arg,%	组氨酸 His,%	异亮氨酸 Ile,%	亮氨酸 Leu,%	赖氨酸 Lys,%	蛋氨酸 Met,%	胱氨酸 Cys,%	苯丙氨酸 Phe,%	酪氨酸 Tyr,%	苏氨酸 Thr,%	色氨酸 Trp,%	缬氨酸 Val,%
1	4-07-0279	玉米 corn grain	86.0	8.7	93	92	91	95	82	93	82	94	93	85	90	89
2	4-07-0272	高粱 sorghum grain 单宁<0.5	86.0	9.0	93	87	95	95	92	92	80	95	94	92	95	93
3	4-07-0270	小麦 wheat grain	87.0	13.9	—	—	—	—	76	87	78	—	—	74	84	—
4	4-07-0274	大麦（裸） naked barley grain	87.0	13.0	—	—	—	—	70	71	75	—	—	67	75	—
5	4-07-0277	大麦（皮） barley grain	87.0	11.0	—	—	—	—	71	76	78	—	—	70	80	—
6	4-07-0281	黑麦 rye	88.0	11.0	90	90	88	88	84	89	82	90	90	85	—	90
7	4-07-0276	糙米 rough rice	87.0	8.8	—	—	—	—	83	86	82	—	—	81	86	—
8	4-08-0104	次粉 wheat midding and reddog	88.0	15.4	—	—	—	—	90	93	88	—	—	89	92	—
9	4-08-0069	小麦麸 wheat bran	87.0	15.7	—	—	—	—	73	64	71	—	—	70	77	—
10	4-08-0041	米糠 rice bran	87.0	12.8	—	—	—	—	75	78	74	—	—	68	72	—
11	5-10-0241	大豆饼 soybean meal（exp.）	87.0	40.9	—	—	—	—	77	72	60	—	—	74	—	—
12	5-10-0103	大豆粕 soybean meal（sol.）	89.0	47.9	—	—	—	—	90	93	88	—	—	89	92	
13	5-10-0102	大豆粕 soybean meal（sol.）	87.0	44.0	—	—	—	—	87	87	83	—	—	86	—	—
14	5-10-0118	棉籽饼 cottonseed meal（exp.）	88.0	36.3	90	—	61	77	82	75	57	77	86	71	—	74
15	5-10-0119	棉籽粕 cottonseed meal（sol.）	88.0	47.0	—	—	—	—	61	71	63	—	—	71	75	
16	5-10-0183	菜籽饼 rapeseed meal（exp.）	88.0	35.7	91	91	83	87	77	88	70	87	86	81	—	72
17	5-10-0121	菜籽粕 rapeseed meal（sol.）	88.0	38.6	89	92	85	88	79	87	75	88	86	82	57	83
18	5-10-0115	花生仁粕 peanut meal（sol.）	88.0	47.8	—	—	—	—	78	84	75	—	—	83	85	—
19	5-10-0242	向日葵仁粕 sunflower meal（sol.）	88.0	36.5	92	87	84	83	76	90	65	86	80	74	—	79
20	5-10-0243	向日葵仁粕 sunflower meal（sol.）	88.0	33.6	92	87	84	83	76	90	65	86	80	74	—	79
21	5-10-0246	芝麻饼 sesame meal（exp.）	92.0	39.2	—	—	—	—	25	80	65	—	—	54	65	—
22	5-11-0003	玉米蛋白饲料 corn gluten feed	88.0	19.3	—	—	—	—	79	90	74	—	—	80	72	—
23	5-13-0044	鱼粉（CP64.5%） fish meal	90.0	64.5	88	94	86	89	86	88	62	85	84	87	81	86
24	5-13-0037	羽毛粉 feather meal	88.0	77.9	—	—	—	—	63	71	55	—	—	69	72	—
25	1-05-0074	苜蓿草粉（CP19%） alfalfa meal	87.0	19.1	—	—	—	—	59	65	58	—	—	65	72	—

注："—"表示未测值　　"—" unmeasured

表 18 常用矿物质饲料中矿物元素的含量

Table 18 Trace Elements Contents in Mineral Feed Ingredients

序号 No.	中国料号 CFN	饲料名称 Feed Name	化学分子式 Chemical Formular	钙 Ca，%[a]	磷 P，%	磷利用率 Avp，%[b]	钠 Na，%	氯 Cl，%	钾 K，%	镁 Mg，%	硫 S，%	铁 Fe，%	锰 Mn，%
01	6-14-0001	碳酸钙，饲料级轻质 Calcium carbonate	$CaCO_3$	38.42	0.02	—	0.08	0.02	0.08	1.610	0.08	0.06	0.02
02	6-14-0002	磷酸氢钙，无水 Calcium acid phosphate	$CaHPO_4$	29.60	22.77	95～100	0.18	0.47	0.15	0.800	0.80	0.79	0.14
03	6-14-0003	磷酸氢钙，2个结晶水 Calcium acid phosphate	$CaHPO_4 \cdot 2H_2O$	23.29	18.00	95～100	—	—	—	—	—	—	—
04	6-14-0004	磷酸二氢钙 Calcium dihydrogen phosphate	$Ca(H_2PO_4)_2 \cdot H_2O$	15.90	24.58	100	0.20	—	0.16	0.900	0.80	0.75	0.01
05	6-14-0005	磷酸三钙（磷酸钙）Calcium carbonate	$Ca_3(PO_4)_2$	38.76	20.0	—	—	—	—	—	—	—	—
06	6-14-0006	石粉[c]、石灰石、方解石等 Limestone、Calcite		35.84	0.01	—	0.06	0.02	0.11	2.060	0.04	0.35	0.02
07	6-14-0007	骨粉，脱脂 Bone meal		29.80	12.50	80～90	0.04	—	0.20	0.300	2.40	—	0.03
08	6-14-0008	贝壳粉 Shell meal		32～35	—	—	—	—	—	—	—	—	—
09	6-14-0009	蛋壳粉 Egg shell meal		30～40	0.1～0.4	—	—	—	—	—	—	—	—
10	6-14-0010	磷酸氢铵 Ammonium hydrogen phosphate	$(NH_4)_2HPO_4$	0.35	23.48	100	0.20	—	0.16	0.750	1.50	0.41	0.01
11	6-14-0011	磷酸二氢铵 Ammonium dihydrogen phosphate	$(NH_4)H_2PO_4$	—	26.93	100	—	—	—	—	—	—	—
12	6-14-0012	磷酸氢二钠 Sodium hydrogen phosphate	Na_2HPO_4	0.09	21.82	100	31.04	—	—	—	—	—	—
13	6-14-0013	磷酸二氢钠 Sodium dihydeogen phosphate	NaH_2PO_4	—	25.81	100	19.17	0.02	0.01	0.010	—	—	—
14	6-14-0014	碳酸钠 Sodium carbonate（soda）	Na_2CO_3	—	—	—	43.30	—	—	—	—	—	—
15	6-14-0015	碳酸氢钠 Sodium bicarbonate（baking soda）	$NaHCO_3$	0.01	—	—	27.00	—	0.01	—	—	—	—
16	6-14-0016	氯化钠 Sodium chloride	$NaCl$	0.30	—	—	39.50	59.00	—	0.005	0.20	0.01	—
17	6-14-0017	氯化镁 Magnesium chloride	$MgCl_2 \cdot 6H_2O$	—	—	—	—	—	—	11.950	—	—	—
18	6-14-0018	碳酸镁 Magnesium carbonate	$MgCO_3 \cdot Mg(OH)_2$	0.02	—	—	—	—	—	34.000	—	—	0.01
19	6-14-0019	氧化镁 Magnesium oxide	MgO	1.69	—	—	—	—	0.02	55.000	0.10	1.06	—
20	6-14-0020	硫酸镁，7个结晶水 Magnesium sulfate	$MgSO_4 \cdot 7H_2O$	0.02	—	—	—	0.01	—	9.860	13.01	—	—
21	6-14-0021	氯化钾 Potassium chloride	KCl	0.05	—	—	1.00	47.56	52.44	0.230	0.32	0.06	0.001
22	6-14-0022	硫酸钾 Potassium sulfate	K_2SO_4	0.15	—	—	0.09	1.50	44.87	0.600	18.40	0.07	0.001

注 1：数据来源：《中国饲料学》（2000，张子仪主编），《猪营养需要》（NRC，1998）。

注 2：饲料中使用的矿物质添加剂一般不是化学纯化合物，其组成成分的变异较大。如果能得到，一般应采用原料供给商的分析结果。例如，饲料级的磷酸氢钙原料中往往含有一些磷酸二氢钙，而磷酸二氢钙中含有一些磷酸氢钙。

[a] 在大多数来源的磷酸氢钙、磷酸二氢钙、磷酸三钙、脱氟磷酸钙、碳酸钙、硫酸钙和方解石石粉中，估计钙的生物学利用率为 90%～100%，在高镁含量的石粉或白云石石粉中钙的生物学效价较低，为 50%～80%。

[b] 生物学效价估计值通常以相当于磷酸氢钠或磷酸氢钙中的磷的生物学效价表示。

[c] 大多数方解石石粉中含有 38%或高于表中所示的钙和低于表中所示的镁，“—”表示数据不详。

Note 1：Data from《Chinese Feed Sciences》（2002. Zhang Ziyi，chief editor），《Nutrient Requirements of Swine》（NRC，1998）.

Note 2：The mineral supplements used as feed supplements are not chemically pure compounds. and the composition may vary substantially among sources . The supplier's analysis should be used if it is available. For example，feed-grade dicalcium phosphate contains some monocalcium phosphate and feed-grade monocalcium phosphate contains dicalcium phosphate.

[a] Estimates suggest 90% to 100% bioavailability of calcium in most sources of monocalcium phosphate，dicalcium phosphate，triicalcium phosphate，defluorinated phosphate，calcium carbonate，calcium sulfate，and calcitic limestone. The calcium in high-magnesium limestone or dolomitic limestone is less bioavailable（50% to 80%）.

[b] Bioavailability estimates are generally expressed as a percentage of monosodium phosphate or monocalcium phosphate .

[c] Most calcitic limestones will contain 38% or more calcium and less magnesium than shown in the table.

表 19 常用维生素类饲料添加剂产品有效成分含量

Table 19 The Contents of Effectiue Ingredient in Normal Vitamin Additives

有效成分	产品名称	有效成分含量
维生素 A Vitamia A	维生素 A 醋酸酯 Vitamin A acetate 维生素 A D_3 粉 Vitamin AD_3（powder） 维生素 A 醋酸酯原料（油）Vitamin Aacetate technical grade（oil）	30 万 IU/g，40 万 IU/g 或 50 万 IU/g 50 万 IU/g 210 万 IU/g
维生素 D_3 Vitamin D_3	维生素 D_3 Vitamin D_3 维生素 AD_3 粉 Vitamin AD_3（powder） 维生素 D_3 原料（锭剂）Vitamin D_3 technical grade	30 万 IU/g，40 万 IU/g 或 50 万 IU/g 10 万 IU/g 2 000 万 IU/g
dl-α-生育酚 dl-α-tocopherol	维生素 E 醋酸酯粉剂 Vitamin E acetate（powder） 维生素 E 醋酸酯油剂 Vitamin E acetate Oily	50% 97%
维生素 K_3 Vitamin K_3（甲萘醌）（menadione）	亚硫酸氢钠甲萘醌（MSB）微囊 亚硫酸氢钠甲萘醌（MSB）Menadione sodium bisulfide（MSB） 亚硫酸烟酰胺甲萘醌（MNB） 亚硫酸氢钠甲萘醌复合物（MSBC）Menadione sodium bisulfide complex（MSBC） 亚硫酸二甲嘧啶甲萘醌（MPB）Menadione pyrimidinal bisulfite	含甲萘醌 25% 含亚硫酸氢钠甲萘醌 94%，约含甲萘醌 50% 含甲萘醌不低于 43.7% 约含甲萘醌 33% 含亚硫酸二甲嘧啶甲萘醌 50%，约含甲萘醌 22.5%
硫胺素 thiamine	硝酸硫胺 Thiamine mononitrate 盐酸硫胺 Thiamine hydrochloride	含硝酸硫胺 98.0%，约含硫胺素 80.0% 含盐酸硫胺 98.5%，约含硫胺素 88.0%
核黄素 riboflavin	维生素 B_2 Vitamin B_2	80%或 96%
d-泛酸 d-pantothenic acid	D-泛酸钙 Calcium d pantothenate DL-泛酸钙 Calcium dl pantothenate	含 D-泛酸钙 98.0%，约含 d-泛酸 90.0% 相当于 D-泛酸钙生物活性的 50%
烟酸 Niacin	烟酸 Niacin 烟酰胺 Niacinamide	99.0% 98.5%
维生素 B_6 Vitamin B_6	盐酸吡哆醇 Pyridoxine hydrochloride	含盐酸吡哆醇 98%，约含吡哆醇 80%
d-生物素 biotin	生物素 biotin	2%或 98%
叶酸 Folic acid	叶酸 Folic acid	80%或 95%
维生素 B_{12} Vitamin B_{12}	维生素 B_{12} Vitamin B_{12}	1%，5%或 10%
胆碱 choline	氯化胆碱粉剂 Choline chloride（power） 氯化胆碱液剂 Choline chloride（liquid）	含氯化胆碱 50%或 60%，约含胆碱 37.3%或 44.8% 含氯化胆碱 70%或 75%，约含胆碱 52.2%或 56.0%

表 20　鸡日粮中矿物质元素的耐受量

Table 20　Dietary Tolerant Concentrations of Mineral Elements for Chicken

元素 Element	阶段 Period	单位 Unit	耐受量 Tolerance
钙 Calcium	产蛋期 Egg production period	%	4.0
	其他 others	%	1.2
磷 Phosphorus	产蛋期 Egg production period	%	0.8
	其他 others	%	1.0
钠 Sodium	产蛋期 Egg production period	%	0.8
	其他 others	%	1.0
铜 Copper		毫克/千克　mg/kg	300
铁 Iron		毫克/千克　mg/kg	500
锰 Manganese		毫克/千克　mg/kg	2 000
锌 Zinc		毫克/千克　mg/kg	1 000
碘 Iodine		毫克/千克　mg/kg	300
硒 Selenium		毫克/千克　mg/kg	2
氟 Fluorin		毫克/千克　mg/kg	150～400

ICS 65.020.30
B 43

NY

中华人民共和国农业行业标准

NY/T 34—2004
代替 NY/T 34—1986

奶牛饲养标准

Feeding standard of dairy cattle

2004-08-25 发布　　　　2004-09-01 实施

中华人民共和国农业部　发布

前　言

本标准代替 NY/T 34—1986《奶牛饲养标准》。

本标准修订的主要内容:将前一版中蛋白质部分采用的粗蛋白质体系更换为小肠蛋白质体系及其参数。为便于使用者过渡,本标准保留粗蛋白质的参数;修订了作为资料性附录的饲料营养价值表,并作为正文。

本标准的附录 A、附录 B、附录 C、附录 D 和附录 E 为资料性附录。

本标准由中华人民共和国农业部提出并归口。

本标准负责起草单位:中国奶业协会、中国农业大学、中国农业科学院畜牧研究所、北京市农场局。

本标准主要起草人:冯仰廉、方有生、莫放、张晓明、李胜利、陆治年、王加启。

奶牛饲养标准

1 范围

本标准提出了奶牛各饲养阶段和产奶的营养需要。

本标准适用于奶牛饲料厂、国营、集体、个体奶牛场配合饲料和日粮。

2 术语和定义

下列术语和定义适用于本标准。

2.1

奶牛能量单位 dairy energy unit

本标准采用相当于 1 kg 含脂率为 4%的标准乳能量，即 3 138 kJ 产奶净能作为一个“奶牛能量单位”，汉语拼音字首的缩写为 NND。为了应用的方便，对饲料能量价值的评定和各种牛的能量需要均采用产奶净能和 NND。

4%乳脂率的标准乳(FCM)(kg)＝0.4×奶量(kg)＋15×乳脂量(kg) …………… (1)

2.2

小肠粗蛋白质 crude protein in the small intestine

小肠粗蛋白质＝饲料瘤胃非降解粗蛋白质＋瘤胃微生物粗蛋白质

饲料非降解粗蛋白质＝饲料粗蛋白质－饲料瘤胃降解粗蛋白质(RDP)

小肠可消化粗蛋白质＝饲料瘤胃非降解粗蛋白质(UDP)×小肠消化率＋瘤胃微生物粗蛋白质(MCP)×小肠消化率

3 饲养标准

3.1 能量需要

3.1.1 饲料产奶净能值的测算

产奶净能(MJ/kg 干物质)＝0.550 1×消化能(MJ/kg 干物质)－0.395 8 ………… (2)

3.1.2 产奶牛的干物质需要

适用于偏精料型日粮的参考干物质进食量(kg)＝$0.062W^{0.75}+0.40Y$ …………… (3)

适用于偏粗料型日粮的参考干物质进食量(kg)＝$0.062W^{0.75}+0.45Y$ …………… (4)

式中：

Y——标准乳重量，单位为千克(kg)；

W——体重，单位为千克(kg)。

牛是反刍动物，为保证正常的消化机能，配合日粮时应考虑粗纤维的供给量。粗纤维量过低会影响瘤胃的消化机能，粗纤维量过高则达不到所需的能量浓度。日粮中的中性洗涤纤维(NDF)应不低于 25%。

3.1.3 成年母牛维持的能量需要

在适宜环境温度拴系饲养条件下，奶牛的绝食代谢产热量(kJ)＝$293\times W^{0.75}$。对自由运动可增加 20%的能量，即 $356W^{0.75}$ kJ。由于在第一和第二个泌乳期奶牛自身的生长发育尚未完成，故能量需要须在以上维持基础之上，第一个泌乳期增加 20%，第二个泌乳期增加 10%。放牧运动时，能量需要明显增加，运动的能量需要见表 1。

牛在低温环境下，体热损失增加。维持需要在 18℃基础上，平均每下降 1℃产热增加 2.5kJ/

(kg$W^{0.75}$ · 24h)维持需要在 5℃时为 389 $W^{0.75}$，0℃时为 402 $W^{0.75}$，－5℃时为 414 $W^{0.75}$，－10℃时为 427 $W^{0.75}$，－15℃时为 439 $W^{0.75}$。

表 1　水平行走的维持能量需要(kJ/头・日)

行走距离(km)	行走速度(m/s)	
	1m/s	1.5m/s
1	364$W^{0.75}$	368$W^{0.75}$
2	372$W^{0.75}$	377$W^{0.75}$
3	381$W^{0.75}$	385$W^{0.75}$
4	393$W^{0.75}$	398$W^{0.75}$
5	406$W^{0.75}$	418$W^{0.75}$

3.1.4　产奶的能量需要

产奶的能量需要量＝牛奶的能量含量×产奶量

牛奶的能量含量(kJ/kg)＝750.00＋387.98×乳脂率＋163.97×乳蛋白率＋55.02×乳糖率 …… (5)

牛奶的能量含量(kJ/kg)＝1 433.65＋415.30×乳脂率 …… (6)

牛奶的能量含量(kJ/kg)＝166.19＋249.16×乳总干物质率 …… (7)

3.1.5　产奶牛的体重变化与能量需要

成年母牛每增重 1 kg 需 25.10 MJ 产奶的净能，相当 8 kg 标准乳；每减重 1 kg 可产生 20.58 MJ 产奶净能，即 6.56 kg 标准乳。

3.1.6　产奶牛不同生理阶段的能量需要

分娩后泌乳初期阶段，母牛对能量进食不足，须动用体内贮存的能量去满足产奶需要。在此期间，应防止过度减重。

奶牛的最高日产奶量出现的时间不一致。当食欲恢复后，可采用引导饲养，给量稍高于需要。

奶牛妊娠的代谢能利用效率较低。妊娠第 6、7、8、9 月时，每天在维持基础上增加 4.18 MJ、7.11 MJ、12.55 MJ 和 20.92 MJ 产奶净能。

3.1.7　生长牛的能量需要

3.1.7.1　生长牛的维持能量需要

生长母牛的绝食代谢(kJ)＝531×$W^{0.75}$ …… (8)

在此基础上加 10%的自由运动量，即为维持的需要量。生长公牛的维持需要量与生长母牛相同。

3.1.7.2　生长牛增重的能量需要

由于对奶用生长牛的增重速度不要求像肉用牛那样快，为了应用的方便，对奶用生长牛的净能需要量亦统一用产奶净能表示。其产奶净能的需要是在增重的能量沉积上加以调整。

$$\text{增重的能量沉积(MJ)}=\frac{(\text{增重,kg})\times[1.5+0.0045\times(\text{体重,kg})]}{1-0.30\times(\text{增重,kg})}\times4.184 \quad (9)$$

增重的能量沉积换算成产乳净能的系数＝－0.532 2＋0.325 4ln(体重，kg) …… (10)

增重所需产奶净能＝增重的能量沉积×系数(表 2)

表 2　增重的能量沉积换算成产奶净能的系数

体重，kg	产奶净能＝增重的能量沉积×系数
150	×1.10
200	×1.20
250	×1.26
300	×1.32

表 2 （续）

体重，kg	产奶净能＝增重的能量沉积×系数
350	×1.37
400	×1.42
450	×1.46
500	×1.49
550	×1.52

由于生长公牛增重的能量利用效率比母牛稍高，故生长公牛的能量需要按生长母牛的 90%计算。

3.1.8 种公牛的能量需要

$$种公牛的能量需要量(MJ)=0.398\times W^{0.75} \quad (11)$$

3.2 蛋白质需要

3.2.1 瘤胃微生物蛋白质合成量的评定

瘤胃饲料降解氮（RDN）转化为瘤胃微生物氮（MN）的效率（MN/RDN）与瘤胃可发酵有机物质（FOM）中的瘤胃饲料降解氮的含量（RDN/FOM）呈显著相关。用下式计算：

$$MN/RDN=3.6259-0.8457\times \ln(RDNg/FOMkg) \quad (12)$$

表 3 用 RDNg/FOMkg 与 MN/RDN 的回归式计算的 MN/RDN

RDNg/FOMkg	15	20	25	30	35
MN/RDN	1.34	1.09	0.90	0.75	0.62

瘤胃微生物蛋白质（MCP）合成量（g）＝饲料瘤胃降解蛋白质（RDP）（g）×MN/RDN

由于用曲线回归式所计算的单个饲料的 MN/RDN 对日粮是非加性的，所以对单个饲料的 MN/RDN 可先用其中间值 0.9 进行初评，并列入饲料营养价值表中，最后须按日粮的总 RDN/FOM 用曲线回归式对 MN/RDN 做出总评。MN/RDN 在理论上不应超过 1.0，当 MN/RDN 超过 0.9 时，则预示有过多的内源尿素氮进入瘤胃。

由于瘤胃微生物蛋白质的合成，除了需要 RDN 外，还需要能量。为了应用的方便，所需能量可用瘤胃饲料可发酵有机物质（FOM）来表示。用 FOM 评定的瘤胃微生物蛋白质合成量的计算：MCP g/FOM kg＝136。

3.2.2 瘤胃能氮平衡

因为对同一种饲料，用 RDP 和 FOM 评定出的 MCP 往往不一致。为了使日粮的配合更为合理，以便同时满足瘤胃微生物对 FOM 和 RDP 的需要，特提出瘤胃能氮平衡的原理和计算方法：

瘤胃能氮平衡（RENB）＝用 FOM 评定的瘤胃微生物蛋白质量－用 RDP 评定的瘤胃微生物蛋白质量

如果日粮的能氮平衡结果为零，则表明平衡良好；如为正值，则说明瘤胃能量有富余，这时应增加 RDP；如为负值，则表明应增加瘤胃中的能量（FOM）。最后检验日粮的能氮平衡时，应采用回归式做最后计算。

3.2.3 尿素的有效用量

尿素有效用量（ESU）用式（13）计算：

$$ESU(g)=\frac{瘤胃能氮平衡值(g)}{2.8\times 0.65} \quad (13)$$

式中：

0.65——常规尿素氮被瘤胃微生物利用的平均效率（如添加缓释尿素，则尿素氮转化为瘤胃微生物氮的效率可采用 0.8）；

2.8——尿素的粗蛋白质当量。

如果瘤胃能氮平衡为零或负值，则表明不应再在日粮中添加尿素。

3.2.4 小肠可消化粗蛋白质

小肠可消化粗蛋白质＝饲料瘤胃非降解粗蛋白质×0.65＋瘤胃微生物粗蛋白质×0.70 …… (14)

3.2.5 小肠可消化粗蛋白质的转化效率

小肠可消化粗蛋白质用于体蛋白质沉积的转化效率，对生长牛为 0.60，对产奶为 0.70。

3.2.6 维持的蛋白质需要

维持的可消化粗蛋白质需要量为对产奶牛 3.0(g)×$W^{0.75}$，对 200 kg 体重以下的生长牛为 2.3(g)×$W^{0.75}$。

维持的小肠可消化粗蛋白质需要量为 2.5(g)×$W^{0.75}$，对 200kg 体重以下的生长牛为 2.2(g)×$W^{0.75}$。

3.2.7 产奶的蛋白质需要

乳蛋白质率(%)根据实测确定。

产奶的可消化粗蛋白质需要量＝牛奶的蛋白量/0.60 …………………… (15)

产奶的小肠可消化粗蛋白质需要量＝牛奶的蛋白量/0.70 ………………… (16)

3.2.8 生长牛增重的蛋白质需要量

生长牛的蛋白质需要量取决于增重的体蛋白质沉积量。

增重的体蛋白质沉积(g/d)＝$\Delta W(170.22-0.1731W+0.000\,178W^2)\times(1.12-0.125\,8\Delta W)$ …… (17)

式中：

ΔW——日增重，单位为千克(kg)；

W——体重，单位为千克(kg)。

增重的可消化粗蛋白质的需要量(g)＝增重的体蛋白质沉积量(g)/0.55 ………… (18)

增重的小肠可消化粗蛋白质的需要量(g)＝增重的体蛋白质沉积量(g)/0.60 ……… (19)

但幼龄时的蛋白质转化效率较高，体重 40 kg～60 kg 时可用 0.70，体重 70 kg～90 kg 时用 0.65 的转化效率。

3.2.9 妊娠的蛋白质需要

妊娠的可消化粗蛋白质的需要量：妊娠 6 个月时为 50 g，7 个月时为 84 g，8 个月时为 132 g，9 个月时为 194 g。

妊娠的小肠可消化粗蛋白质的需要量：妊娠 6 个月时为 43 g，7 个月时 73 g，8 个月时为 115 g，9 个月时为 169 g。

3.2.10 种公牛的蛋白质需要

种公牛的蛋白质需要是以保证采精和种用体况为基础。

种公牛的可消化粗蛋白质需要量(g)＝4.0×$W^{0.75}$ …………………… (20)

种公牛的小肠可消化粗蛋白质需要量(g)＝3.3×$W^{0.75}$ ………………… (21)

3.3 钙、磷的需要

3.3.1 产奶牛的钙、磷需要

维持需要按每 100 kg 体重供给 6 g 钙和 4.5 g 磷；每千克标准乳供给 4.5 g 钙和 3 g 磷。钙磷比例以 2∶1 至 1.3∶1 为宜。

3.3.2 生长牛的钙、磷需要

维持需要按每 100 kg 体重供给 6 g 钙和 4.5 g 磷，每千克增重供给 20 g 钙和 13 g 磷。

3.4 各种牛的综合营养需要(表 4～表 9)

3.5 饲料的能量

3.5.1 饲料的总能(GF)

总能(kJ/100g 饲料)=23.93×粗蛋白质(%)+39.75 粗脂肪(%)+

20.04×粗纤维(%)+16.88 无氮浸出物(%) …………… (22)

3.5.2 饲料的消化能(DE)

DE=GE×能量消化率

在无条件进行能量消化率实测时,可用式(23)、(24)结测:

能量消化率(%)=94.280 8−61.537 0(NDF/OM) …………………… (23)

能量消化率(%)=91.669 4−91.335 9(ADF/OM) …………………… (24)

式中:

NDF——中性洗涤纤维;

ADF——酸性洗涤纤维。

3.5.3 瘤胃可发酵有机物质(FOM)

FOM=OM×FOM/OM

FOM/OM(%)=92.894 5−74.765 8(NDF/OM) …………………… (25)

FOM/ON(%)=91.220 2−118.686 4(ADF/OM) …………………… (26)

3.5.4 饲料的代谢能(ME)

代谢能=消化能−甲烷能−尿能

甲烷(L/FOM,kg)=60.456 2+0.296 7(FNDF/FOM,%) ……………… (27)

甲烷(L/FOM,kg)=48.129 0+0.535 2(NDF/OM,%) ……………… (28)

甲烷能/DE(%)=8.680 4+0.037 3(FNDF/FOM,%) ……………… (29)

甲烷能/DE(%)=7.182 3+0.066 6(NDF/OM,%) ……………… (30)

式中:

FNDF——可发酵中性洗涤纤维。

尿能/DE(%)的平均值=4.27±0.94(根据国内对 19 种日粮的牛体内试验结果)

3.6 奶牛常用饲料的成为分与营养价值(表 10)

表 4 成年母牛维持的营养需要

体重 kg	日粮干物质 kg	奶牛能量单位 NND	产奶净能 Mcal	产奶净能 MJ	可消化粗蛋白质 g	小肠可消化粗蛋白质 g	钙 g	磷 g	胡萝卜素 mg	维生素 A IU
350	5.02	9.17	6.88	28.79	243	202	21	16	63	25 000
400	5.55	10.13	7.60	31.80	268	224	24	18	75	30 000
450	6.06	11.07	8.30	34.73	293	244	27	20	85	34 000
500	6.56	11.97	8.98	37.57	317	264	30	22	95	38 000
550	7.04	12.88	9.65	40.38	341	284	33	25	105	42 000
600	7.52	13.73	10.30	43.10	364	303	36	27	115	46 000
650	7.98	14.59	10.94	45.77	386	322	39	30	123	49 000
700	8.44	15.43	11.57	48.41	408	340	42	32	133	53 000
750	8.89	16.24	12.18	50.96	430	358	45	34	143	57 000

注 1:对第一个泌乳期的维持需要按上表基础增加 20%,第二个泌乳期增加 10%。

注 2:如第一个泌乳期的年龄和体重过小,应按生长牛的需要计算实际增重的营养需要。

注 3:放牧运动时,须在上表基础上增加能量需要量,按正文中的说明计算。

注 4:在环境温度低的情况下,维持能量消耗增加,须在上表基础上增加需要量,按正文说明计算。

注 5:泌乳期间,每增重 1 kg 体重需增加 8 NND 和 325 g 可消化粗蛋白;每减重 1 kg 需扣除 6.56 NND 和 250 g 可消化粗蛋白。

表5　每产1kg奶的营养需要

乳脂率 %	日粮干物质 kg	奶牛能量单位 NND	产奶净能 Mcal	产奶净能 MJ	可消化粗蛋白质 g	小肠可消化粗蛋白质 g	钙 g	磷 g	胡萝卜素 mg	维生素A IU
2.5	0.31～0.35	0.80	0.60	2.51	49	42	3.6	2.4	1.05	420
3.0	0.34～0.38	0.87	0.65	2.72	51	44	3.9	2.6	1.13	452
3.5	0.37～0.41	0.93	0.70	2.93	53	46	4.2	2.8	1.22	486
4.0	0.40～0.45	1.00	0.75	3.14	55	47	4.5	3.0	1.26	502
4.5	0.43～0.49	1.06	0.80	3.35	57	49	4.8	3.2	1.39	556
5.0	0.46～0.52	1.13	0.84	3.52	59	51	5.1	3.4	1.46	584
5.5	0.49～0.55	1.19	0.89	3.72	61	53	5.4	3.6	1.55	619

表6　母牛妊娠最后四个月的营养需要

体重 kg	怀孕月份	日粮干物质 kg	奶牛能量单位 NND	产奶净能 Mcal	产奶净能 MJ	可消化粗蛋白质 g	小肠可消化粗蛋白质 g	钙 g	磷 g	胡萝卜素 mg	维生素A kIU
350	6	5.78	10.51	7.88	32.97	293	245	27	18	67	27
	7	6.28	11.44	8.58	35.90	327	275	31	20		
	8	7.23	13.17	9.88	41.34	375	317	37	22		
	9	8.70	15.84	11.84	49.54	437	370	45	25		
400	6	6.30	11.47	8.60	35.99	318	267	30	20	76	30
	7	6.81	12.40	9.30	38.92	352	297	34	22		
	8	7.76	14.13	10.60	44.36	400	339	40	24		
	9	9.22	16.80	12.60	52.72	462	392	48	27		
450	6	6.81	12.40	9.30	38.92	343	287	33	22	86	34
	7	7.32	13.33	10.00	41.84	377	317	37	24		
	8	8.27	15.07	11.30	47.28	425	359	43	26		
	9	9.73	17.73	13.30	55.65	487	412	51	29		
500	6	7.31	13.32	9.99	41.80	367	307	36	25	95	38
	7	7.82	14.25	10.69	44.73	401	337	40	27		
	8	8.78	15.99	11.99	50.17	449	379	46	29		
	9	10.24	18.65	13.99	58.54	511	432	54	32		
550	6	7.80	14.20	10.65	44.56	391	327	39	27	105	42
	7	8.31	15.13	11.35	47.49	425	357	43	29		
	8	9.26	16.87	12.65	52.93	473	399	49	31		
	9	10.72	19.53	14.65	61.30	535	452	57	34		
600	6	8.27	15.07	11.30	47.28	414	346	42	29	114	46
	7	8.78	16.00	12.00	50.21	448	376	46	31		
	8	9.73	17.73	13.30	55.65	496	418	52	33		
	9	11.20	20.40	15.30	64.02	558	471	60	36		

表 6 （续）

体重 kg	怀孕月份	日粮干物质 kg	奶牛能量单位 NND	产奶净能 Mcal	产奶净能 MJ	可消化粗蛋白质 g	小肠可消化粗蛋白质 g	钙 g	磷 g	胡萝卜素 mg	维生素 A kIU
650	6	8.74	15.92	11.94	49.96	436	365	45	31	124	50
	7	9.25	16.85	12.64	52.89	470	395	49	33		
	8	10.21	18.59	13.94	58.33	518	437	55	35		
	9	11.67	21.25	15.94	66.70	580	490	63	38		
700	6	9.22	16.76	12.57	52.60	458	383	48	34	133	53
	7	9.71	17.69	13.27	55.53	492	413	52	36		
	8	10.67	19.43	14.57	60.97	540	455	58	38		
	9	12.13	22.09	16.57	69.33	602	508	66	41		
750	6	9.65	17.57	13.13	55.15	480	401	51	36	143	57
	7	10.16	18.51	13.88	58.08	514	431	55	38		
	8	11.11	20.24	15.18	63.52	562	473	61	40		
	9	12.58	22.91	17.18	71.89	624	526	69	43		

注 1:怀孕牛干奶期间按上表计算营养需要。

注 2:怀孕期间如未干奶,除按上表计算营养需要外,还应加产奶的营养需要。

表 7　生长母牛的营养需要

体重 kg	日增重 g	日粮干物质 kg	奶牛能量单位 NND	产奶净能 Mcal	产奶净能 MJ	可消化粗蛋白质 g	小肠可消化粗蛋白质 g	钙 g	磷 g	胡萝卜素 mg	维生素 A kIU
40	0		2.20	1.65	6.90	41	—	2	2	4.0	1.6
	200		2.67	2.00	8.37	92	—	6	4	4.1	1.6
	300		2.93	2.20	9.21	117	—	8	5	4.2	1.7
	400		2.23	2.42	10.13	141	—	11	6	4.3	1.7
	500		3.52	2.64	11.05	164	—	12	7	4.4	1.8
	600		3.84	2.86	12.05	188	—	14	8	4.5	1.8
	700		4.19	3.14	13.14	210	—	16	10	4.6	1.8
	800		4.56	3.42	14.31	231	—	18	11	4.7	1.9
50	0		2.56	1.92	8.04	49	—	3	3	5.0	2.0
	300		3.32	2.49	10.42	124	—	9	5	5.3	2.1
	400		3.60	2.70	11.30	148	—	11	6	5.4	2.2
	500		3.92	2.94	12.31	172	—	13	8	5.5	2.2
	600		4.24	3.18	13.31	194	—	15	9	5.6	2.2
	700		4.60	3.45	14.44	216	—	17	10	5.7	2.3
	800		4.99	3.74	15.65	238	—	19	11	5.8	2.3

表 7（续）

体重 kg	日增重 g	日粮干物质 kg	奶牛能量单位 NND	产奶净能 Mcal	产奶净能 MJ	可消化粗蛋白质 g	小肠可消化粗蛋白质 g	钙 g	磷 g	胡萝卜素 mg	维生素 A kIU
60	0		2.89	2.17	9.08	56	—	4	3	6.0	2.4
	300		3.67	2.75	11.51	131	—	10	5	6.3	2.5
	400		3.96	2.97	12.43	154	—	12	6	6.4	2.6
	500		4.28	3.21	13.44	178	—	14	8	6.5	2.6
	600		4.63	3.47	14.52	199	—	16	9	6.6	2.6
	700		4.99	3.74	15.65	221	—	18	10	6.7	2.7
	800		5.37	4.03	16.87	243	—	20	11	6.8	2.7
70	0	1.22	3.21	2.41	10.09	63	—	4	4	7.0	2.8
	300	1.67	4.01	3.01	12.60	142	—	10	6	7.9	3.2
	400	1.85	4.32	3.24	13.56	168	—	12	7	8.1	3.2
	500	2.03	4.64	3.48	14.56	193	—	14	8	8.3	3.3
	600	2.21	4.99	3.74	15.65	215	—	16	10	8.4	3.4
	700	2.39	5.36	4.02	16.82	239	—	18	11	8.5	3.4
	800	3.61	5.76	4.32	18.08	262	—	20	12	8.6	3.4
80	0	1.35	3.51	2.63	11.01	70	—	5	4	8.0	3.2
	300	1.80	1.80	3.24	13.56	149	—	11	6	9.0	3.6
	400	1.98	4.64	3.48	14.57	174	—	13	7	9.1	3.6
	500	2.16	4.96	3.72	15.57	198	—	15	8	9.2	3.7
	600	2.34	5.32	3.99	16.70	222	—	17	10	9.3	3.7
	700	2.57	5.71	4.28	17.91	245	—	19	11	9.4	3.8
	800	2.79	6.12	4.59	19.21	268	—	21	12	9.5	3.8
90	0	1.45	3.80	2.85	11.93	76	—	6	5	9.0	3.6
	300	1.84	4.64	3.48	14.57	154	—	12	7	9.5	3.8
	400	2.12	4.96	3.72	15.57	179	—	14	8	9.7	3.9
	500	2.30	5.29	3.97	16.62	203	—	16	9	9.9	4.0
	600	2.48	5.65	4.24	17.75	226	—	18	11	10.1	4.0
	700	2.70	6.06	4.54	19.00	249	—	20	12	10.3	4.1
	800	2.93	6.48	4.86	20.34	272	—	22	13	10.5	4.2
100	0	1.62	4.08	3.06	12.81	82	—	6	5	10.0	4.0
	300	2.07	4.93	3.70	15.49	173	—	13	7	10.5	4.2
	400	2.25	5.27	3.95	16.53	202	—	14	8	10.7	4.3
	500	2.43	5.61	4.21	17.62	231	—	16	9	11.0	4.4
	600	2.66	5.99	4.49	18.79	258	—	18	11	11.2	4.4
	700	2.84	6.39	4.79	20.05	285	—	20	12	11.4	4.5
	800	3.11	6.81	5.11	21.39	311	—	22	13	11.6	4.6

表7（续）

体重 kg	日增重 g	日粮干物质 kg	奶牛能量单位 NND	产奶净能 Mcal	产奶净能 MJ	可消化粗蛋白质 g	小肠可消化粗蛋白质 g	钙 g	磷 g	胡萝卜素 mg	维生素A kIU
125	0	1.89	4.73	3.55	14.86	97	82	8	6	12.5	5.0
	300	2.39	5.64	4.23	17.70	186	164	14	7	13.0	5.2
	400	2.57	5.96	4.47	18.71	215	190	16	8	13.2	5.3
	500	2.79	6.35	4.76	19.92	243	215	18	10	13.4	5.4
	600	3.02	6.75	5.06	21.18	268	239	20	11	13.6	5.4
	700	3.24	7.17	5.38	22.51	295	264	22	12	13.8	5.5
	800	3.51	7.63	5.72	23.94	322	288	24	13	14.0	5.6
	900	3.74	8.12	6.09	25.48	347	311	26	14	14.2	5.7
	1 000	4.05	8.67	6.50	27.20	370	332	28	16	14.4	5.8
150	0	2.21	5.35	4.01	16.78	111	94	9	8	15.0	6.0
	300	2.70	6.31	4.73	19.80	202	175	15	9	15.7	6.3
	400	2.88	6.67	5.00	20.92	226	200	17	10	16.0	6.4
	500	3.11	7.05	5.29	22.14	254	225	19	11	16.3	6.5
	600	3.33	7.47	5.60	23.44	279	248	21	12	16.6	6.6
	700	3.60	7.92	5.94	24.86	305	272	23	13	17.0	6.8
	800	3.83	8.40	6.30	26.36	331	296	25	14	17.3	6.9
	900	4.10	8.92	6.69	28.00	356	319	27	16	17.6	7.0
	1 000	4.41	9.49	7.12	29.80	378	339	29	17	18.0	7.2
175	0	2.48	5.93	4.45	18.62	125	106	11	9	17.5	7.0
	300	3.02	7.05	5.29	22.14	210	184	17	10	18.2	7.3
	400	3.20	7.48	5.61	23.48	238	210	19	11	18.5	7.4
	500	3.42	7.95	5.96	24.94	266	235	22	12	18.8	7.5
	600	3.65	8.43	6.32	26.45	290	257	23	13	19.1	7.6
	700	3.92	8.96	6.72	28.12	316	281	25	14	19.4	7.8
	800	4.19	9.53	7.15	29.92	341	304	27	15	19.7	7.9
	900	4.50	10.15	7.61	31.85	365	326	29	16	20.0	8.0
	1 000	4.82	10.81	8.11	33.94	387	346	31	17	20.3	8.1
200	0	2.70	6.48	4.86	20.34	160	133	12	10	20.0	8.0
	300	3.29	7.65	5.74	24.02	244	210	18	11	21.0	8.4
	400	3.51	8.11	6.08	25.44	271	235	20	12	21.5	8.6
	500	3.74	8.59	6.44	26.95	297	259	22	13	22.0	8.8
	600	3.96	9.11	6.83	28.58	322	282	24	14	22.5	9.0
	700	4.23	9.67	7.25	30.34	347	305	26	15	23.0	9.2
	800	4.55	10.25	7.69	32.18	372	327	28	16	23.5	9.4
	900	4.86	10.91	8.18	34.23	396	349	30	17	24.0	9.6
	1 000	5.18	11.60	8.70	36.41	417	368	32	18	24.5	9.8

表7（续）

体重 kg	日增重 g	日粮干物质 kg	奶牛能量单位 NND	产奶净能 Mcal	产奶净能 MJ	可消化粗蛋白质 g	小肠可消化粗蛋白质 g	钙 g	磷 g	胡萝卜素 mg	维生素 A kIU
250	0	3.20	7.53	5.65	23.64	189	157	15	13	25.0	10.0
	300	3.83	8.83	6.62	27.70	270	231	21	14	26.5	10.6
	400	4.05	9.31	6.98	29.21	296	255	23	15	27.0	10.8
	500	4.32	9.83	7.37	30.84	323	279	25	16	27.5	11.0
	600	4.59	10.40	7.80	32.64	345	300	27	17	28.0	11.2
	700	4.86	11.01	8.26	34.56	370	323	29	18	28.5	11.4
	800	5.18	11.65	8.74	36.57	394	345	31	19	29.0	11.6
	900	5.54	12.37	9.28	38.83	417	365	33	20	29.5	11.8
	1 000	5.90	13.13	9.83	41.13	437	385	35	21	30.0	12.0
300	0	3.69	8.51	6.38	26.70	216	180	18	15	30.0	12.0
	300	4.37	10.08	7.56	31.64	295	253	24	16	31.5	12.6
	400	4.59	10.68	8.01	33.52	321	276	26	17	32.0	12.8
	500	4.91	11.31	8.48	35.49	346	299	28	18	32.5	13.0
	600	5.18	11.99	8.99	37.62	368	320	30	19	33.0	13.2
	700	5.49	12.72	9.54	39.92	392	342	32	20	33.5	13.4
	800	5.85	13.51	10.13	42.39	415	362	34	21	34.0	13.6
	900	6.21	14.36	10.77	45.07	438	383	36	22	34.5	13.8
	1 000	6.62	15.29	11.47	48.00	458	402	38	23	35.0	14.0
350	0	4.14	9.43	7.07	29.59	243	202	21	18	35.0	14.0
	300	4.86	11.11	8.33	34.86	321	273	27	19	36.8	14.7
	400	5.13	11.76	8.82	36.91	345	296	29	20	37.4	15.0
	500	5.45	12.44	9.33	39.04	369	318	31	21	38.0	15.2
	600	5.76	13.17	9.88	41.34	392	338	33	22	38.6	15.4
	700	6.08	13.96	10.47	43.81	415	360	35	23	39.2	15.7
	800	6.39	14.83	11.12	46.53	442	381	37	24	39.8	15.9
	900	6.84	15.75	11.81	49.42	460	401	39	25	40.4	16.1
	1 000	7.29	16.75	12.56	52.56	480	419	41	26	41.0	16.4
400	0	4.55	10.32	7.74	32.39	268	224	24	20	40.0	16.0
	300	5.36	12.28	9.21	38.54	344	294	30	21	42.0	16.8
	400	5.63	13.03	9.77	40.88	368	316	32	22	43.0	17.2
	500	5.94	13.81	10.36	43.35	393	338	34	23	44.0	17.6
	600	6.30	14.65	10.99	45.99	415	359	36	24	45.0	18.0
	700	6.66	15.57	11.68	48.87	438	380	38	25	46.0	18.4
	800	7.07	16.56	12.42	51.97	460	400	40	26	47.0	18.8
	900	7.47	17.64	13.24	55.40	482	420	42	27	48.0	19.2
	1 000	7.97	18.80	14.10	59.00	501	437	44	28	49.0	19.6

表 7 （续）

体重 kg	日增重 g	日粮干物质 kg	奶牛能量单位 NND	产奶净能 Mcal	产奶净能 MJ	可消化粗蛋白质 g	小肠可消化粗蛋白质 g	钙 g	磷 g	胡萝卜素 mg	维生素 A kIU
450	0	5.00	11.16	8.37	35.03	293	244	27	23	45.0	18.0
	300	5.80	13.25	9.94	41.59	368	313	33	24	48.0	19.2
	400	6.10	14.04	10.53	44.06	393	335	35	25	49.0	19.6
	500	6.50	14.88	11.16	46.70	417	355	37	26	50.0	20.0
	600	6.80	15.80	11.85	49.59	439	377	39	27	51.0	20.4
	700	7.20	16.79	12.58	52.64	461	398	41	28	52.0	20.8
	800	7.70	17.84	13.38	55.99	484	419	43	29	53.0	21.2
	900	8.10	18.99	14.24	59.59	505	439	45	30	54.0	21.6
	1 000	8.60	20.23	15.17	63.48	524	456	47	31	55.0	22.0
500	0	5.40	11.97	8.98	37.58	317	264	30	25	50.0	20.0
	300	6.30	14.37	10.78	45.11	392	333	36	26	53.0	21.2
	400	6.60	15.27	11.45	47.91	417	355	38	27	54.0	21.6
	500	7.00	16.24	12.18	50.97	441	377	40	28	55.0	22.0
	600	7.30	17.27	12.95	54.19	463	397	42	29	56.0	22.4
	700	7.80	18.39	13.79	57.70	485	418	44	30	57.0	22.8
	800	8.20	19.61	14.71	61.55	507	438	46	31	58.0	23.2
	900	8.70	20.91	15.68	65.61	529	458	48	32	59.0	23.6
	1 000	9.30	22.33	16.75	70.09	548	476	50	33	60.0	24.0
550	0	5.80	12.77	9.58	40.09	341	284	33	28	55.0	22.0
	300	6.80	15.31	11.48	48.04	417	354	39	29	58.0	23.0
	400	7.10	16.27	12.20	51.05	441	376	30	30	59.0	23.6
	500	7.50	17.29	12.97	54.27	465	397	31	31	60.0	24.0
	600	7.90	18.40	13.80	57.74	487	418	45	32	61.0	24.4
	700	8.30	19.57	14.68	61.43	510	439	47	33	62.0	24.8
	800	8.80	20.85	15.64	65.44	533	460	49	34	63.0	25.2
	900	9.30	22.25	16.69	69.84	554	480	51	35	64.0	25.6
	1 000	9.90	23.76	17.82	74.56	573	496	53	36	65.0	26.0
600	0	6.20	13.53	10.15	42.47	364	303	36	30	60.0	24.0
	300	7.20	16.39	12.29	51.43	441	374	42	31	66.0	26.4
	400	7.60	17.48	13.11	54.86	465	396	44	32	67.0	26.8
	500	8.00	18.64	13.98	58.50	489	418	46	33	68.0	27.2
	600	8.40	19.88	14.91	62.39	512	439	48	34	69.0	27.6
	700	8.90	21.23	15.92	66.61	535	459	50	35	70.0	28.0
	800	9.40	22.67	17.00	71.13	557	480	52	36	71.0	28.4
	900	9.90	24.24	18.18	76.07	580	501	54	37	72.0	28.8
	1 000	10.50	25.93	19.45	81.38	599	518	56	38	73.0	29.2

表 8　生长公牛的营养需要

体重 kg	日增重 g	日粮干物质 kg	奶牛能量单位 NND	产奶净能 Mcal	产奶净能 MJ	可消化粗蛋白质 g	小肠可消化粗蛋白质 g	钙 g	磷 g	胡萝卜素 mg	维生素 A kIU
40	0	—	2.20	1.65	6.91	41	—	2	2	4.0	1.6
	200	—	2.63	1.97	8.25	92	—	6	4	4.1	1.6
	300	—	2.87	2.15	9.00	117	—	8	5	4.2	1.7
	400	—	3.12	2.34	9.80	141	—	11	6	4.3	1.7
	500	—	3.39	2.54	10.63	164	—	12	7	4.4	1.8
	600	—	3.68	2.76	11.55	188	—	14	8	4.5	1.8
	700	—	3.99	2.99	12.52	210	—	16	10	4.6	1.8
	800	—	4.32	3.24	13.56	231	—	18	11	4.7	1.9
50	0	—	2.56	1.92	8.04	49	—	3	3	5.0	2.0
	300	—	3.24	2.43	10.17	124	—	9	5	5.3	2.1
	400	—	3.51	2.63	11.01	148	—	11	6	5.4	2.2
	500	—	3.77	2.83	11.85	172	—	13	8	5.5	2.2
	600	—	4.08	3.06	12.81	194	—	15	9	5.6	2.2
	700	—	4.40	3.30	13.81	216	—	17	10	5.7	2.3
	800	—	4.73	3.55	14.86	238	—	19	11	5.8	2.3
60	0	—	2.89	2.17	9.08	56	—	4	4	7.0	2.8
	300	—	3.60	2.70	11.30	131	—	10	6	7.9	3.2
	400	—	3.85	2.89	12.10	154	—	12	7	8.1	3.2
	500	—	4.15	3.11	13.02	178	—	14	8	8.3	3.3
	600	—	4.45	3.34	13.98	199	—	16	10	8.4	3.4
	700	—	4.77	3.58	14.98	221	—	18	11	8.5	3.4
	800	—	5.13	3.85	16.11	243	—	20	12	8.6	3.4
70	0	1.2	3.21	2.41	10.09	63	—	4	4	7.0	3.2
	300	1.6	3.93	2.95	12.35	142	—	10	6	7.9	3.6
	400	1.8	4.20	3.15	13.18	168	—	12	7	8.1	3.6
	500	1.9	4.49	3.37	14.11	193	—	14	8	8.3	3.7
	600	2.1	4.81	3.61	15.11	215	—	16	10	8.4	3.7
	700	2.3	5.15	3.86	16.16	239	—	18	11	8.5	3.8
	800	2.5	5.51	4.13	17.28	262	—	20	12	8.6	3.8
80	0	1.4	3.51	2.63	11.01	70	—	5	4	8.0	3.2
	300	1.8	4.24	3.18	13.31	149	—	11	6	9.0	3.6
	400	1.9	4.52	3.39	14.19	174	—	13	7	9.1	3.6
	500	2.1	4.81	3.61	15.11	198	—	15	8	9.2	3.7
	600	2.3	5.13	3.85	16.11	222	—	17	9	9.3	3.7
	700	2.4	5.48	4.11	17.20	245	—	19	11	9.4	3.8
	800	2.7	5.85	4.39	18.37	268	—	21	12	9.5	3.8

表8（续）

体重 kg	日增重 g	日粮干物质 kg	奶牛能量单位 NND	产奶净能 Mcal	产奶净能 MJ	可消化粗蛋白质 g	小肠可消化粗蛋白质 g	钙 g	磷 g	胡萝卜素 mg	维生素A kIU
90	0	1.5	3.80	2.85	11.93	76	—	6	5	9.0	3.6
	300	1.9	4.56	3.42	14.31	154	—	12	7	9.5	3.8
	400	2.1	4.84	3.63	15.19	179	—	14	8	9.7	3.9
	500	2.2	5.15	3.86	16.16	203	—	16	9	9.9	4.0
	600	2.4	5.47	4.10	17.16	226	—	18	11	10.1	4.0
	700	2.6	5.83	4.37	18.29	249	—	20	12	10.3	4.1
	800	2.8	6.20	4.65	19.46	272	—	22	13	10.5	4.2
100	0	1.6	4.08	3.06	12.81	82	—	6	5	10.0	4.0
	300	2.0	4.85	3.64	15.23	173	—	13	7	10.5	4.2
	400	2.2	5.15	3.86	16.16	202	—	14	8	10.7	4.3
	500	2.3	5.45	4.09	17.12	231	—	16	9	11.0	4.4
	600	2.5	5.79	4.34	18.16	258	—	18	11	11.2	4.4
	700	2.7	6.16	4.62	19.34	285	—	20	12	11.4	4.5
	800	2.9	6.55	4.91	20.55	311	—	22	13	11.6	4.6
125	0	1.9	4.73	3.55	14.86	97	82	8	6	12.5	5.0
	300	2.3	5.55	4.16	17.41	186	164	14	7	13.0	5.2
	400	2.5	5.87	4.40	18.41	215	190	16	8	13.2	5.3
	500	2.7	6.19	4.64	19.42	243	215	18	10	13.4	5.4
	600	2.9	6.55	4.91	20.55	268	239	20	11	13.6	5.4
	700	3.1	6.93	5.20	21.76	295	264	22	12	13.8	5.5
	800	3.3	7.33	5.50	23.02	322	288	24	13	14.0	5.6
	900	3.6	7.79	5.84	24.44	347	311	26	14	14.2	5.7
	1 000	3.8	8.28	6.21	25.99	370	332	28	16	14.4	5.8
150	0	2.2	5.35	4.01	16.78	111	94	9	8	15.0	6.0
	300	2.7	6.21	4.66	19.50	202	175	15	9	15.7	6.3
	400	2.8	6.53	4.90	20.51	226	200	17	10	16.0	6.4
	500	3.0	6.88	5.16	21.59	254	225	19	11	16.3	6.5
	600	3.2	7.25	5.44	22.77	279	248	21	12	16.6	6.6
	700	3.4	7.67	5.75	24.06	305	272	23	13	17.0	6.8
	800	3.7	8.09	6.07	25.40	331	296	25	14	17.3	6.9
	900	3.9	8.56	6.42	26.87	356	319	27	16	17.6	7.0
	1 000	4.2	9.08	6.81	28.50	378	339	29	17	18.0	7.2

表8（续）

体重 kg	日增重 g	日粮干物质 kg	奶牛能量单位 NND	产奶净能 Mcal	产奶净能 MJ	可消化粗蛋白质 g	小肠可消化粗蛋白质 g	钙 g	磷 g	胡萝卜素 mg	维生素A kIU
175	0	2.5	5.93	4.45	18.62	125	106	11	9	17.5	7.0
	300	2.9	6.95	5.21	21.80	210	184	17	10	18.2	7.3
	400	3.2	7.32	5.49	22.98	238	210	19	11	18.5	7.4
	500	3.6	7.75	5.81	24.31	266	235	22	12	18.8	7.5
	600	3.8	8.17	6.13	25.65	290	257	23	13	19.1	7.6
	700	3.8	8.65	6.49	27.16	316	281	25	14	19.4	7.7
	800	4.0	9.17	6.88	28.79	341	304	27	15	19.7	7.8
	900	4.3	9.72	7.29	30.51	365	326	29	16	20.0	7.9
	1 000	4.6	10.32	7.74	32.39	387	346	31	17	20.3	8.0
200	0	2.7	6.48	4.86	20.34	160	133	12	10	20.0	8.1
	300	3.2	7.53	5.65	23.64	244	210	18	11	21.0	8.4
	400	3.4	7.95	5.96	24.94	271	235	20	12	21.5	8.6
	500	3.6	8.37	6.28	26.28	297	259	22	13	22.0	8.8
	600	3.8	8.84	6.63	27.74	322	282	24	14	22.5	9.0
	700	4.1	9.35	7.01	29.33	347	305	26	15	23.0	9.2
	800	4.4	9.88	7.41	31.01	372	327	28	16	23.5	9.4
	900	4.6	10.47	7.85	32.85	396	349	30	17	24.0	9.6
	1 000	5.0	11.09	8.32	34.82	417	368	32	18	24.5	9.8
250	0	3.2	7.53	5.65	23.64	189	157	15	13	25.0	10.0
	300	3.8	8.69	6.52	27.28	270	231	21	14	26.5	10.6
	400	4.0	9.13	6.85	28.67	296	255	23	15	27.0	10.8
	500	4.2	9.60	7.20	30.13	323	279	25	16	27.5	11.0
	600	4.5	10.12	7.59	31.76	345	300	27	17	28.0	11.2
	700	4.7	10.67	8.00	33.48	370	323	29	18	28.5	11.4
	800	5.0	11.24	8.43	35.28	394	345	31	19	29.0	11.6
	900	5.3	11.89	8.92	37.33	417	366	33	20	29.5	11.8
	1 000	5.6	12.57	9.43	39.46	437	385	35	21	30.0	12.0

表 8 （续）

体重 kg	日增重 g	日粮干物质 kg	奶牛能量单位 NND	产奶净能 Mcal	产奶净能 MJ	可消化粗蛋白质 g	小肠可消化粗蛋白质 g	钙 g	磷 g	胡萝卜素 mg	维生素 A kIU
300	0	3.7	8.51	6.38	26.70	216	180	18	15	30.0	12.0
	300	4.3	9.92	7.44	31.13	295	253	24	16	31.5	12.6
	400	4.5	10.47	7.85	32.85	321	276	26	17	32.0	12.8
	500	4.8	11.03	8.27	34.61	346	299	28	18	32.5	13.0
	600	5.0	11.64	8.73	36.53	368	320	30	19	33.0	13.2
	700	5.3	12.29	9.22	38.85	392	342	32	20	33.5	13.4
	800	5.6	13.01	9.76	40.84	415	362	34	21	34.0	13.6
	900	5.9	13.77	10.33	43.23	438	383	36	22	34.5	13.8
	1 000	6.3	14.61	10.96	45.86	458	402	38	23	35.0	14.0
350	0	4.1	9.43	7.07	29.59	243	202	21	18	35.0	14.0
	300	4.8	10.93	8.20	34.31	321	273	27	19	36.8	14.7
	400	5.0	11.53	8.65	36.20	345	296	29	20	37.4	15.0
	500	5.3	12.13	9.10	38.08	369	318	31	21	38.0	15.2
	600	5.6	12.80	9.60	40.17	392	338	33	22	38.6	15.4
	700	5.9	13.51	10.13	42.39	415	360	35	23	39.2	15.7
	800	6.2	14.29	10.72	44.86	442	381	37	24	39.8	15.9
	900	6.6	15.12	11.34	47.45	460	401	39	25	40.4	16.1
	1 000	7.0	16.01	12.01	50.25	480	419	41	26	41.0	16.4
400	0	4.5	10.32	7.74	32.39	268	224	24	20	40.0	16.0
	300	5.3	12.08	9.05	37.91	344	294	30	21	42.0	16.8
	400	5.5	12.76	9.57	40.05	368	316	32	22	43.0	17.2
	500	5.8	13.47	10.10	42.26	393	338	34	23	44.0	17.6
	600	6.1	14.23	10.67	44.65	415	359	36	24	45.0	18.0
	700	6.4	15.05	11.29	47.24	438	380	38	25	46.0	18.4
	800	6.8	15.93	11.95	50.00	460	400	40	26	47.0	18.8
	900	7.2	16.91	12.68	53.06	482	420	42	27	48.0	19.2
	1 000	7.6	17.95	13.46	56.32	501	437	44	28	49.0	19.6

表 8 (续)

体重 kg	日增重 g	日粮干物质 kg	奶牛能量单位 NND	产奶净能 Mcal	产奶净能 MJ	可消化粗蛋白质 g	小肠可消化粗蛋白质 g	钙 g	磷 g	胡萝卜素 mg	维生素 A kIU
450	0	5.0	11.16	8.37	35.03	293	244	27	23	45.0	18.0
	300	5.7	13.04	9.78	40.92	368	313	33	24	48.0	19.2
	400	6.0	13.75	10.31	43.14	393	335	35	25	49.0	19.6
	500	6.3	14.51	10.88	45.53	417	355	37	26	50.0	20.0
	600	6.7	15.33	11.50	48.10	439	377	39	27	51.0	20.4
	700	7.0	16.21	12.16	50.88	461	398	41	28	52.0	20.8
	800	7.4	17.17	12.88	53.89	484	419	43	29	53.0	21.2
	900	7.8	18.20	13.65	57.12	505	439	45	30	54.0	21.6
	1 000	8.2	19.32	14.49	60.63	524	456	47	31	55.0	22.0
500	0	5.4	11.97	8.93	37.58	317	264	30	25	50.0	20.0
	300	6.2	14.13	10.60	44.36	392	333	36	26	53.0	21.2
	400	6.5	14.93	11.20	46.87	417	355	38	27	54.0	21.6
	500	6.8	15.81	11.86	49.63	441	377	40	28	55.0	22.0
	600	7.1	16.73	12.55	52.51	463	397	42	29	56.0	22.4
	700	7.6	17.75	13.31	55.69	485	418	44	30	57.0	22.8
	800	8.0	18.85	14.14	59.17	507	438	46	31	58.0	23.2
	900	8.4	20.01	15.01	62.81	529	458	48	32	59.0	23.6
	1 000	8.9	21.29	15.97	66.82	548	476	50	33	60.0	24.0
550	0	5.8	12.77	9.58	40.09	341	284	33	28	55.0	22.0
	300	6.7	15.04	11.28	47.20	417	354	39	29	58.0	23.0
	400	6.9	15.92	11.94	49.96	441	376	41	30	59.0	23.6
	500	7.3	16.84	12.63	52.85	465	397	43	31	60.0	24.0
	600	7.7	17.84	13.38	55.99	487	418	45	32	61.0	24.4
	700	8.1	18.89	14.17	59.29	510	439	47	33	62.0	24.8
	800	8.5	20.04	15.03	62.89	533	460	49	34	63.0	25.2
	900	8.9	21.31	15.98	66.87	554	480	51	35	64.0	25.6
	1 000	9.5	22.67	17.00	71.13	573	496	53	36	65.0	26.0

表 8 （续）

体重 kg	日增重 g	日粮干物质 kg	奶牛能量单位 NND	产奶净能 Mcal	产奶净能 MJ	可消化粗蛋白质 g	小肠可消化粗蛋白质 g	钙 g	磷 g	胡萝卜素 mg	维生素 A kIU
600	0	6.2	13.53	10.15	42.47	364	303	36	30	60.0	24.0
	300	7.1	16.11	12.08	50.55	441	374	42	31	66.0	26.4
	400	7.4	17.08	12.81	53.60	465	396	44	32	67.0	26.8
	500	7.8	18.13	13.60	56.91	489	418	46	33	68.0	27.2
	600	8.2	19.24	14.43	60.38	512	439	48	34	69.0	27.6
	700	8.6	20.45	15.34	64.19	535	459	50	35	70.0	28.0
	800	9.0	21.76	16.32	68.29	557	480	52	36	71.0	28.4
	900	9.5	23.17	17.38	72.72	580	501	54	37	72.0	28.8
	1 000	10.1	24.69	18.52	77.49	599	518	56	38	73.0	29.2

表 9　种公牛的营养需要

体重 kg	日粮干物质 kg	奶牛能量 单位 NND	产奶净能 Mcal	产奶净能 MJ	可消化粗 蛋白质 g	钙 g	磷 g	胡萝卜素 mg	维生素 A kIU
500	7.99	13.40	10.05	42.05	423	32	24	53	21
600	9.17	15.36	11.52	48.20	485	36	27	64	26
700	10.29	17.24	12.93	54.10	544	41	31	74	30
800	11.37	19.05	14.29	59.79	602	45	34	85	34
900	12.42	20.81	15.61	65.32	657	49	37	95	38
1 000	13.44	22.52	16.89	70.64	711	53	40	106	42
1 100	14.44	24.26	18.15	75.94	764	57	43	117	47
1 200	15.42	25.83	19.37	81.05	816	61	46	127	51
1 300	16.37	27.49	20.57	86.07	866	65	49	138	55
1 400	17.31	28.99	21.74	90.97	916	69	52	148	59

表 10 奶牛常用饲料的

表 10.1 青绿饲

编号	饲料名称	样品说明	原样中						
			干物质 %	粗蛋白 %	钙 %	磷 %	总能量 MJ/kg	奶牛能量单位 NND/kg	可消化粗蛋白质 g/kg
2-01-601	岸杂一号	2省3样平均值	23.9	3.7	—	—	4.43	0.42	22
2-01-602	绊根草	大地绊根草,营养期	23.8	2.7	0.13	0.03	4.09	0.39	16
2-01-604	白茅		35.8	1.5	0.11	0.04	6.42	0.49	9
2-01-605	冰草	中间冰草	23.0	3.1	0.13	0.06	4.15	0.40	19
2-01-606	冰草	西伯利亚冰草	24.6	4.1	0.18	0.07	4.42	0.42	25
2-01-607	冰草	蒙古冰草	28.8	3.8	0.12	0.09	5.17	0.50	23
2-01-608	冰草	沙生冰草	27.2	4.2	0.14	0.08	4.91	0.47	25
2-01-017	蚕豆苗	小胡豆,花前期	11.2	2.7	0.07	0.05	2.08	0.24	16
2-01-018	蚕豆苗	小胡豆,盛花期	12.3	2.2	0.08	0.04	2.23	0.24	13
2-01-026	大白菜	小白口	4.4	1.1	0.06	0.04	0.78	0.10	7
2-01-027	大白菜	大青口	4.6	1.1	0.04	0.04	0.83	0.10	7
2-01-609	大白菜		4.5	1.0	0.11	0.03	0.72	0.09	6
2-01-030	大白菜	大麻叶齐心白菜	7.0	1.8	0.10	0.05	1.19	0.15	11
2-01-610	大麦青割	五月上旬	15.7	2.0	—	—	2.78	0.29	12
2-01-611	大麦青割	五月下旬	27.9	1.8	—	—	4.84	0.52	11
2-01-614	大豆青割	全株	35.2	3.4	0.36	0.29	5.76	0.59	20
2-01-238	大豆青割	全株	25.7	4.3	—	0.30	4.85	0.51	26
2-01-615	大豆青割	茎叶	25.0	5.4	0.11	0.03	4.46	0.49	32
2-01-616	大早熟禾		33.0	3.4	0.15	0.07	5.93	0.52	20
2-01-617	多叶老芒麦		30.0	5.2	0.17	0.08	5.51	0.53	31
2-01-618	甘薯蔓		11.2	1.0	0.23	0.06	1.89	0.19	6
2-01-619	甘薯蔓		12.4	2.1	—	0.26	2.29	0.23	13
2-01-062	甘薯蔓	加蓬红薯藤营养期	11.8	2.4	—	—	2.06	0.21	14
2-01-620	甘薯蔓	夏甘薯藤	12.7	2.2	—	—	2.44	0.25	13
2-01-621	甘薯蔓	秋甘薯藤	14.5	1.7	—	—	2.50	0.26	10
2-01-622	甘薯蔓	成熟期	30.0	1.9	0.60	0.01	5.03	0.44	11
2-01-068	甘薯蔓	南瑞苕成熟期	12.1	1.4	0.17	0.05	2.08	0.21	8
2-01-071	甘薯蔓	红薯藤成熟期	10.9	1.7	0.27	0.03	1.85	0.18	10
2-01-072	甘薯蔓	11省市15样平均值	13.0	2.1	0.20	0.05	2.25	0.22	13
2-01-623	甘蔗尾		24.6	1.5	0.07	0.01	4.32	0.37	9

成分与营养价值表

料类

干物质中													
总能量 MJ/kg	消化能 MJ/kg	产奶净能 MJ/kg	产奶净能 Mcal/kg	奶牛能量单位 NND/kg	粗蛋白 %	可消化粗蛋白质 g/kg	粗脂肪 %	粗纤维 %	无氮浸出物 %	粗灰分 %	钙 %	磷 %	胡萝卜素 mg/kg
18.51	11.22	5.44	1.32	1.76	15.5	93	5.0	33.1	36.8	9.6	—	—	—
17.19	10.50	5.13	1.23	1.64	11.3	68	2.1	34.5	39.9	12.2	0.55	0.13	—
17.93	8.87	4.33	1.03	1.37	4.2	25	2.0	44.4	43.0	6.4	0.31	0.11	—
18.05	11.11	5.48	1.30	1.74	13.5	81	3.0	31.7	43.0	8.7	0.57	0.26	—
17.97	10.92	5.45	1.28	1.71	16.7	100	2.0	30.9	41.5	8.9	0.73	0.28	—
17.96	11.09	5.38	1.30	1.74	13.2	79	2.1	32.6	44.1	8.0	0.42	0.31	—
18.09	11.04	5.40	1.30	1.73	15.4	93	2.2	31.3	43.0	8.1	0.51	0.29	—
18.64	13.54	6.79	1.61	2.14	24.1	145	5.4	20.5	39.3	10.7	0.63	0.45	—
18.13	12.39	6.18	1.46	1.95	17.9	107	3.3	28.5	40.7	9.8	0.65	0.33	—
17.66	14.33	6.82	1.70	2.27	25.0	150	4.5	9.1	47.7	13.6	1.36	0.91	—
17.99	13.73	7.39	1.63	2.17	23.9	143	4.3	8.7	52.2	10.9	0.87	0.87	—
16.05	12.68	6.67	1.50	2.00	22.2	133	4.4	11.1	40.0	22.2	2.44	0.67	0.57
17.13	13.54	6.71	1.61	2.14	25.7	154	4.3	11.4	41.4	17.1	1.43	0.71	—
17.72	11.76	5.92	1.39	1.85	12.7	76	3.2	29.9	43.9	10.2	—	—	—
17.36	11.86	5.88	1.40	1.86	6.5	39	1.4	27.2	58.1	6.8	—	—	—
16.37	10.73	5.26	1.26	1.68	9.7	58	6.0	28.7	35.2	20.5	1.02	0.82	290.43
18.89	12.59	6.19	1.49	1.98	16.7	100	8.2	27.6	36.2	11.3	—	1.17	—
17.82	12.44	6.20	1.47	1.96	21.6	130	2.9	22.0	42.0	11.6	0.44	0.12	289.86
17.98	10.12	4.97	1.18	1.58	10.3	62	2.1	35.5	44.8	7.3	0.45	0.21	—
18.37	11.27	5.60	1.33	1.77	17.3	104	4.3	25.7	43.7	9.0	0.57	0.27	—
16.88	10.85	5.27	1.27	1.70	8.9	54	4.5	19.6	53.6	13.4	2.05	0.54	38.06
18.52	11.81	5.81	1.39	1.85	16.9	102	6.5	19.4	47.6	9.7	—	2.10	—
17.43	11.35	5.68	1.33	1.78	20.3	122	5.1	16.9	42.4	15.3	—	—	—
19.27	12.49	6.30	1.48	1.97	17.3	104	7.9	18.1	49.6	7.1	—	—	—
17.28	11.43	5.52	1.34	1.79	11.7	70	3.4	17.2	57.2	10.3	—	—	81.6
16.77	9.46	4.63	1.10	1.47	6.3	38	3.3	24.3	53.7	12.3	2.00	0.03	—
17.14	11.09	5.21	1.30	1.74	11.6	69	4.1	19.0	52.9	12.4	1.40	0.41	—
16.97	10.58	5.41	1.24	1.65	15.6	94	4.6	18.3	45.9	15.6	2.48	0.28	—
17.29	10.82	5.54	1.27	1.69	16.2	97	3.8	19.2	47.7	13.1	1.54	0.38	—
17.59	9.69	4.80	1.13	1.50	6.1	37	2.0	31.3	53.7	6.9	0.28	0.04	—

表 10.1

编号	饲料名称	样品说明	原样中						
			干物质 %	粗蛋白 %	钙 %	磷 %	总能量 MJ/kg	奶牛能量单位 NND/kg	可消化粗蛋白质 g/kg
2-01-625	甘蓝包		7.8	1.3	0.06	0.04	1.24	0.15	8
2-01-626	甘蓝包	甘蓝包外叶	7.6	1.2	0.12	0.02	1.27	0.13	7
2-01-627	甘蓝包	甘蓝包外叶	10.9	1.3	—	—	1.82	0.23	8
2-01-628	葛藤	爪哇葛藤	20.5	4.5	—	—	4.04	0.30	27
2-01-629	葛藤	沙葛藤	20.9	3.5	0.13	0.01	3.98	0.30	21
2-01-630	狗尾草	卡松古鲁种	10.1	1.1	—	—	1.74	0.15	7
2-01-631	黑麦草	阿文士意大利黑麦草	16.3	3.5	0.10	0.04	2.86	0.34	21
2-01-632	黑麦草	伯克意大利黑麦草	18.0	3.3	0.13	0.05	3.15	0.37	20
2-01-633	黑麦草	菲期塔多年生黑麦草	19.2	3.3	0.15	0.05	3.36	0.40	20
2-01-634	黑麦草		16.3	2.1	—	—	2.92	0.34	13
2-01-635	黑麦草	抽穗期	22.8	1.7	—	—	3.97	0.36	10
2-01-636	黑麦草	第一次收割	13.2	2.2	0.18	—	2.35	0.23	13
2-01-099	胡萝卜秧	4省市4样平均值	12.0	2.0	0.38	0.05	2.07	0.23	13
2-01-638	花生藤		29.3	4.5	—	—	5.30	0.47	27
2-01-639	花生藤		24.6	2.5	0.53	0.02	4.48	0.33	15
2-01-640	坚尼草	抽穗期	25.3	2.0	—	—	4.39	0.43	12
2-01-641	坚尼草	拔节期	23.4	1.6	—	—	4.07	0.35	10
2-01-642	坚尼草	初穗期	32.7	1.2	—	—	5.67	0.47	7
2-01-131	聚合草	始花期	11.8	2.1	0.28	0.01	1.87	0.20	13
2-01-643	萝卜叶		10.6	1.9	0.04	0.01	1.52	0.19	11
2-01-177	马铃薯秧		11.6	2.3	—	—	2.15	0.15	14
2-01-644	芒草	拔节期	34.5	1.6	0.16	0.02	6.26	0.52	10
2-01-645	苜蓿	盛花期	26.2	3.8	0.34	0.01	4.73	0.40	23
2-01-646	苜蓿	五月中旬	17.5	1.5	—	—	3.08	0.25	9
2-01-197	苜蓿	亚州苜蓿,营养期	25.0	5.2	0.52	0.06	4.55	0.47	31
2-01-647	苜蓿		21.9	4.6	0.31	0.09	4.05	0.41	28
2-01-201	苜蓿	杂花,初花期	28.8	5.1	0.35	0.09	5.36	0.56	31
2-01-648	苜蓿	紫花苜蓿	20.2	3.6	0.47	0.06	3.55	0.36	22
2-01-209	苜蓿	黄花苜蓿,现蕾期	13.9	3.1	0.13	0.05	2.68	0.31	19
2-01-649	牛尾草	梅尔多牛尾草	21.3	4.5	0.19	0.05	3.81	0.45	27
2-01-227	荞麦苗	初花期	19.8	2.8	0.69	0.14	3.57	0.36	17
2-01-226	荞麦苗	盛花期	17.4	2.0	—	0.05	3.05	0.31	12
2-01-650	青菜		19.1	2.9	0.36	0.05	2.67	0.32	17

（续）

干物质中													
总能量 MJ/kg	消化能 MJ/kg	产奶净能		奶牛能量单位 NND/kg	粗蛋白 %	可消化粗蛋白质 g/kg	粗脂肪 %	粗纤维 %	无氮浸出物 %	粗灰分 %	钙 %	磷 %	胡萝卜素 mg/kg
		MJ/kg	Mcal/kg										
15.93	12.22	6.03	1.44	1.92	16.7	100	1.3	12.8	52.6	16.7	0.77	0.51	—
16.72	10.93	5.53	1.28	1.71	15.8	95	3.9	15.8	48.7	15.8	1.58	0.26	4.56
16.66	13.34	6.61	1.58	2.11	11.9	72	4.6	11.9	56.9	14.7	—	—	—
19.71	9.74	4.73	1.10	1.46	22.0	132	5.4	35.6	30.7	6.3	—	—	—
19.04	9.56	4.64	1.08	1.44	16.7	100	4.3	30.6	42.6	5.7	0.62	0.05	—
17.27	10.17	5.05	1.11	1.49	10.9	65	5.0	31.7	37.6	14.9	—	—	—
17.54	12.83	6.44	1.56	2.09	21.5	129	4.3	20.9	38.7	14.7	0.61	0.25	—
17.51	13.02	6.56	1.54	2.06	18.3	110	3.3	23.3	42.2	12.8	0.72	0.28	—
17.48	13.18	6.56	1.56	2.08	17.2	103	3.1	25.0	42.2	12.5	0.78	0.26	—
17.92	13.57	6.69	1.56	2.09	12.9	77	4.9	24.5	47.2	10.4	—	—	342.72
17.41	10.14	4.96	1.18	1.58	7.5	45	3.1	29.8	50.0	9.6	—	—	—
17.79	11.13	5.45	1.31	1.74	16.7	100	2.3	28.0	43.2	9.8	1.36	—	—
17.21	12.18	6.00	1.44	1.92	18.3	110	5.0	18.3	42.5	15.8	3.17	0.42	171.52
18.09	10.29	5.02	1.20	1.60	15.4	92	2.7	21.2	53.9	6.8	—	—	—
18.24	8.71	4.27	1.01	1.34	10.2	61	3.7	35.4	43.1	7.7	2.15	0.08	—
17.36	10.87	5.30	1.27	1.70	7.9	47	2.4	33.6	46.2	9.9	—	—	—
17.38	9.64	4.66	1.12	1.50	6.8	41	1.7	38.9	43.2	9.4	—	—	—
17.33	9.29	4.50	1.08	1.44	3.7	22	1.8	40.4	45.3	8.9	—	—	—
15.88	10.84	5.34	1.27	1.69	17.8	107	1.7	11.9	50.8	17.8	2.37	0.08	—
14.07	11.43	5.57	1.34	1.79	17.9	108	3.8	8.5	40.6	29.2	0.38	0.09	300.00
18.50	8.42	4.05	0.97	1.29	19.8	119	6.0	23.3	39.7	11.2	—	—	—
18.15	9.71	4.75	1.13	1.51	4.6	28	2.9	33.9	53.9	4.6	0.46	0.06	—
18.06	9.83	4.81	1.15	1.53	14.5	87	1.1	35.9	41.2	7.3	1.30	0.04	—
17.58	9.23	4.57	1.07	1.43	8.6	51	2.3	32.6	48.0	8.6	—	—	—
18.22	11.96	5.88	1.41	1.88	20.8	125	1.6	31.6	37.2	8.8	2.08	0.24	—
19.22	11.91	5.94	1.40	1.87	21.0	126	2.7	32.0	35.6	8.7	1.42	0.41	216.60
18.61	12.35	6.11	1.46	1.94	17.7	106	3.1	26.4	46.5	6.3	1.22	0.31	—
17.56	11.37	5.59	1.34	1.78	17.8	107	1.5	32.2	37.1	11.4	2.33	0.30	—
19.25	14.07	6.98	1.67	2.23	22.3	134	7.2	19.4	42.4	8.6	0.94	0.36	—
17.89	13.36	6.53	1.58	2.11	21.1	127	3.8	23.0	39.9	12.2	0.89	0.23	—
18.01	11.58	5.71	1.36	1.82	14.1	85	3.5	24.2	42.4	10.6	3.48	0.71	—
17.52	11.36	5.57	1.34	1.78	11.5	69	2.3	30.5	46.0	9.8	—	0.29	—
14.00	10.72	5.29	1.26	1.68	15.2	91	1.0	40.8	10.5	32.5	1.88	0.26	—

表 10.1

编号	饲料名称	样品说明	原 样 中						
			干物质 %	粗蛋白 %	钙 %	磷 %	总能量 MJ/kg	奶牛能量单位 NND/kg	可消化粗蛋白质 g/kg
2-01-652	雀麦草	坦波无芒雀麦草	25.3	4.1	0.64	0.07	4.45	0.48	25
2-01-246	三叶草	苏联三叶草	19.7	3.3	0.26	0.06	3.65	0.39	20
2-01-247	三叶草	新西兰红三叶，现蕾期	11.4	1.9	—	—	2.04	0.24	11
2-01-248	三叶草	新西兰红三叶，初花期	13.9	2.2	—	—	2.51	0.27	13
2-01-250	三叶草	地中海红三叶，盛花期	12.7	1.8	—	—	2.36	0.25	11
2-01-653	三叶草	分枝期	13.0	2.1	—	—	2.22	0.26	13
2-01-654	三叶草	初花期	19.6	2.4	—	—	3.45	0.38	14
2-01-254	三叶草	红三叶，6样平均值	18.5	3.7	—	—	3.46	0.38	22
2-01-655	沙打旺		14.9	3.5	0.20	0.05	2.61	0.30	21
2-01-343	苕子	初花期	15.0	3.2	—	—	2.86	0.29	19
2-01-658	苏丹草	拔节期	18.5	1.9	—	—	3.34	0.33	11
2-01-659	苏丹草	抽穗期	19.7	1.7	—	—	3.60	0.35	10
2-01-333	甜菜叶		8.7	2.0	0.11	0.04	1.39	0.17	12
2-01-661	通心菜		9.9	2.3	0.10	—	1.63	0.20	14
2-01-663	象草		16.4	2.4	0.04	—	3.11	0.31	14
2-01-664	象草		20.0	2.0	0.05	0.02	3.70	0.36	12
2-01-665	向日葵托		10.3	0.5	0.10	0.01	1.69	0.17	3
2-01-666	向日葵叶	2省市2样品平均值	17.0	2.7	0.74	0.04	2.63	0.29	16
2-01-667	小冠花		20.0	4.0	0.31	0.06	3.59	0.40	24
2-01-668	小麦青割		29.8	4.8	0.27	0.03	5.43	0.57	29
2-01-669	鸭茅	杰斯柏鸭茅	20.6	3.2	0.49	0.06	3.70	0.34	19
2-01-670	鸭茅	伦内鸭茅	21.2	2.8	0.11	0.06	3.64	0.32	17
2-01-671	燕麦青割	刚抽穗	19.7	2.9	0.11	0.07	3.65	0.40	17
2-01-672	燕麦青割		25.5	4.1	9.00	0.06	4.68	0.45	25
2-01-673	燕麦青割	扬花期	22.1	2.4	—	—	3.93	0.38	14
2-01-674	燕麦青割	灌浆期	19.6	2.2	—	—	3.50	0.32	13
2-01-677	野青草	狗尾草为主	25.3	1.7	—	0.12	4.36	0.40	10
2-01-678	野青草	稗草为主	34.5	3.8	0.14	0.11	5.81	0.54	23
2-01-680	野青草	混杂草	29.6	2.3	—	—	5.26	0.49	14
2-01-681	野青草	沟边草	32.8	2.3	—	—	5.73	0.53	14
2-01-682	拟高粱		18.4	2.2	0.13	0.03	3.22	0.34	13
2-01-683	拟高粱	拔节期	18.5	1.2	0.21	0.08	3.29	0.31	7
2-01-243	玉米青割	乳熟期，玉米叶	17.9	1.1	0.06	0.04	3.37	0.32	7

（续）

干物质中													
总能量 MJ/kg	消化能 MJ/kg	产奶净能		奶牛能量单位 NND/kg	粗蛋白 %	可消化粗蛋白质 g/kg	粗脂肪 %	粗纤维 %	无氮浸出物 %	粗灰分 %	钙 %	磷 %	胡萝卜素 mg/kg
		MJ/kg	Mcal/kg										
17.60	12.06	5.97	1.42	1.90	16.2	97	2.8	30.0	39.1	11.9	2.53	0.28	—
18.52	12.56	6.19	1.48	1.98	16.8	101	2.5	28.9	45.7	6.1	1.32	0.30	—
17.96	13.32	6.67	1.58	2.11	16.7	100	6.1	18.4	46.5	12.3	—	—	—
18.07	12.33	6.04	1.46	1.94	15.8	95	5.0	23.7	44.6	10.8	—	—	—
18.59	12.49	6.30	1.48	1.97	14.2	85	7.1	26.0	42.5	10.2	—	—	—
17.14	12.68	6.15	1.50	2.00	16.2	97	3.1	20.0	47.7	13.1	—	—	—
17.60	12.31	6.02	1.45	1.94	12.2	73	3.1	25.5	49.5	9.7	—	—	148.58
18.73	13.01	6.38	1.54	2.05	20.0	120	4.9	22.2	44.9	8.1	—	—	184.14
17.52	12.76	6. 24	1.51	2.01	23.5	141	3.4	15.4	44.3	13.4	1.34	0.34	—
19.09	12.28	6 .20	1.45	1.93	21.3	128	4.0	32.7	34.7	7.3	—	—	—
18.05	11.38	5.68	1.34	1.78	10.3	62	4.3	29.2	47.6	8.6	—	—	—
18.26	11.33	5.53	1.33	1.78	8.6	52	3.6	31.5	50.3	6.1	—	—	—
15.96	12.40	6.32	1.47	1.95	23.0	138	3.4	11.5	40.2	21.8	1.26	0.46	—
16.45	12.80	6 .36	1.52	2.02	23..2	139	3.0	10.1	45.5	18.2	1.01	—	—
18.97	12.02	6.16	1.42	1.89	14.6	88	9.1	29.3	35.4	12.8	0.24	—	—
18.53	11.47	5.65	1.35	1.80	10.0	60	3.0	35.0	47.0	5.0	0.25	0.10	—
16.36	10.57	5.34	1.24	1.65	4.9	29	2.9	19.4	60.2	12.6	0.97	0.10	—
15.46	10.91	5.18	1.28	1.71	15.9	95	3.5	10.6	48.2	21.8	4.35	0.24	—
17.94	12.68	6.30	1.50	2.00	20.0	120	3.0	21.0	46.0	10.0	1.55	0.30	—
18.21	12.15	6.04	1.43	1.91	16.1	97	2.3	28.9	45.3	7.4	0.91	0.10	—
17.96	10.57	5.29	1.24	1.65	15.5	93	3.9	28.6	41.3	10.7	2.38	0.29	—
17.17	9.72	4.76	1.13	1.51	13.2	79	3.8	28.3	40.6	14.2	0.52	0.28	—
18.54	12.86	6.40	1.52	2.03	14.7	88	4.6	27.4	45.7	7.6	0.56	0.36	—
18.36	11.26	5.61	1.32	1.76	16.1	96	3.1	28.2	45.1	7.5	35.3	0.24	0.25
17.78	10.99	5.52	1.29	1.72	10.9	65	2.7	30.8	47.1	8.6	—	—	—
17.65	10.46	5.15	1.22	1.63	11.2	67	2.6	33.2	44.4	8.7	—	—	—
17.20	10.15	4.98	1.19	1.58	6.7	40	2.8	28.1	52.6	9.9	—	0.47	—
16.85	10.06	4.99	1.17	1.57	11.0	66	2.0	29.9	44.1	13.0	0.41	0.32	—
17.78	10.60	5.24	1.24	1.66	7.8	47	2.7	35.1	46.3	8.1	—	—	—
17.47	10.36	5.12	1.21	1.62	7.0	42	2.1	35.1	47.0	8.8	—	—	—
17.49	11.76	5.71	1.39	1.85	12.0	72	2.7	28.3	46.7	10.3	0.71	0.16	—
17.77	10.72	5.24	1.26	1.68	6.5	39	2.2	33.0	51.9	6.5	1.14	0.43	—
18.84	11.40	5.64	1.34	1.79	6.1	37	2.8	29.1	55.3	6.7	0.34	0.22	—

表 10.1

编号	饲料名称	样品说明	原样中						
			干物质 %	粗蛋白 %	钙 %	磷 %	总能量 MJ/kg	奶牛能量单位 NND/kg	可消化粗蛋白质 g/kg
2-01-685	玉米青割		22.9	1.5	—	0.02	4.11	0.41	9
2-01-686	玉米青割	未抽穗	12.8	1.2	0.08	0.06	2.30	0.23	7
2-01-687	玉米青割	抽穗期	17.6	1.5	0.09	0.05	3.16	0.31	9
2-01-688	玉米青割	有玉丝穗	12.9	1.1	0.04	0.03	2.26	0.22	7
2-01-689	玉米青割	乳熟期占 1/2	18.5	1.5	0.06	—	3.20	0.32	9
2-01-241	玉米青割	西德 2 号,抽穗期	24.1	3.1	0.08	0.08	4.19	0.48	19
2-01-690	玉米全株	晚	27.1	0.8	0.09	0.10	4.72	0.49	5
2-01-693	紫云英		16.2	3.2	0.21	0.05	2.94	0.33	19
2-01-695	紫云英	盛花期	9.0	1.3	—	—	1.68	0.19	8
2-01-429	紫云英	8 省市 8 样平均值	13.0	2.9	0.18	0.07	2.42	0.28	17

表 10.2 青贮类

编号	饲料名称	样品说明	原样中						
			干物质 %	粗蛋白 %	钙 %	磷 %	总能量 MJ/kg	奶牛能量单位 NND/kg	可消化粗蛋白质 g/kg
3-03-002	草木樨青贮	已结籽,pH4.0	31.6	5.1	0.53	0.08	5.55	0.53	31
3-03-601	冬大麦青贮	7 样平均值	22.2	2.6	0.05	0.03	3.82	0.40	16
3-03-602	甘薯藤青贮	秋甘薯藤	33.1	2.0	0.46	0.15	5.14	0.47	12
3-03-004	甘薯藤青贮	窖贮 6 个月	21.7	2.8	—	—	3.77	0.34	17
3-03-005	甘薯藤青贮		18.3	1.7	—	—	2.98	0.24	10
3-03-021	甜菜叶青贮		37.5	4.6	0.39	0.10	6.05	0.69	28
3-03-025	玉米青贮	收获后黄干贮	25.0	1.4	0.10	0.02	4.35	0.25	8
3-03-031	玉米青贮	乳熟期	25.0	1.5	—	—	4.35	0.39	9
3-03-603	玉米青贮	红色草原牧场	29.2	1.6	0.09	0.08	5.28	0.47	10
3-03-605	玉米青贮	4 省市 5 样平均值	22.7	1.6	0.10	0.06	3.96	0.36	10
3-03-606	玉米大豆青贮		21.8	2.1	0.15	0.06	3.46	0.35	13
3-03-010	胡萝卜青贮		23.6	2.1	0.25	0.03	3.29	0.44	13
3-03-011	胡萝卜青贮	起苔	19.7	3.1	0.35	0.03	3.21	0.33	19
3-03-019	苜蓿青贮	盛花期	33.7	5.3	0.50	0.10	6.25	0.52	32

（续）

干　物　质　中													
总能量 MJ/kg	消化能 MJ/kg	产奶净能		奶牛能量单位 NND/kg	粗蛋白 %	可消化粗蛋白质 g/kg	粗脂肪 %	粗纤维 %	无氮浸出物 %	粗灰分 %	钙 %	磷 %	胡萝卜素 mg/kg
		MJ/kg	Mcal/kg										
17.94	11.42	5.68	1.34	1.79	6.6	39	1.7	30.1	57.2	4.4	—	0.09	63.40
17.97	11.46	5.63	1.35	1.80	9.4	56	3.1	32.8	46.9	7.8	0.63	0.47	—
17.98	11.24	5.51	1.32	1.76	8.5	51	2.3	33.0	50.0	6.3	0.51	0.28	—
17.51	10.90	5.58	1.28	1.71	8.5	51	2.3	34.1	45.7	9.3	0.31	0.23	—
17.31	11.05	5.46	1.30	1.73	8.1	49	2.2	29.2	51.4	9.2	0.32	—	—
17.41	12.63	6.27	1.49	1.99	12.9	77	1.7	27.4	48.5	9.5	0.33	0.33	—
17.40	11.52	5.72	1.36	1.81	3.0	18	1.5	29.2	60.9	5.5	0.33	0.37	—
18.14	12.90	6.48	1.53	2.04	19.8	119	3.7	25.3	40.7	10.5	1.30	0.31	—
18.63	13.35	7.00	1.58	2.11	14.4	87	6.7	16.7	54.4	7.8	—	—	—
18.60	13.61	6.77	1.62	2.15	22.3	134	5.4	19.2	43.1	10.0	1.38	0.54	—

饲料

干　物　质　中													
总能量 MJ/kg	消化能 MJ/kg	产奶净能		奶牛能量单位 NND/kg	粗蛋白 %	可消化粗蛋白质 g/kg	粗脂肪 %	粗纤维 %	无氮浸出物 %	粗灰分 %	钙 %	磷 %	胡萝卜素 mg/kg
		MJ/kg	Mcal/kg										
17.57	10.84	5.32	1.26	1.68	16.1	97	3.2	32.3	35.4	13.0	1.68	0.25	—
17.23	11.59	5.68	1.35	1.80	11.7	70	3.2	29.7	42.8	12.6	0.23	0.14	—
15.54	9.28	4.56	1.06	1.42	6.0	36	2.7	18.4	55.3	17.5	1.39	0.45	—
17.37	10.17	4.84	1.18	1.57	12.9	77	5.1	21.7	47.0	13.4	—	—	—
16.27	8.63	4.15	0.98	1.31	9.3	56	6.0	24.6	39.9	20.2	—	—	—
16.13	11.82	5.81	1.38	1.84	12.3	74	6.4	19.7	38.9	22.7	1.04	0.27	—
17.38	6.75	3.20	0.75	1.00	5.6	34	1.2	35.6	50.0	7.6	0.40	0.08	—
17.38	10.13	4.88	1.17	1.56	6.0	36	4.4	30.8	47.6	11.2	—	—	—
18.09	10.43	5.03	1.21	1.61	5.5	33	2.4	31.5	55.5	5.1	0.31	0.27	—
17.45	10.29	4.98	1.19	1.59	7.0	42	2.6	30.4	51.1	8.8	0.44	0.26	—
15.90	10.40	5.00	1.20	1.61	9.6	58	2.3	31.7	37.6	18.8	0.69	0.28	—
13.92	11.96	5.89	1.40	1.86	8.9	53	2.1	18.6	42.8	27.5	1.06	0.13	—
16.30	10.82	5.33	1.26	1.68	15.7	94	6.6	28.9	24.4	24.4	1.78	0.15	—
18.54	10.03	4.87	1.16	1.54	15.7	94	4.2	38.0	30.6	11.6	1.48	0.30	—

表 10.3 块根、块茎、

编号	饲料名称	样品说明	原样中						
			干物质 %	粗蛋白 %	钙 %	磷 %	总能量 MJ/kg	奶牛能量单位 NND/kg	可消化粗蛋白质 g/kg
4-04-601	甘薯		24.6	1.1	—	0.07	4.08	0.58	7
4-04-602	甘薯		24.4	1.1	—	—	4.12	0.57	7
4-04-018	甘薯		23.0	1.1	0.14	0.06	3.86	0.54	7
4-04-200	甘薯	7省市8样平均值	25.0	1.0	0.13	0.05	4.25	0.59	7
4-04-207	甘薯	8省市甘薯干40样平均值	90.0	3.9	0.15	0.12	1.52	2.14	25
4-04-603	胡萝卜		9.3	0.8	0.05	0.03	1.58	0.23	5
4-04-604	胡萝卜	红色胡萝卜	13.7	1.4	0.06	0.05	2.33	0.33	9
4-04-605	胡萝卜	黄色胡萝卜	13.4	1.3	0.07	—	2.32	0.33	8
4-04-606	胡萝卜	2样平均值	11.6	0.9	0.16	0.04	2.05	0.29	6
4-04-077	胡萝卜		10.8	1.0	—	—	1.85	0.27	7
4-04-208	胡萝卜	12省市13样平均值	12.0	1.1	0.15	0.09	2.04	0.29	7
4-04-092	萝卜	白萝卜	8.2	0.6	0.05	0.03	1.32	0.20	4
4-04-094	萝卜	长大萝卜	7.0	0.9	—	—	1.17	0.17	6
4-04-210	萝卜	11省市11样平均值	7.0	0.9	0.05	0.03	1.15	0.17	6
4-04-607	马铃薯		21.2	1.1	0.01	0.05	3.53	0.51	7
4-04-110	马铃薯		18.8	1.3	—	—	3.15	0.44	8
4-04-114	马铃薯	米粒种	15.2	1.1	0.02	0.06	2.59	0.36	7
4-04-211	马铃薯	10省市10样平均值	22.0	1.6	0.02	0.03	3.72	0.52	10
4-04-608	木薯粉		94.0	3.1	—	—	1.61	2.26	20
4-04-136	南瓜	柿饼瓜青皮	6.4	0.7	—	—	1.12	0.15	5
4-04-212	南瓜	9省市9样平均值	10.0	1.0	0.04	0.02	1.71	0.24	7
4-04-610	甜菜	2样平均值	9.9	1.4	0.03	—	1.75	0.22	9
4-04-157	甜菜	贵州威宁,糖用	13.5	0.9	0.03	0.04	2.33	0.32	6
4-04-213	甜菜	8省市9样平均值	15.0	2.0	0.06	0.04	2.59	0.31	13
4-04-611	甜菜丝干		88.6	7.3	0.66	0.07	1.54	1.97	47
4-04-162	芜菁甘蓝	洋萝卜新西兰2号	10.0	1.1	0.05	0.01	1.77	0.25	7
4-04-164	芜菁甘蓝	洋萝卜新西兰3号	10.0	1.0	0.06	微	1.71	0.25	7
4-04-161	芜菁甘蓝	洋萝卜新西兰4号	10.0	1.0	0.05	微	1.69	0.25	7
4-04-215	芜菁甘蓝	3省5样平均值	10.0	1.0	0.06	0.02	1.71	0.25	7
4-04-168	西瓜皮		6.6	0.6	0.02	0.02	1.71	0.14	4

瓜果类饲料

干物质中													
总能量 MJ/kg	消化能 MJ/kg	产奶净能 MJ/kg	产奶净能 Mcal/kg	奶牛能量单位 NND/kg	粗蛋白 %	可消化粗蛋白质 g/kg	粗脂肪 %	粗纤维 %	无氮浸出物 %	粗灰分 %	钙 %	磷 %	胡萝卜素 mg/kg
16.58	14.94	7.32	1.77	2.36	4.5	29	0.8	3.3	86.2	5.3	—	0.28	—
16.90	14.81	7.38	1.75	2.34	4.5	29	1.2	4.1	86.1	4.1	—	—	—
16.76	14.88	7.48	1.76	2.35	4.8	31	0.9	3.0	87.0	4.3	0.61	0.26	—
16.99	14.95	7.56	1.77	2.36	4.0	26	1.2	3.6	88.0	3.2	0.52	0.20	39.82
16.92	15.06	7.44	1.78	2.38	4.3	28	1.4	2.6	88.8	2.9	0.17	0.13	—
17.01	15.64	7.74	1.85	2.47	8.6	56	2.2	8.6	73.1	7.5	0.54	0.32	—
17.01	15.25	7.66	1.81	2.41	10.2	66	1.5	10.2	70.8	7.3	0.44	0.36	—
17.33	15.57	7.84	1.85	2.46	9.7	63	2.2	12.7	68.7	6.7	0.52	—	348.08
17.67	15.80	8.02	1.87	2.50	7.8	50	5.2	12.1	67.2	7.8	1.38	0.34	—
17.08	15.80	7.78	1.88	2.50	9.3	60	1.9	7.4	75.0	6.5	—	—	—
16.99	15.30	7.75	1.81	2.42	9.2	60	2.5	10.0	70.0	8.3	1.25	0.75	—
16.04	15.43	7.68	1.83	2.44	7.3	48	微	9.8	73.2	9.8	0.61	0.37	2.00
16.73	15.37	7.86	1.82	2.43	12.9	84	1.4	10.0	65.7	10.0	—	—	—
16.49	15.37	7.29	1.82	2.43	12.9	84	1.4	10.0	64.3	11.4	0.71	0.43	—
16.68	15.23	7.50	1.80	2.41	5.2	34	0.5	1.9	88.2	4.2	0.05	0.24	0.41
16.75	14.84	7.39	1.76	2.34	6.9	45	0.5	2.7	85.1	4.8	—	—	—
17.03	15.00	7.43	1.78	2.37	7.2	47	0.7	2.0	86.8	3.3	0.13	0.39	—
16.89	14.98	7.45	1.77	2.36	7.3	47	0.5	3.2	39.5	4.1	0.09	0.14	—
17.11	15.22	7.57	1.80	2.40	3.3	21	0.7	2.4	92.1	1.4	—	—	—
17.43	14.86	7.34	1.76	2.34	10.9	71	3.1	4.7	65.6	7.8	—	—	—
17.06	15.20	7.60	1.80	2.40	10.0	65	3.0	12.0	68.0	7.0	0.40	0.20	64.29
17.67	14.12	7.27	1.67	2.22	14.1	92	3.0	15.2	59.6	8.1	0.30	—	—
17.26	15.02	7.48	1.78	2.37	6.7	43	4.4	5.2	81.5	2.2	0.22	0.30	—
17.28	13.18	6.47	1.55	2.07	13.3	87	2.7	11.3	60.7	12.0	0.40	0.27	—
17.36	14.13	7.00	10.67	2.22	8.2	54	0.7	22.1	63.9	5.1	0.74	0.08	—
17.73	15.80	8.00	1.88	2.50	11.0	71	1.0	13.0	67.0	8.0	0.50	0.10	—
17.13	15.80	8.00	1.88	2.50	10.0	65	微	16.0	66.0	8.0	0.60	微	—
16.93	15.80	8.00	1.88	2.50	10.0	65	1.0	15.0	66.0	3.0	0.50	微	—
17.09	15.80	8.00	1.88	2.50	10.0	65	2.0	13.0	67.0	8.0	0.60	0.20	—
17.79	13.51	7.12	1.59	2.12	9.1	59	3.0	19.7	53.0	15.2	0.30	0.30	—

表 10.4 青干草类

编号	饲料名称	样品说明	原样中						
			干物质 %	粗蛋白 %	钙 %	磷 %	总能量 MJ/kg	奶牛能量单位 NND/kg	可消化粗蛋白质 g/kg
1-05-601	白茅	地上茎叶	90.9	7.4	0.28	0.09	1.68	1.23	44
1-05-602	稗草		93.4	5.0	—	—	1.62	1.07	30
1-05-603	绊根草	营养期茎叶	92.6	9.6	0.52	0.13	1.68	1.33	58
1-05-604	草木樨	整株	88.3	16.8	2.42	0.02	1.50	1.36	101
1-05-605	大豆干草		94.6	11.8	1.50	0.70	1.70	1.44	71
1-05-606	大米草	整株	83.2	12.8	0.42	0.02	1.50	1.26	77
1-05-608	黑麦草		90.8	11.6	—	—	1.63	1.50	70
1-05-609	胡枝子		94.7	16.6	0.93	0.11	1.90	1.42	100
1-05-610	混合牧草	夏季，以禾本科为主	90.1	13.9	—	—	1.76	1.36	83
1-05-611	混合牧草	秋季，以禾本科为主	92.2	9.6	—	—	1.68	1.41	58
1-05-612	混合牧草	冬季状态	88.7	2.3	—	—	1.54	0.97	14
1-05-614	芨芨草	结实期	89.3	10.7	—	—	1.65	1.19	64
1-05-615	碱草	营养期	90.3	19.0	—	—	1.72	1.54	114
1-05-616	碱 草	抽穗期	90.1	13.4	—	—	1.69	1.40	80
1-05-617	碱 草	结实期	91.7	7.4	—	—	1.68	1.03	44
1-05-619	芦 苇	抽穗前地面 10cm 以上	91.3	8.8	0.11	0.11	1.61	1.27	53
1-05-620	芦苇	2 省市 2 样平均值	95.7	5.5	0.08	0.10	1.66	1.15	33
1-05-621	米儿蒿	结籽期	89.2	11.9	1.09	0.81	1.59	1.48	71
1-05-622	苜蓿干草	苏联苜蓿 2 号	92.4	16.8	1.95	0.28	1.63	1.64	101
1-05-623	苜蓿干草	上等	86.1	15.8	2.08	0.25	1.55	1.54	95
1-05-624	苜蓿干草	中等	90.1	15.2	1.43	0.24	1.63	1.37	91
1-05-625	苜蓿干草	下等	88.7	11.6	1.24	0.39	1.61	1.27	70
1-05-626	苜蓿干草	花苜蓿	93.9	17.9	—	—	1.68	1.86	107
1-05-627	苜蓿干草	野生	93.1	13.0	—	—	1.71	1.60	78
1-05-029	苜蓿干草	公农 1 号苜蓿，现蕾期一茬	87.4	19.8	—	—	1.60	1.74	119
1-05-031	苜蓿干草	公农 1 号苜蓿，营养期一茬	87.7	18.3	1.47	0.19	1.63	1.64	110
1-05-040	苜蓿干草	盛花期	88.4	15.5	1.10	0.22	1.60	1.58	93
1-05-044	苜蓿干草	紫花苜蓿，盛花期	91.3	18.7	1.31	0.18	1.73	1.74	112
1-05-628	苜蓿干草	和田苜蓿 2 号	92.8	15.1	2.19	0.20	1.63	1.63	91
1-05-629	披碱草	5～9 月	94.9	7.7	0.30	0.01	1.75	1.24	46
1-05-630	披碱草	抽穗期	88.8	6.3	0.39	0.29	1.55	1.23	38
1-05-631	披碱草		89.8	4.8	0.11	0.10	1.57	1.19	29

饲料

干物质中													
总能量 MJ/kg	消化能 MJ/kg	产奶净能 MJ/kg	产奶净能 Mcal/kg	奶牛能量单位 NND/kg	粗蛋白 %	可消化粗蛋白质 g/kg	粗脂肪 %	粗纤维 %	无氮浸出物 %	粗灰分 %	钙 %	磷 %	胡萝卜素 mg/kg
4.48	8.88	4.24	1.01	1.35	8.1	49	3.3	32.3	51.8	4.4	0.31	0.10	—
18.16	9.38	4.52	1.08	1.44	10.4	62	2.8	30.5	50.2	6.0	0.56	0.14	—
16.99	10.01	4.84	1.16	1.54	19.0	114	1.8	31.6	31.9	15.6	2.74	0.02	—
17.99	9.89	4.78	1.14	1.52	12.5	75	1.2	30.3	50.2	5.8	1.59	0.74	35.77
17.41	9.85	4.74	1.14	1.51	15.4	92	3.2	36.4	30.5	14.4	0.50	0.02	—
17.93	10.77	5.17	1.24	1.65	12.8	77	3.2	30.1	44.9	9.0	—	—	—
20.09	9.76	5.07	1.12	1.50	17.5	105	7.1	38.6	31.7	5.1	0.98	0.12	—
19.49	9.82	4.74	1.13	1.51	15.4	93	6.3	38.2	33.4	6.7	—	—	—
18.25	9.94	4.82	1.15	1.53	10.4	62	5.1	29.5	46.4	8.6	—	—	—
17.33	7.32	3.45	0.82	1.09	2.6	16	4.5	40.5	40.4	7.1	—	—	—
18.42	8.76	4.18	1.00	1.33	12.0	72	2.5	43.9	34.3	7.4	—	—	—
19.00	11.01	5.38	1.28	1.71	21.0	126	4.1	28.7	39.1	7.1	—	—	—
18.71	10.09	4.88	1.17	1.55	14.9	89	2.9	35.0	41.5	5.8	—	—	—
18.27	7.49	3.52	0.84	1.12	8.1	48	3.4	45.0	35.4	8.1	—	—	—
17.62	9.11	4.36	1.04	1.39	9.6	58	2.3	35.4	43.4	9.3	0.12	0.12	—
17.38	7.97	3.76	0.90	1.20	5.7	34	2.0	36.3	47.1	8.9	0.08	0.10	—
17.83	10.73	5.21	1.24	1.66	13.3	80	2.4	27.7	48.3	8.3	1.22	0.91	—
17.60	11.42	5.57	1.33	1.77	18.2	109	1.4	31.9	37.3	11.1	2.11	0.30	—
18.06	11.51	5.64	1.34	1.79	18.4	110	1.7	29.0	42.4	8.5	2.42	0.29	500.00
18.11	9.89	4.78	1.14	1.52	16.9	101	1.1	42.1	30.9	9.1	1.59	0.27	—
18.20	9.36	4.53	1.07	1.43	13.1	78	1.4	48.8	28.2	8.6	1.40	0.44	—
17.88	12.67	6.28	1.49	1.98	19.1	114	2.7	26.4	41.3	10.5	—	—	190.23
18.32	11.09	5.40	1.29	1.72	14.0	84	1.9	37.1	40.3	6.8	—	—	—
17.84	12.73	6.27	1.49	1.99	22.7	136	1.8	29.1	34.8	11.7	—	—	179.46
18.59	12.00	5.87	1.40	1.87	20.9	125	1.5	35.9	34.4	7.3	1.68	0.22	500.77
18.09	11.50	5.59	1.34	1.79	17.5	105	2.6	28.7	42.1	9.0	1.24	0.25	14.27
18.92	12.21	6.01	1.43	1.91	20.5	123	3.9	31.5	37.7	7.4	1.43	0.20	—
17.52	11.31	5.51	1.32	1.76	16.3	98	1.3	34.4	37.0	11.1	2.36	0.22	—
18.48	8.60	4.11	0.98	1.31	8.1	49	1.9	46.8	38.0	5.2	0.32	0.01	—
17.48	9.07	4.34	1.04	1.39	7.1	43	2.0	36.3	45.7	8.9	0.44	0.33	—
17.43	8.71	4.15	0.99	1.33	5.3	32	1.6	37.3	47.8	8.0	0.12	0.11	—

表 10.4

编号	饲料名称	样品说明	原样中						
			干物质 %	粗蛋白 %	钙 %	磷 %	总能量 MJ/kg	奶牛能量单位 NND/kg	可消化粗蛋白质 g/kg
1-05-632	雀麦草	无芒雀麦，抽穗期野生	9.16	2.7	—	—	1.67	1.39	16
1-05-633	雀麦草	无芒雀麦，结果期野生	93.2	10.3	—	—	1.66	1.37	62
1-05-634	雀麦草		94.3	5.7	—	—	1.68	1.26	34
1-05-635	雀麦草	雀麦草叶	90.9	14.9	0.64	0.13	1.60	1.69	89
1-05-637	箭子	初花期	90.5	19.1	—	—	1.73	1.73	115
1-05-638	箭子	盛花期	95.6	17.8	—	—	1.77	1.79	107
1-05-640	苏丹草	抽穗期	90.0	6.3	—	—	1.67	1.32	38
1-05-641	苏丹草		91.5	6.9	—	—	1.61	1.39	41
1-05-642	燕麦干草		86.5	7.7	0.37	0.31	1.50	1.31	46
1-05-644	羊草	三级草	88.3	3.2	0.25	0.18	1.56	1.15	19
1-05-645	羊草	4样平均值	91.6	7.4	0.37	0.18	1.70	1.38	44
1-05-646	野干草	秋白草	85.2	6.8	0.41	0.31	1.43	1.25	41
1-05-647	野干草	水涝池	90.8	2.9	0.50	0.10	1.54	1.22	17
1-05-648	野干草	禾本科野草	93.1	7.4	0.61	0.39	1.65	1.38	44
1-05-054	野干草	海金山	91.4	6.2	—	—	1.64	1.32	37
1-05-055	野干草	山草	90.6	8.9	0.54	0.09	1.63	1.27	53
1-05-056	野干草	沿化，野生杂草	92.1	7.6	0.45	0.07	1.61	1.30	46
1-05-649	野干草	次杂草	90.9	6.3	0.31	0.29	1.38	1.14	38
1-05-650	野干草	杂草	90.8	5.8	0.41	0.19	1.49	1.25	35
1-05-060	野干草	杂草	90.8	6.9	0.51	0.22	1.53	1.29	41
1-05-651	野干草	杂草	84.0	3.3	0.03	0.02	1.47	1.11	20
1-05-003	野干草	草原野干草	91.7	6.8	0.61	0.08	1.67	1.27	41
1-05-062	野干草	羽茅草为主	90.2	7.7	—	0.08	1.66	1.21	46
1-05-063	野干草	芦苇为主	89.0	6.2	0.04	0.12	1.53	1.13	37
1-05-652	针茅	沙生针茅，抽穗期	86.4	7.9	—	—	1.64	1.10	47
1-05-653	针茅	贝尔加针茅，结实期	88.8	8.4	—	—	1.70	1.15	50
1-05-081	紫云英	盛花，全株	88.0	22.3	3.63	0.53	1.68	1.91	134
1-05-082	紫云英	结夹，全株	90.8	19.4	—	—	1.71	1.67	116

（续）

干物质中													
总能量 MJ/kg	消化能 MJ/kg	产奶净能		奶牛能量单位 NND/kg	粗蛋白 %	可消化粗蛋白质 g/kg	粗脂肪 %	粗纤维 %	无氮浸出物 %	粗灰分 %	钙 %	磷 %	胡萝卜素 mg/kg
		MJ/kg	Mcal/kg										
18.21	9.87	4.76	1.14	1.52	2.9	18	3.4	30.0	44.7	8.1	—	—	—
17.80	9.59	4.62	1.10	1.47	11.1	66	3.0	33.0	43.6	9.3	—	—	—
17.86	8.78	4.22	1.00	1.34	6.0	36	2.3	36.2	48.9	6.6	—	—	—
17.63	11.93	5.85	1.39	1.86	16.4	98	2.3	25.0	46.2	10.1	0.70	0.14	—
19.12	12.25	6.01	1.43	1.91	21.1	127	4.3	32.9	34.1	7.5	—	—	—
18.52	12.01	5.87	1.40	1.87	18.6	112	2.3	33.1	38.7	7.3	—	—	—
18.51	9.57	4.61	1.10	1.47	7.0	42	1.6	37.9	51.1	2.4	—	—	—
17.57	9.88	4.81	1.14	1.52	7.5	45	3.4	30.4	49.4	9.3	—	—	—
17.32	9.85	4.75	1.14	1.51	8.9	53	1.6	32.8	47.3	9.4	0.43	0.36	—
17.65	8.57	4.08	0.98	1.30	3.6	22	1.5	36.8	52.3	5.8	0.28	0.20	—
18.51	9.81	4.71	1.13	1.51	8.1	48	3.9	32.1	50.9	5.0	0.40	0.20	—
16.83	9.57	4.58	1.10	1.47	8.0	48	1.3	32.3	47.1	11.4	0.48	0.36	—
16.97	8.52	4.20	1.01	1.34	3.2	19	1.2	37.8	48.3	9.5	0.55	0.11	—
17.70	9.66	4.63	1.11	1.48	7.9	48	2.8	28.0	53.8	7.4	0.66	0.42	—
17.94	9.43	4.54	1.08	1.44	6.8	41	2.7	33.4	50.7	6.5	—	—	—
18.02	9.17	4.39	1.05	1.40	9.8	59	2.2	37.2	43.5	7.3	0.60	0.10	—
17.44	9.23	4.41	1.06	1.41	8.3	50	2.1	33.7	46.9	9.1	0.49	0.08	—
15.13	8.28	3.96	0.94	1.25	6.9	42	1.8	23.1	48.3	19.9	0.34	0.32	—
16.38	9.02	4.34	1.03	1.38	6.4	38	1.7	27.8	51.2	12.9	0.45	0.21	—
16.82	9.29	4.47	1.07	1.42	7.6	46	2.2	31.4	46.5	12.3	0.56	0.24	—
17.46	8.69	4.14	0.99	1.32	3.9	24	1.4	34.5	53.6	6.5	0.04	0.02	—
18.26	9.07	4.34	1.04	1.38	7.4	44	2.7	40.1	43.6	6.1	0.67	0.09	—
18.43	8.81	4.22	1.01	1.34	8.5	51	1.9	37.5	48.2	3.9	—	0.09	—
17.24	8.38	4.00	0.95	1.27	7.0	42	2.8	32.8	46.7	10.7	0.04	0.13	—
18.96	8.40	4.03	0.95	1.27	9.1	55	2.4	51.6	32.4	4.3	—	—	—
19.16	8.53	4.05	0.97	1.30	9.5	57	4.1	51.4	29.6	5.6	—	—	—
19.11	13.81	6.81	1.63	2.17	25.3	152	5.5	22.2	38.2	8.9	4.13	0.60	—
18.85	11.81	5.76	1.38	1.84	21.4	128	5.5	22.2	42.1	8.7	—	—	—

表 10.5 农副产品

编 号	饲料名称	样品说明	原 样 中						
			干物质 %	粗蛋白 %	钙 %	磷 %	总能量 MJ/kg	奶牛能量单位 NND/kg	可消化粗蛋白质 g/kg
1-06-602	大麦秸		95.2	5.8	0.13	0.02	16.19	1.31	15
1-06-603	大麦秸		88.4	4.9	0.05	0.06	15.62	1.04	12
1-06-632	大麦秸		90.0	4.9	0.12	0.11	15.81	1.17	14
1-06-604	大豆秸		89.7	3.2	0.61	0.03	16.32	1.10	8
1-06-605	大豆秸		93.7	4.8	—	—	17.17	1.12	12
1-06-606	大豆秸		92.7	9.1	1.23	0.20	17.11	1.09	23
1-06-630	稻 草		90.0	2.7	0.11	0.05	13.41	1.04	7
1-06-612	风柜谷尾	瘪稻谷	88.5	5.6	0.16	0.21	14.29	0.79	14
1-06-613	甘薯蔓	土多	90.5	13.2	1.72	0.26	14.66	1.25	42
1-06-038	甘薯蔓	25 样平均值	90.0	7.6	1.63	0.08	15.78	1.39	24
1-06-100	甘薯蔓	7 省市 13 样平均值	88.0	8.1	1.55	0.11	15.29	1.34	26
1-06-615	谷 草	小米秆	90.7	4.5	0.34	0.03	15.54	1.33	10
1-06-617	花生藤	伏花生	91.3	11.0	2.46	0.04	16.11	1.54	28
1-06-618	糜 草	糯小米秆	91.7	5.2	0.25	—	15.78	1.34	11
1-06-619	荞麦秸	固原	95.4	4.2	0.11	0.02	15.74	1.07	9
1-06-620	小麦秸	冬小麦	90.0	3.9	0.25	0.03	7.49	0.99	10
1-06-623	燕麦秸	甜燕麦秸，青海种	93.0	7.0	0.17	0.01	16.92	1.33	15
1-06-624	莜麦秸	油麦秸	95.2	8.8	0.29	0.10	17.39	1.27	19
1-06-631	黑麦秸		90.0	3.5	—	—	16.25	1.11	9
1-06-629	玉米秸		90.0	5.8	—	—	15.22	1.21	18

类饲料

干物质中													
总能量 MJ/kg	消化能 MJ/kg	产奶净能		奶牛能量单位 NND/kg	粗蛋白 %	可消化粗蛋白质 g/kg	粗脂肪%	粗纤维 %	无氮浸出物 %	粗灰分 %	钙 %	磷 %	胡萝卜素 mg/kg
		MJ/kg	Mcal/kg										
17.01	9.02	4.36	1.03	1.38	6.1	15	1.9	35.5	45.6	10.9	0.14	0.02	—
17.67	7.82	3.70	0.88	1.18	5.5	14	3.3	38.2	43.8	9.2	0.06	0.07	—
17.44	8.51	4.08	0.98	1.30	5.5	16	1.8	71.8	10.4	10.6	0.13	0.12	—
18.20	8.12	3.84	0.92	1.23	3.6	9	0.6	52.1	39.7	4.1	0.68	0.03	—
18.32	7.93	3.76	0.90	1.20	5.1	13	0.9	54.1	35.1	4.8	—	—	—
18.50	7.81	3.66	0.88	1.18	9.8	25	2.0	48.1	33.5	6.6	1.33	0.22	—
16.10	8.61	3.65	0.87	1.16	3.1	8	1.2	66.3	13.9	15.6	0.12	0.05	—
16.15	6.10	2.79	0.67	0.89	6.3	16	2.3	27.0	49.4	15.0	0.18	0.24	—
16.20	9.05	4.35	1.04	1.38	14.6	47	3.4	25.3	37.2	19.4	1.90	0.29	—
17.54	10.04	4.84	1.16	1.54	8.4	27	3.2	34.1	43.9	10.3	1.81	0.09	—
17.39	9.90	4.81	1.14	1.52	9.2	30	3.1	32.4	44.3	11.0	1.76	0.13	—
17.13	9.56	4.62	1.10	1.47	5.0	11	1.3	35.9	48.7	9.0	0.37	0.03	—
17.64	10.89	5.28	1.27	1.69	12.0	31	1.6	32.4	45.2	8.7	2.69	0.04	—
17.21	9.53	4.61	1.10	1.46	5.7	12	1.3	32.9	51.8	8.3	0.27		—
16.50	7.48	3.55	0.84	1.12	4.4	10	0.8	41.6	41.2	13.0	0.12	0.02	—
17.22	8.35	3.45	0.83	1.10	4.4	11	0.6	78.2	6.1	10.8	0.28	0.03	—
18.20	9.35	4.51	1.07	1.43	7.5	16	2.4	28.4	58.0	3.9	0.18	0.01	—
18.27	8.77	4.22	1.00	1.33	9.2	20	1.4	46.2	37.1	6.0	0.30	0.11	—
17.07	9.72	3.86	0.92	1.23	3.9	10	1.2	75.3	9.1	10.5	—	—	—
16.92	10.71	4.22	1.01	1.34	6.5	20	0.9	68.9	17.0	6.8	—	—	—

表 10.6　谷实类

编　　号	饲料名称	样品说明	原样中 干物质 %	粗蛋白 %	钙 %	磷 %	总能量 MJ/kg	奶牛能量单位 NND/kg	可消化粗蛋白质 g/kg
4-07-029	大　米	糙米,4 样平均值	87.0	8.8	0.04	0.25	15.55	2.28	57
4-07-601	大　米	广场 131	87.1	6.8	—	—	15.30	2.24	44
4-07-602	大　米		86.1	9.1	—	—	15.34	2.24	59
4-07-038	大　米	9 省市 16 样籼稻米平均值	87.5	8.5	0.06	0.21	15.54	2.29	55
4-07-034	大　米	碎米,较多谷头	88.2	8.8	0.05	0.28	15.77	2.26	57
4-07-603	大　米	3 省市 3 样平均值	86.6	7.1	0.02	0.10	15.39	2.26	46
4-07-604	大　麦	春大麦	88.8	11.5	0.23	0.46	16.41	2.08	75
4-07-022	大　麦	20 省市,49 样平均值	88.8	10.8	0.12	0.29	15.80	2.13	70
4-07-041	稻　谷	粳稻	88.8	7.7	0.06	0.16	15.72	2.05	50
4-07-043	稻　谷	早稻	87.0	9.1	—	0.31	15.23	1.94	59
4-07-048	稻　谷	中稻	90.3	6.8	—	—	15.63	1.98	44
4-07-068	稻　谷	杂交晚稻	91.6	8.6	0.05	0.16	15.92	2.05	56
4-07-074	稻　谷	9 省市 34 样籼稻平均值	90.6	8.3	0.13	0.28	15.68	2.04	54
4-07-605	高　粱	红高粱	87.0	8.5	0.09	0.36	15.79	2.05	55
4-07-075	高　粱	杂交多穗	88.4	8.0	0.05	0.34	15.62	2.04	52
4-07-081	高　粱		87.3	8.0	0.02	0.38	15.79	2.06	52
4-07-083	高　粱	小粒高粱	86.0	6.9	0.12	0.20	14.85	1.93	45
4-07-091	高　粱	10 样平均值	93.0	9.8	—	—	16.94	2.20	64
4-07-606	高　粱	多穗高粱	85.2	8.2	0.01	0.16	15.18	1.97	53
4-07-103	高　粱	蔗高粱	85.2	6.3	0.03	0.31	15.10	1.98	41
4-07-104	高　粱	17 省市高粱 38 样平均值	89.3	8.7	0.09	0.28	16.12	2.09	57
4-07-607	荞　麦		89.6	10.0	—	0.14	16.49	2.08	65
4-07-120	荞　麦	苦荞,带壳	86.2	7.3	0.02	0.30	15.72	1.62	47
4-07-123	荞　麦	11 省市 14 样平均值	87.1	9.9	0.09	0.30	15.82	1.94	64
4-07-608	小　麦	次等	87.5	8.8	0.07	0.48	15.50	2.30	57
4-07-157	小　麦	加拿大进口	90.0	11.6	0.03	0.18	16.07	2.37	75
4-07-609	小　麦	小麦穗	96.6	15.4	0.31	0.00	17.56	2.51	100
4-07-164	小　麦	15 省市 28 样平均值	91.8	12.1	0.11	0.36	16.43	2.39	79
4-07-610	小　米	小米粉	86.2	9.2	0.04	0.28	15.50	2.23	60
4-07-173	小　米	8 省 9 样平均值	86.8	8.9	0.05	0.32	15.69	2.24	58

饲料

干物质中													
总能量 MJ/kg	消化能 MJ/kg	产奶净能 MJ/kg	产奶净能 Mcal/kg	奶牛能量单位 NND/kg	粗蛋白 %	可消化粗蛋白质 g/kg	粗脂肪 %	粗纤维 %	无氮浸出物 %	粗灰分 %	钙 %	磷 %	胡萝卜素 mg/kg
17.88	16.53	8.23	1.97	2.62	10.1	66	2.3	0.8	85.3	1.5	0.05	0.29	—
17.57	16.23	8.07	1.93	2.57	7.8	51	1.4	2.2	87.3	1.4	—	—	—
17.82	16.41	8.16	1.95	2.60	10.6	69	1.7	1.5	84.8	1.4	—	—	—
20.73	16.51	8.18	1.96	2.62	9.7	63	1.8	0.9	86.2	1.4	0.07	0.24	—
17.87	16.17	8.07	1.92	2.56	10.0	65	2.7	2.7	82.2	2.4	0.06	0.32	—
17.77	16.46	8.22	1.96	2.61	8.2	53	2.4	0.8	87.1	1.5	0.02	0.12	—
18.47	14.85	7.35	1.76	2.34	13.0	84	4.8	8.7	69.5	4.1	0.26	0.52	—
17.80	15.19	7.55	1.80	2.40	12.2	79	2.3	5.3	76.7	9.1	0.14	0.33	—
17.71	14.64	7.22	1.73	2.31	8.7	56	2.1	9.7	75.9	3.6	0.07	0.18	—
17.51	14.17	6.98	1.67	2.23	10.5	68	2.8	10.2	70.3	6.2	—	0.36	—
17.31	13.95	6.87	1.64	2.19	7.5	49	2.1	12.3	72.4	5.6	—	—	—
17.38	14.22	7.04	1.68	2.24	9.4	61	2.2	9.9	72.8	5.7	0.05	0.17	—
17.31	14.30	7.08	1.69	2.25	9.2	60	1.7	9.4	74.5	5.3	0.14	0.31	—
18.14	14.93	7.41	1.77	2.36	9.8	64	4.1	1.7	82.0	2.4	0.10	0.41	—
17.66	14.64	7.25	1.73	2.31	9.0	59	1.6	2.7	85.0	1.7	0.06	0.38	—
18.08	14.95	7.39	1.77	2.36	9.2	60	3.8	1.7	83.3	2.1	0.02	0.44	—
17.27	14.26	7.06	1.68	2.24	8.0	52	3.3	2.3	80.6	5.8	0.14	0.23	—
18.21	14.99	7.43	1.77	2.37	10.5	68	3.9	1.5	82.2	1.9	—	—	—
17.81	14.67	7.28	1.73	2.31	9.6	63	2.7	2.1	83.1	2.5	0.01	0.19	—
17.72	14.74	7.28	1.74	2.32	7.4	48	2.2	2.7	86.2	1.5	0.04	0.36	—
18.06	14.84	7.31	1.76	2.34	9.7	63	3.7	2.5	81.6	2.5	0.10	0.31	—
18.41	14.72	7.29	1.74	2.32	11.2	73	2.9	11.2	73.2	1.6	—	0.16	—
18.24	12.06	5.93	1.41	1.88	8.5	55	2.3	17.6	69.7	1.9	0.02	0.35	—
18.17	14.15	7.01	1.67	2.23	11.4	74	2.6	13.2	69.7	3.1	0.10	0.34	—
17.72	16.57	8.23	1.97	2.63	10.1	65	1.6	0.9	85.9	1.5	0.08	0.55	—
17.86	16.60	8.28	1.97	2.63	12.9	84	1.6	0.9	82.9	1.8	0.03	0.20	—
18.18	16.39	8.15	1.95	2.60	15.9	104	2.8	3.5	74.4	3.3	0.32	—	—
17.90	16.42	8.21	1.95	2.60	13.2	86	2.0	2.6	79.7	2.5	0.12	0.39	—
17.99	16.32	8.11	1.94	2.59	10.7	69	3.4	0.9	83.2	1.9	0.05	0.32	—
18.07	16.29	8.10	1.94	2.58	10.3	67	3.1	1.5	83.5	1.6	0.06	0.37	—

表 10.6

编　　号	饲料名称	样品说明	原　　样　　中						
			干物质 %	粗蛋白 %	钙 %	磷 %	总能量 MJ/kg	奶牛能量单位 NND/kg	可消化粗蛋白质 g/kg
4-07-176	燕　麦	玉麦当地种	93.5	11.7	0.15	0.43	17.85	2.16	76
4-07-188	燕　麦	11省市17样平均值	90.3	11.6	0.15	0.33	16.86	2.13	75
4-07-193	玉　米	白玉米1号	88.2	7.8	0.02	0.21	16.03	2.27	51
4-07-194	玉　米	黄玉米	88.0	8.5	0.02	0.21	16.18	2.35	55
4-07-611	玉　米	龙牧一号	89.2	9.8	—	—	16.72	2.40	64
4-07-247	玉　米	碎玉米	89.8	9.1	—	0.21	15.80	2.30	59
4-07-253	玉　米	黄玉米,6样品平均值	88.7	7.6	0.02	0.22	16.34	2.31	49
4-07-254	玉　米	白玉米,6样品平均值	89.9	8.8	0.05	0.19	16.65	2.33	57
4-07-222	玉　米	32样玉米平均值	87.6	8.6	0.09	0.18	15.92	2.26	56
4-07-263	玉　米	23省市120样玉米平均值	88.4	8.6	0.08	0.21	16.14	2.28	56

表 10.7　豆类

编　号	饲料名称	样品说明	原　　样　　中						
			干物质 %	粗蛋白 %	钙 %	磷 %	总能量 MJ/kg	奶牛能量单位 NND/kg	可消化粗蛋白质 g/kg
5-09-601	蚕　豆	等外	89.0	27.5	0.11	0.39	17.03	2.29	179
5-09-012	蚕　豆	次蚕豆	88.0	28.5	—	0.18	16.70	2.29	185
5-09-200	蚕　豆	7样平均值	88.0	23.8	0.10	0.47	16.55	2.24	155
5-09-201	蚕　豆	全国14样平均值	88.0	24.9	0.15	0.40	16.45	2.25	162
5-09-026	大　豆		90.2	40.0	0.28	0.61	21.21	2.94	260
5-09-202	大　豆	2样平均值	90.0	36.5	0.05	0.42	21.43	2.97	237
5-09-082	大　豆	次品	90.8	31.7	0.31	0.48	21.75	2.61	206
5-09-206	大　豆		88.0	40.5	—	0.47	20.54	2.85	263
5-09-207	大　豆	9样平均值	90.0	37.8	0.33	0.41	21.08	2.92	246
5-09-047	大　豆		88.0	39.6	—	0.26	20.44	2.84	257
5-09-602	大　豆	本地黄豆	88.0	37.5	0.17	0.55	20.11	2.74	244
5-09-217	大　豆	全国16省市40样平均值	88.0	37.0	0.27	0.48	20.55	2.76	241
5-09-028	黑　豆		94.7	40.7	0.27	0.60	21.63	2.97	265
5-09-031	黑　豆		92.3	34.7	—	0.69	21.04	2.83	226
5-09-082	榄　豆		85.6	21.5	0.39	0.47	15.58	2.16	140

（续）

干物质中													
总能量 MJ/kg	消化能 MJ/kg	产奶净能		奶牛能量单位 NND/kg	粗蛋白 %	可消化粗蛋白质 g/kg	粗脂肪 %	粗纤维 %	无氮浸出物 %	粗灰分 %	钙 %	磷 %	胡萝卜素 mg/kg
		MJ/kg	Mcal/kg										
19.09	14.65	7.25	1.73	2.31	12.5	81	7.4	10.8	65.2	4.1	0.16	0.46	—
18.67	14.95	7.38	1.77	2.36	12.8	83	5.8	9.9	67.2	4.3	0.17	0.37	—
18.18	16.24	8.07	1.93	2.57	8.8	57	3.9	2.4	83.3	1.6	0.02	0.24	—
18.38	16.83	8.38	2.00	2.67	9.7	63	4.9	1.5	82.0	1.9	0.02	0.24	2.50
18.75	16.95	8.45	2.02	2.69	11.0	71	5.8	1.9	79.6	1.7	—	—	—
17.60	16.17	8.02	1.92	2.56	10.1	66	1.7	2.1	83.5	2.6	—	0.23	—
18.43	16.43	8.16	1.95	2.60	8.6	56	4.8	2.5	82.8	1.4	0.02	0.25	2.50
18.55	16.35	8.15	1.94	2.59	9.8	64	5.0	2.8	80.9	1.6	0.06	0.21	—
18.17	16.28	8.08	1.93	2.58	9.8	64	3.4	2.1	83.3	1.4	0.10	0.21	—
18.26	16.28	8.10	1.93	2.58	9.7	63	4.0	2.3	82.5	1.6	0.09	0.24	—

饲料

干物质中													
总能量 MJ/kg	消化能 MJ/kg	产奶净能		奶牛能量单位 NND/kg	粗蛋白 %	可消化粗蛋白质 g/kg	粗脂肪%	粗纤维 %	无氮浸出物 %	粗灰分 %	钙 %	磷 %	胡萝卜素 mg/kg
		MJ/kg	Mcal/kg										
19.13	16.24	8.09	1.93	2.57	30.9	201	1.7	9.1	54.8	3.5	0.12	0.44	—
18.97	16.42	8.18	1.95	2.60	32.4	211	0.5	9.2	54.5	3.4	—	0.20	—
18.80	16.07	7.99	1.91	2.55	27.0	176	1.7	8.5	59.0	3.8	0.11	0.53	—
18.69	16.14	8.05	1.92	2.56	28.3	184	1.6	8.5	57.8	3.8	0.17	0.45	—
23.51	20.83	10.21	2.44	3.26	44.3	288	18.1	7.0	25.6	5.0	0.31	0.68	—
23.81	20.62	10.38	2.47	3.30	40.6	264	20.6	5.1	29.1	4.7	0.06	0.47	1.16
23.96	18.06	9.04	2.16	2.87	34.9	227	21.4	14.0	25.6	4.2	0.34	0.53	—
23.34	20.25	10.18	2.43	3.24	46.0	299	17.6	7.8	22.3	6.3	—	0.53	—
23.42	20.29	10.19	2.43	3.24	42.0	273	18.8	6.2	27.7	5.3	0.37	0.46	—
23.23	20.19	10.14	2.42	3.23	45.0	292	17.2	5.7	26.7	5.5	—	0.30	—
22.86	19.50	9.75	2.34	3.11	42.6	277	15.6	10.1	26.4	5.3	0.19	0.63	—
23.35	19.64	9.85	2.35	3.14	42.0	273	18.4	5.8	28.5	5.2	0.31	0.55	—
22.84	19.64	9.86	2.35	3.14	43.0	279	15.7	7.3	28.7	5.3	0.29	0.63	0.49
22.80	19.21	9.62	2.30	3.07	37.6	244	16.4	10.0	31.4	4.7	—	0.75	—
18.20	15.94	7.92	1.89	2.52	25.1	163	1.1	6.7	61.9	5.3	0.46	0.55	—

表 10.8 糠麸类

编号	饲料名称	样品说明	原样中							
			干物质 %	粗蛋白 %	钙 %	磷 %	总能量 MJ/kg	奶牛能量单位 NND/kg	可消化粗蛋白质 g/kg	总能量 MJ/kg
1-08-001	大豆皮		91.0	18.8	—	0.35	17.16	1.85	113	18.85
4-08-002	大麦麸		87.0	15.4	0.33	0.48	16.00	2.07	92	18.39
4-08-016	高粱糠	2省8样品平均值	91.1	9.6	0.07	0.81	17.42	2.17	58	19.12
4-08-007	黑麦麸	细麸	91.9	13.7	0.04	0.48	16.80	1.98	82	18.29
4-08-006	黑麦麸	粗麸	91.7	8.0	0.05	0.13	16.43	1.45	48	17.82
4-08-601	黄面粉	三等面粉	87.8	11.1	0.12	0.13	15.70	2.33	67	17.89
4-08-602	黄面粉	进口小麦次粉	87.5	16.8	—	0.12	16.55	2.24	101	18.92
4-08-603	黄面粉	土面粉	87.2	9.5	0.08	0.44	17.84	2.28	57	20.46
4-08-018	米　糠	玉糠	89.1	10.6	0.10	1.50	17.38	2.09	64	19.50
4-08-003	米　糠		88.4	14.2	0.22	—	18.67	2.27	85	21.11
4-08-012	米　糠	杂交中稻	92.1	14.0	0.12	1.60	17.84	2.11	84	19.37
1-08-029	米　糠		91.0	12.0	0.18	0.83	18.53	2.18	72	20.37
4-08-030	米　糠	4省市13样平均值	90.2	12.1	0.14	1.04	18.20	2.16	73	20.18
4-08-058	小麦麸	2样平均值	87.2	13.9	—	—	16.00	1.88	83	18.36
4-08-049	小麦麸	39样平均值	89.3	15.0	0.14	0.54	16.27	1.89	90	18.22
4-08-604	小麦麸	进口小麦	88.2	11.7	0.11	0.87	16.22	1.86	70	18.39
4-08-060	小麦麸	3样平均值	86.0	15.0	0.35	0.80	16.27	1.87	90	18.92
4-08-057	小麦麸	9样平均值	88.3	15.6	0.21	0.81	16.44	1.95	94	18.62
4-08-067	小麦麸	14样平均值	87.8	12.7	0.11	0.92	16.06	1.89	76	18.30
4-08-070	小麦麸		90.8	11.8	—	—	16.59	1.69	71	18.27
4-08-045	小麦麸		89.3	13.1	0.25	0.90	16.23	1.93	79	18.17
4-08-077	小麦麸	19样平均值	89.8	13.9	0.15	0.92	16.55	1.96	83	18.43
4-08-075	小麦麸	七二粉麸皮	89.8	14.2	0.14	1.86	16.24	1.94	85	18.09
4-08-076	小麦麸	八四粉麸皮	88.0	15.4	0.12	0.85	15.90	1.90	92	18.07
4-08-078	小麦麸	全国115样平均值	88.6	14.4	0.18	0.78	16.24	1.91	86	18.33
4-08-088	玉米皮		87.9	10.1	—	—	16.74	1.58	61	19.05
4-08-089	玉米皮	玉米糠	87.5	9.9	0.08	0.48	16.07	1.79	59	18.37
4-08-092	玉米皮		89.5	7.8	—	—	16.31	1.87	47	18.22
4-08-094	玉米皮	6省市6样品平均值	88.2	9.7	0.28	0.35	16.17	1.84	58	18.34

饲料

干 物 质 中												
消化能 MJ/kg	产奶净能		奶牛能量单位 NND/kg	粗蛋白 %	可消化粗蛋白质 g/kg	粗脂肪 %	粗纤维 %	无氮浸出物 %	粗灰分 %	钙 %	磷 %	胡萝卜素 mg/kg
	MJ/kg	Mcal/kg										
12.98	6.40	1.52	2.03	20.7	124	2.9	27.6	43.0	5.6	—	0.38	—
15.07	7.46	1.78	2.38	17.7	106	3.7	6.6	67.5	4.6	0.38	0.55	—
15.09	7.49	1.79	2.38	10.5	63	10.0	4.4	69.7	5.4	0.08	0.89	—
13.71	6.75	1.62	2.15	14.9	89	3.4	8.7	69.0	5.3	0.04	0.52	—
10.26	4.98	1.19	1.58	8.7	52	2.3	20.8	63.1	5.0	0.05	0.14	—
16.73	8.35	1.99	2.65	12.6	76	1.5	0.9	83.6	1.4	0.14	0.15	—
16.16	8.03	1.92	2.56	19.2	115	5.6	7.1	63.3	4.8	—	0.14	—
16.49	8.21	1.96	2.61	10.9	65	0.8	1.5	85.2	1.6	0.09	0.50	—
14.87	7.37	1.76	2.35	11.9	71	11.9	7.3	62.1	6.8	0.11	1.68	—
16.21	8.05	1.93	2.57	16.1	96	19.6	7.1	47.9	9.4	0.25	—	—
14.54	7.19	1.72	2.29	15.2	91	11.8	10.4	53.5	9.0	0.13	1.74	—
15.17	7.49	1.80	2.40	13.2	79	18.4	11.9	44.7	11.9	0.20	0.91	—
15.16	7.52	1.80	2.39	13.4	80	17.2	10.2	48.0	11.2	0.16	1.15	—
13.72	6.77	1.62	2.16	15.9	96	5.0	10.6	61.8	6.7	—	—	—
13.49	6.66	1.59	2.12	16.8	101	3.6	11.5	62.0	6.0	0.16	0.60	—
13.44	6.64	1.58	2.11	13.3	80	4.8	11.5	65.4	5.1	0.12	0.99	—
13.83	6.81	1.63	2.17	17.4	105	5.9	11.5	59.8	5.3	0.41	0.93	—
14.04	6.92	1.66	2.21	17.7	106	4.6	9.6	63.0	5.1	0.24	0.92	—
13.70	6.78	1.61	2.15	14.5	87	4.6	9.8	65.6	5.9	0.13	1.05	—
11.95	5.86	1.40	1.86	13.0	78	5.0	12.9	62.9	6.3	—	—	—
13.76	6.80	1.62	2.16	14.7	88	3.8	9.2	67.1	5.3	0.28	1.01	2.93
13.88	6.86	1.64	2.18	15.5	93	4.2	9.7	65.8	4.8	0.17	1.02	—
13.75	6.80	1.62	2.16	15.8	95	3.5	8.1	67.0	5.6	0.16	2.07	—
13.74	6.76	1.62	2.16	17.5	105	2.3	9.3	65.9	5.0	0.14	0.97	—
13.72	6.81	1.62	2.16	16.3	98	4.2	10.4	63.4	5.8	0.20	0.88	—
11.56	5.62	1.35	1.80	11.5	69	5.6	15.7	64.8	2.4	—	—	
13.06	6.41	1.53	2.05	11.3	68	4.1	10.9	70.3	3.4	0.09	0.55	—
13.32	6.55	1.57	2.09	8.7	52	3.1	10.9	75.3	2.1	—	—	—
13.30	6.55	1.56	2.09	11.0	66	4.5	10.3	70.2	4.0	0.32	0.40	—

表 10.9 油饼类

编号	饲料名称	样品说明	原样中						
			干物质 %	粗蛋白 %	钙 %	磷 %	总能量 MJ/kg	奶牛能量单位 NND/kg	可消化粗蛋白质 g/kg
5-10-601	菜籽饼	浸提	89.7	40.0	—	—	17.23	2.22	260
5-10-016	菜籽饼	浸提,2样平均值	92.5	40.9	0.74	1.07	18.09	2.32	266
5-10-022	菜籽饼	13省市,机榨,21样平均值	92.2	36.4	0.73	0.95	18.90	2.43	237
5-10-023	菜籽饼	2省,土榨,2样平均值	90.1	34.1	0.84	1.64	18.71	2.33	222
5-10-045	豆　饼	2样平均值	91.1	44.7	0.28	0.61	18.80	2.66	291
5-10-031	豆　饼		87.6	43.4	0.30	0.50	18.28	2.57	282
5-10-602	豆　饼	溶剂法	89.0	45.8	0.32	0.67	17.66	2.60	298
5-10-036	豆　饼	开封,冷榨	95.1	45.6	—	—	19.90	2.80	296
5-10-037	豆　饼	开封,热榨	87.3	40.7	0.43	—	18.21	2.57	265
5-10-028	豆　饼	热榨	90.0	41.8	0.34	0.77	18.65	2.64	272
5-10-027	豆　饼	机榨	91.0	41.8	—	—	19.01	2.41	272
5-10-039	豆　饼	机榨	89.0	42.6	0.31	0.49	18.34	2.60	277
5-10-043	豆　饼	13省,机榨,42样平均值	90.6	43.0	0.32	0.50	18.74	2.64	280
5-10-053	胡麻饼	亚麻仁饼,机榨	91.1	35.9	0.39	0.87	18.41	2.46	233
5-10-057	胡麻饼	亚麻仁饼,机榨	93.8	32.3	0.62	1.00	19.34	2.41	210
5-10-603	胡麻饼	亚麻仁饼	88.8	27.2	—	—	17.89	2.31	177
5-10-061	胡麻饼	新疆,机榨,11样平均值	92.4	31.9	0.74	0.74	18.64	2.46	207
5-10-062	胡麻饼	8省市,机榨,11样平均值	92.0	33.1	0.58	0.77	18.60	2.44	215
5-10-064	花生饼	机榨	89.0	41.7	0.23	0.64	18.59	2.62	271
5-10-065	花生饼	冷榨	91.4	42.5	0.32	0.50	19.48	2.77	276
5-10-066	花生饼	10样平均值	89.0	49.1	0.30	0.29	19.33	2.75	319
5-10-604	花生饼	浸提	90.1	48.8	—	—	17.99	2.57	317
5-10-605	花生饼		88.5	39.5	0.33	0.55	17.20	2.45	257
5-10-067	花生饼	机榨,6样平均值	92.0	49.6	0.17	0.59	19.75	2.82	322
5-10-072	花生饼	9样平均值	89.0	46.7	0.19	0.61	18.79	2.69	304
5-10-606	花生饼	机榨	92.0	45.8	—	0.57	19.49	2.58	298
5-10-607	花生饼	溶剂法	92.0	47.4	0.20	0.65	18.79	2.47	308
5-10-075	花生饼	9省市,机榨,34样平均值	89.9	46.4	0.24	0.52	19.22	2.71	302
5-10-077	米糠饼	脱脂米糠	90.8	15.9	—	—	16.49	1.83	103
5-10-608	米糠饼		82.5	15.3	—	—	15.67	1.71	99
5-10-083	米糠饼	浸提	89.9	14.9	0.14	1.02	15.37	1.67	97
5-10-084	米糠饼	7省市,机榨,13样平均值	90.7	15.2	0.12	0.18	16.64	1.86	99

饲料

干物质中													
总能量 MJ/kg	消化能 MJ/kg	产奶净能		奶牛能量单位 NND/kg	粗蛋白 %	可消化粗蛋白质 g/kg	粗脂肪 %	粗纤维 %	无氮浸出物 %	粗灰分 %	钙 %	磷 %	胡萝卜素 mg/kg
		MJ/kg	Mcal/kg										
19.21	15.65	7.79	1.86	2.47	44.6	290	2.6	13.0	29.1	10.7	—	—	—
19.55	15.85	7.88	1.88	2.51	44.2	287	2.1	14.5	31.1	8.2	0.80	1.16	—
20.50	16.62	8.26	1.98	2.64	39.5	257	8.5	11.6	31.8	8.7	0.79	1.03	—
20.76	16.32	8.14	1.94	2.59	37.8	246	9.5	15.8	28.2	8.7	0.93	1.82	—
20.63	18.33	9.19	2.19	2.92	49.1	319	5.0	6.5	33.2	6.1	0.31	0.67	—
20.87	18.42	9.22	2.20	2.93	49.5	322	5.5	8.0	31.1	5.9	0.34	0.57	—
19.85	18.34	9.17	2.19	2.92	51.5	334	1.0	6.7	34.3	6.5	0.36	0.75	0.44
20.92	18.48	9.24	2.21	2.94	47.9	312	6.9	6.2	32.3	6.6	—	—	—
20.86	18.48	9.26	2.21	2.94	46.6	303	6.6	6.0	34.8	6.0	0.49	—	—
20.72	18.41	9.21	2.20	2.93	46.4	302	6.0	5.7	36.1	5.8	0.38	0.86	—
20.88	16.69	8.33	1.99	2.65	45.9	299	6.6	5.5	36.6	5.4	—	—	0.22
20.61	18.34	9.17	2.19	2.92	47.9	311	5.5	5.7	34.5	6.4	0.35	0.55	—
20.68	18.30	9.15	2.19	2.91	47.5	308	6.0	6.3	33.8	6.5	0.35	0.55	—
20.20	17.02	8.45	2.03	2.70	39.4	256	5.6	9.8	39.1	6.1	0.43	0.95	—
20.62	16.22	8.08	1.93	2.57	34.4	224	9.0	12.9	37.0	6.7	0.66	1.07	—
20.15	16.41	8.15	1.95	2.60	30.6	199	12.7	11.0	32.9	12.7	—	—	0.33
20.17	16.78	8.33	2.00	2.66	34.5	224	8.2	9.0	40.0	8.2	0.80	0.80	—
20.22	16.72	8.33	1.99	2.65	36.0	234	8.2	10.7	37.0	8.3	0.63	0.84	—
20.89	18.48	9.27	2.21	2.94	46.9	305	8.3	5.5	31.2	8.1	0.26	0.72	—
21.31	19.00	9.53	2.27	3.03	46.5	302	7.9	4.3	36.8	4.6	0.35	0.55	—
21.73	19.36	9.69	2.32	3.09	55.2	359	8.1	6.0	24.4	6.4	0.34	0.33	—
19.96	17.92	8.97	2.14	2.85	54.2	352	0.6	6.1	33.0	6.2	—	—	—
19.44	17.42	8.70	2.08	2.77	44.6	290	4.1	4.1	37.5	9.7	0.37	0.62	—
21.46	19.21	9.05	2.30	3.07	53.9	350	6.3	5.4	29.5	4.9	0.18	0.64	0.22
21.11	18.95	9.51	2.27	3.02	52.5	341	6.3	4.6	30.4	6.2	0.21	0.69	—
21.18	17.63	8.78	2.10	2.80	49.8	324	6.4	12.0	25.7	6.2	—	0.62	—
20.43	16.91	8.42	2.01	2.68	51.5	335	1.3	14.1	28.2	4.9	0.22	0.71	—
21.38	18.90	9.50	2.26	3.01	51.6	335	7.3	6.5	28.6	6.0	0.27	0.58	—
18.16	12.88	6.37	1.51	2.02	17.5	114	7.6	10.2	52.8	11.9	—	—	—
19.00	13.22	6.55	1.55	2.07	18.5	121	11.3	12.2	45.2	12.7	—	—	—
17.10	11.92	5.82	1.39	1.86	16.6	108	1.8	13.3	57.8	10.5	0.16	1.13	—
18.34	13.09	6.46	1.54	2.05	16.8	109	8.0	9.8	54.4	11.0	0.13	0.20	—

表 10.9

编号	饲料名称	样品说明	原样中						
			干物质 %	粗蛋白 %	钙 %	磷 %	总能量 MJ/kg	奶牛能量单位 NND/kg	可消化粗蛋白质 g/kg
5-10-609	棉籽饼		84.4	20.7	0.78	0.63	15.73	1.49	135
5-10-610	棉籽饼	去壳浸提,2样平均值	88.3	39.4	0.23	2.01	17.25	2.24	256
5-10-101	棉籽饼	土榨,棉绒较多	93.8	21.7	0.26	0.55	18.91	1.82	141
5-10-611	棉籽饼	去壳,浸提	92.5	41.0	0.16	1.20	18.15	2.35	267
5-10-612	棉籽饼	4省市,去壳,机榨,6样平均值	89.6	32.5	0.27	0.81	18.00	2.34	211
5-10-110	向日葵饼	去壳浸提	92.6	46.1	0.53	0.35	18.65	2.17	300
5-10-613	向日葵饼		93.3	17.4	0.40	0.94	18.34	1.50	113
5-10-113	向日葵饼	带壳,复浸	92.5	32.1	0.29	0.84	17.87	1.57	209
5-10-124	椰子饼		90.3	16.6	0.04	0.19	19.07	2.20	108
5-10-126	玉米胚芽饼		93.0	17.5	0.05	0.49	18.39	2.33	114
5-10-614	芝麻饼	片状	89.1	38.0	—	—	18.04	2.35	247
5-10-147	芝麻饼		92.0	39.2	2.28	1.19	19.12	2.50	255
5-10-138	芝麻饼	10省市,机榨,13样平均值	90.7	41.1	2.29	0.79	18.29	2.40	267

表 10.10 动物性

编号	饲料名称	样品说明	原样中						
			干物质 %	粗蛋白 %	钙 %	磷 %	总能量 MJ/kg	奶牛能量单位 NND/kg	可消化粗蛋白质 g/kg
5-13-022	牛　乳	全脂鲜奶	13.0	3.3	0.12	0.09	3.22	0.50	21
5-13-601	牛　乳	全脂鲜奶	12.3	3.1	0.12	0.09	2.98	0.47	20
5-13-602	牛　乳	脱脂奶	9.6	3.7	—	—	1.81	0.29	24
5-13-021	牛　乳	全脂鲜奶	13.3	3.3	0.12	0.09	3.32	0.52	21
5-13-132	牛　乳	全脂鲜奶	12.0	3.2	0.10	0.10	2.93	0.46	21
5-13-024	牛乳粉	全脂乳粉	98.0	26.2	1.03	0.88	24.76	3.78	170

（续）

干物质中													
总能量 MJ/kg	消化能 MJ/kg	产奶净能		奶牛能量单位 NND/kg	粗蛋白 %	可消化粗蛋白质 g/kg	粗脂肪 %	粗纤维 %	无氮浸出物 %	粗灰分 %	钙 %	磷 %	胡萝卜素 mg/kg
		MJ/kg	Mcal/kg										
18.63	11.37	5.56	1.32	1.77	24.5	159	1.4	24.4	43.4	6.3	0.92	0.75	—
19.54	16.02	7.96	1.90	2.54	44.6	290	2.4	11.8	33.0	8.3	0.26	2.28	—
20.17	12.42	6.08	1.46	1.94	23.1	150	7.2	25.2	39.8	4.7	0.28	0.59	—
19.62	16.04	7.97	1.91	2.54	44.3	288	1.5	13.0	34.5	6.7	0.17	1.30	—
20.09	16.47	8.18	1.96	2.61	36.3	236	6.4	11.9	38.5	6.9	0.30	0.90	—
20.14	14.85	7.37	1.76	2.34	49.8	324	2.6	12.7	27.5	7.3	0.57	0.38	—
19.65	10.42	5.03	1.21	1.61	18.6	121	4.4	42.0	29.8	5.1	0.43	1.01	—
19.32	10.96	5.30	1.27	1.70	34.7	226	1.3	24.6	33.0	6.4	0.31	0.91	—
21.11	15.41	7.65	1.83	2.44	18.4	119	16.7	15.9	40.8	8.2	0.04	0.21	—
19.77	15.83	7.88	1.88	2.51	18.8	122	6.0	16.0	57.3	1.8	0.05	0.53	—
20.25	16.63	8.27	1.98	2.64	42.6	277	9.0	7.2	29.9	11.3	—	—	—
20.78	17.11	8.51	2.04	2.72	42.6	277	11.2	7.8	27.1	11.3	2.48	1.29	0.22
20.16	16.68	8.31	1.98	2.65	45.3	295	9.9	6.5	24.1	14.1	2.52	0.87	—

饲料类

干物质中													
总能量 MJ/kg	消化能 MJ/kg	产奶净能		奶牛能量单位 NND/kg	粗蛋白 %	可消化粗蛋白质 g/kg	粗脂肪 %	粗纤维 %	无氮浸出物 %	粗灰分 %	钙 %	磷 %	胡萝卜素 mg/kg
		MJ/kg	Mcal/kg										
24.79		12.23	2.88	3.85	25.4	165	30.8	—	38.5	5.4	0.92	0.69	—
24.20		11.95	2.87	3.82	25.2	164	28.5	—	40.7	5.7	0.98	0.73	1 166.6
18.83		9.69	2.27	3.02	38.5	251	2.1	—	52.1	7.3	—	—	—
24.96		12.33	2.93	3.91	24.8	161	31.6	—	38.3	5.3	0.90	0.68	—
24.43		12.25	2.88	3.83	26.7	173	29.2	—	38.3	5.8	0.83	0.83	—
25.26		12.13	2.89	3.86	26.7	174	31.2	—	38.3	5.8	1.05	0.90	—

表 10.11 糟渣类

编号	饲料名称	样品说明	原样中						
			干物质 %	粗蛋白 %	钙 %	磷 %	总能量 MJ/kg	奶牛能量单位 NND/kg	可消化粗蛋白质 g/kg
1-11-601	豆腐渣	黄豆	10.1	3.1	0.05	0.03	2.10	0.29	20
1-11-602	豆腐渣	2省市4样平均值	11.0	3.3	0.05	0.03	2.27	0.31	21
1-11-032	粉　渣	绿豆粉渣	14.0	2.1	0.06	0.03	2.57	0.30	14
4-11-046	粉　渣	玉米粉渣	15.0	1.6	0.01	0.05	2.85	0.40	10
4-11-603	粉　渣	玉米淀粉渣	8.9	1.0	0.03	0.05	1.66	0.20	7
4-11-058	粉　渣	6省7样平均值	15.0	1.8	0.02	0.02	2.79	0.39	12
1-11-044	粉　渣	玉米蚕豆粉渣	15.0	1.4	0.13	0.02	2.73	0.28	9
1-11-063	粉　渣	蚕豆粉渣	15.0	2.2	0.07	0.01	2.78	0.26	14
1-11-048	粉　渣	豌豆粉渣	15.0	3.5	0.13	—	2.67	0.28	23
1-11-059	粉　渣	豌豆粉渣	9.9	1.4	0.05	0.02	1.84	0.20	9
4-11-032	粉　渣	甘薯粉渣	15.0	0.3	—	—	2.59	0.36	2
1-11-040	粉　渣	巴山豆粉渣	10.9	1.7	—	—	2.00	0.26	11
4-11-069	粉　渣	3省3样平均值	15.0	1.0	0.06	0.04	2.63	0.29	7
4-11-073	粉　渣	玉米粉浆	2.0	0.3	—	0.01	0.41	0.06	2
5-11-083	酱油渣	黄豆2份麸1份	22.4	7.1	0.11	0.03	4.74	0.48	46
5-11-080	酱油渣	豆饼3份麸2份	24.3	7.1	0.11	0.03	5.48	0.66	46
5-11-103	酒　糟	高粱酒糟	37.7	9.3	—	—	7.54	0.96	60
5-11-098	酒　糟	米酒糟	20.3	6.0	—	—	4.43	0.57	39
4-11-096	酒　糟	甘薯干	35.0	5.7	1.14	0.10	5.41	0.53	37
1-11-093	酒　糟	甘薯稻谷	35.0	2.8	0.22	0.12	4.97	0.17	18
4-11-113	酒　糟	玉米加15%谷壳	35.0	6.4	0.09	0.07	6.92	0.70	42
4-11-092	酒　糟	玉米酒糟	21.0	4.0	—	—	4.26	0.43	26
4-11-604	木薯渣	风干样	91.0	3.0	0.32	0.02	15.95	2.15	20
1-11-605	啤酒糟		11.5	3.3	0.06	0.04	8.98	0.26	21
5-11-606	啤酒糟		13.6	3.6	0.06	0.08	2.71	0.27	23
5-11-607	啤酒糟	2省市3样平均值	23.4	6.8	0.09	0.18	4.77	0.51	44
1-11-608	甜菜渣		15.2	1.3	0.11	0.02	2.28	0.30	8
1-11-609	甜菜渣		8.4	0.9	0.08	0.05	1.35	0.16	6
1-11-610	甜菜渣		12.2	1.4	0.12	0.01	2.00	0.24	9
5-11-146	饴糖渣		22.9	7.6	0.10	0.16	4.99	0.56	49
5-11-147	饴糖渣	大米95%、大麦5%	22.6	7.0	0.01	0.04	4.45	0.51	45
4-11-148	饴糖渣	玉米	16.4	1.4	0.02	—	3.22	0.34	9
5-11-611	饴糖渣	麦芽糖渣	28.5	9.0	—	0.13	5.35	0.60	59

饲料

干物质中													
总能量 MJ/kg	消化能 MJ/kg	产奶净能		奶牛能量单位 NND/kg	粗蛋白 %	可消化粗蛋白质 g/kg	粗脂肪 %	粗纤维 %	无氮浸出物 %	粗灰分 %	钙 %	磷 %	胡萝卜素 mg/kg
		MJ/kg	Mcal/kg										
20.75	18.04	8.71	2.15	2.87	30.7	200	5.0	23.8	39.6	1.0	0.50	0.30	—
20.64	17.72	8.82	2.11	2.82	30.0	195	7.3	19.1	40.0	0.9	0.45	0.27	—
18.36	13.64	6.64	1.61	2.14	15.0	97	0.7	20.2	62.1	2.1	0.43	0.21	—
19.06	16.80	8.40	2.00	2.67	10.7	69	6.0	9.3	72.7	1.3	0.07	0.33	27.28
18.73	14.27	7.08	1.69	2.25	11.2	73	3.4	15.7	68.5	1.1	0.34	0.56	—
18.62	16.40	8.13	1.95	2.60	12.0	78	4.7	9.3	71.3	2.7	0.13	0.13	—
18.18	11.98	5.87	1.40	1.87	9.3	61	1.3	30.0	55.3	4.0	0.87	0.13	—
18.50	11.17	5.33	1.30	1.73	14.7	95	0.7	35.3	45.3	4.0	0.47	0.07	—
17.78	11.98	5.87	1.40	1.87	23.3	152	10.0	18.0	27.3	21.3	0.87	—	—
18.55	12.90	6.36	1.52	2.02	14.1	92	1.0	25.3	57.6	2.0	0.51	0.20	
17.29	15.20	7.53	1.80	2.40	2.0	13	2.0	5.3	88.7	2.0	—	—	—
18.35	15.11	7.34	1.79	2.39	15.6	101	0.9	20.2	60.6	2.8	—	—	—
17.54	12.38	6.20	1.45	1.93	6.7	43	2.7	8.7	78.0	4.0	0.40	0.27	—
20.67	18.81	8.50	2.25	3.00	15.0	98	15.0	5.0	60.0	5.0	—	0.50	—
21.17	13.64	6.74	1.61	2.14	31.7	206	8.9	15.2	41.5	2.7	0.49	0.13	—
22.56	17.10	8.64	2.04	2.72	29.2	190	18.5	13.6	32.5	6.2	0.45	0.12	—
20.01	16.08	8.01	1.91	2.55	24.7	160	11.1	9.0	46.7	8.5	—	—	—
21.81	17.66	8.87	2.11	2.81	29.6	192	15.8	5.4	43.8	5.4	—	—	—
15.47	9.85	4.80	1.14	1.51	16.3	106	4.9	16.9	37.1	24.9	3.26	0.29	—
14.21	3.65	1.57	0.36	0.49	8.0	52	1.7	21.4	43.4	25.4	0.63	0.34	—
19.77	12.78	6.23	1.50	2.00	18.3	119	9.7	14.3	51.4	6.3	0.26	0.02	—
20.31	13.07	6.62	1.54	2.05	19.0	124	10.5	11.0	55.7	3.8	—	—	66.67
17.52	14.97	7.45	1.77	2.36	3.3	21	2.3	6.2	86.5	1.8	0.35	0.02	—
18.06	14.36	7.30	1.70	2.26	28.7	187	11.3	18.3	37.4	4.3	0.52	0.35	—
19.91	12.69	6.47	1.49	1.99	26.5	172	4.4	16.9	46.3	5.9	0.44	0.59	—
20.37	13.87	6.79	1.63	2.18	29.1	189	8.1	16.7	40.6	5.6	0.38	0.77	—
15.00	12.62	6.38	1.48	1.97	8.6	56	0.7	18.4	53.3	19.1	0.72	0.13	—
16.07	12.21	6.07	1.43	1.90	10.7	70	1.2	31.0	40.5	16.7	0.95	0.60	0.22
16.36	12.59	6.23	1.48	1.97	11.5	75	0.8	31.1	41.8	14.8	0.98	0.08	—
21.78	15.47	7.69	1.83	2.45	33.2	216	13.5	9.2	39.3	4.8	0.44	0.70	—
20.11	14.33	7.26	1.69	2.26	31.0	201	5.3	2.2	60.2	1.3	0.04	0.18	—
19.65	13.22	6.40	1.55	2.07	8.5	55	8.5	10.4	72.0	0.6	0.12	—	—
18.77	13.42	6.63	1.58	2.11	31.6	205	5.6	14.4	36.1	12.6	—	0.46	—

表 10.12 矿物质饲料

编　号	饲料名称	样品说明	干物质 %	钙 %	磷 %
6-14-001	白云石			21.16	0
6-14-002	蚌壳粉		99.3	40.82	0
6-14-003	蚌壳粉		99.8	46.46	—
6-14-004	蚌壳粉		85.7	23.51	—
6-14-006	贝壳粉		98.9	32.93	0.03
6-14-007	贝壳粉		98.6	34.76	0.02
6-14-015	蛋壳粉		91.2	29.33	0.14
6-14-016	蛋壳粉		—	37.00	0.15
6-14-017	蛋壳粉	粗蛋白 6.3%	96.0	25.99	0.10
6-14-018	骨　粉		94.5	31.26	14.17
6-14-021	骨　粉	脱胶	95.2	36.39	16.37
6-14-022	骨　粉		91.0	31.82	13.39
6-14-027	骨　粉		93.4	29.23	13.13
6-14-030	蛎　粉		99.6	39.23	0.23
6-14-032	磷酸钙	脱氟	—	27.91	14.38
6-14-035	磷酸氢钙	脱氟	99.8	21.85	8.64
6-14-037	马芽石		风干	38.38	0
6-14-038	石 粉	白色	97.1	39.49	—
6-14-039	石　粉	灰色	99.1	32.54	—
6-14-040	石　粉		风干	42.21	微
6-14-041	石　粉		风干	55.67	0.11
6-14-042	石　粉		92.1	33.98	0
6-14-044	石灰石		99.7	32.0	—
6-14-045	石灰石		99.9	24.48	—
6-14-046	碳酸钙	轻质碳酸钙	99.1	35.19	0.14
6-14-048	蟹壳粉		89.9	23.33	1.59

表 10.13 奶牛常用矿物质饲料中的元素含量表

饲料名称	化学式	元素含量,%	
碳酸钙	$CaCO_3$	Ca=40	
石灰石粉	$CaCO_3$	Ca=35.89	P=0.02
煮骨粉		Ca=24～25	P=11～18
蒸骨粉		Ca=31～32	P=13～15
磷酸氢二钠	$Na_2HPO_4 \cdot 12H_2O$	P=8.7	Na=12.8
亚磷酸氢二钠	$Na_2HPO_3 \cdot 5H_2O$	P=14.3	Na=21.3
磷酸钠	$Na_3PO_4 \cdot 12H_2O$	P=8.2	Na=12.1

表 10.13(续)

饲料名称	化学式	元素含量,%	
焦磷酸钠	$Na_4P_2O_7 \cdot 10H_2O$	P=14.1	Na=10.3
磷酸氢钙	$CaHPO_4 \cdot 2H_2O$	P=18.0	Ca=23.2
磷酸钙	$Ca_3(PO_4)_2$	P=20.0	Ca=38.7
过磷酸钙	$Ca(H_2PO_4)_2 \cdot H_2O$	P=24.6	Ca=15.9
氯化钠	NaCl	Na=39.7	Cl=60.3
硫酸亚铁	$FeSO_4 \cdot 7H_2O$	Fe=20.1	
碳酸亚铁	$FeCO_3 \cdot H_2O$	Fe=41.7	
碳酸亚铁	$FeCO_3$	Fe=48.2	
氯化亚铁	$FeCl_2 \cdot 4H_2O$	Fe=28.1	
氯化铁	$FeCl_3 \cdot 6H_2O$	Fe=20.7	
氯化铁	$FeCl_3$	Fe=34.4	
硫酸铜	$CuSO_4 \cdot 5H_2O$	Cu=39.8	S=20.06
氯化铜	$CuCl_2 \cdot 2H_2O$(绿色)	Cu=47.2	Cl=52.71
氧化镁	MgO	Mg=60.31	
硫酸镁	$MgSO_4 \cdot 7H_2O$	Mg=20.18	S=26.58
碳酸铜	$CuCO_3 \cdot Cu(OH)_2 \cdot H_2O$	Cu=53.2	
碳酸铜(碱式)孔雀石	$CuCO_3 \cdot Cu(OH)_2$	Cu=57.5	
氢氧化铜	$Cu(OH)_2$	Cu=65.2	
氯化铜(白色)	$CuCl_2$	Cu=64.2	
硫酸锰	$MnSO_4 \cdot 5H_2O$	Mn=22.8	
碳酸锰	$MnCO_3$	Mn=47.8	
氧化锰	MnO	Mn=77.4	
氯化锰	$MnCl_2 \cdot 4H_2O$	Mn=27.8	
硫酸锌	$ZnSO_4 \cdot 7H_2O$	Zn=22.7	
碳酸锌	$ZnCO_3$	Zn=52.1	
氧化锌	ZnO	Zn=80.3	
氯化锌	$ZnCl_2$	Zn=48.0	
碘化钾	KI	I=76.4	K=23.56
二氧化锰	MnO_2	Mn=63.2	
亚硒酸钠	$Na_2SeO_3 \cdot 5H_2O$	Se=30.0	
硒酸钠	$Na_2SeO_4 \cdot 10H_2O$	Se=21.4	
硫酸钴	$CoSO_4$	Co=38.02	S=20.68
碳酸钴	$CoCO_3$	Co=49.55	
氯化钴	$CoCl_2 \cdot 6H_2O$	Co=24.78	

表 10.14 常用饲料风干物质中的中性洗涤纤维(NDF)和酸性洗涤纤维(ADF)含量(%)

饲料名称	干物质(DM)	中性洗涤纤维(NDF)	酸性洗涤纤维(ADF)
豆粕	87.93	15.61	9.89
豆粕	88.73	13.97	6.31
玉米	87.33	14.01	6.55
大米	86.17	17.44	0.53
玉米淀粉渣	87.26	59.71	—
米糠	89.67	46.13	23.73
苜蓿	—	51.51	29.73
豆秸	—	75.26	46.14
羊草	—	72.68	40.58
羊草	93.15	67.24	41.21
羊草	92.09	67.02	40.99
羊草	92.51	71.99	30.73
稻草	—	75.93	46.32
麦秸	—	81.23	48.39
玉米秸(叶)	—	67.93	38.97
玉米秸(茎)	—	74.44	43.16

表 10.15 常用饲料干物质中的中性洗涤纤维(NDF)和酸性洗涤纤维(ADF)含量(%)

饲料名称	干物质(DM)	中性洗涤纤维(NDF)	酸性洗涤纤维(ADF)
玉米淀粉渣	93.47	81.96	28.02
麦芽根	90.64	64.80	17.33
麸皮	88.54	40.10	11.62
整株玉米	17.0	61.30	34.86
青贮玉米	15.73	67.24	40.98
鲜大麦	30.33	65.70	39.46
青贮大麦	29.80	76.35	46.24
高粱青贮	93.65	67.63	43.71
高粱青贮	32.78	73.13	46.88
大麦青贮	93.99	77.79	53.05
啤酒糟	93.66	77.69	25.77
酱油渣	93.07	65.62	35.75
酱油渣	94.08	54.73	33.47
白酒糟	94.50	73.48	50.64
白酒糟	93.20	73.24	52.49
羊草	92.96	70.74	42.64

表 10.15(续)

饲料名称	干物质(DM)	中性洗涤纤维(NDF)	酸性洗涤纤维(ADF)
稻草	93.15	74.79	50.30
氨化稻草	93.92	74.15	55.28
苜蓿	91.46	60.34	44.66
玉米秸	91.64	79.48	53.24
小麦秸	94.45	78.03	72.63
氨化麦秸	88.96	78.37	54.62
谷草	90.66	74.81	50.78
氨化谷草	91.94	76.82	50.49
复合处理谷草	91.06	76.31	48.58
稻草	92.08	86.71	54.58
氨化稻草	92.33	83.19	49.59
复合处理稻草	91.68	77.95	50.59
玉米秸	91.85	83.98	66.57
氨化玉米秸	91.15	84.82	63.92
复合处理玉米秸	92.37	81.64	57.32
糜黍秸	91.59	78.32	45.38
氯化糜黍秸	91.43	75.88	46.04
复合处理糜黍秸	92.19	72.16	42.02
莜麦秸	92.39	76.65	50.33
氨化莜麦秸	91.47	75.27	51.87
复合处理莜麦秸	92.04	79.91	49.36
麦秸	92.13	89.53	69.22
氨化麦秸	89.64	86.54	63.54
复合处理麦秸	91.93	82.75	61.53
荞麦秸	93.81	52.73	33.99
氨化乔麦秸	92.62	54.85	35.48
复合处理麦壳	93.19	55.16	33.40
麦壳	91.98	83.50	52.22
氨化麦壳	92.61	84.44	54.16
复合处理麦壳	92.42	84.94	53.29
白薯蔓	91.49	55.54	45.50
氨化白薯蔓	91.88	61.25	45.83
复合处理白薯蔓	92.45	59.24	47.00
苜蓿秸	91.89	75.27	57.70
氨化苜蓿秸	90.78	77.91	58.02
复合处理苜蓿秸	92.51	72.85	53.48
花生壳	91.90	88.74	71.99
氨化花生壳	91.86	88.78	72.44
复合处理花生壳	92.24	86.29	74.75
豆荚	91.48	71.10	52.81
氨化豆荚	91.60	70.52	56.14
复合处理豆荚	92.17	66.70	54.32

表 10.16 饲料蛋白质降解率、瘤胃微生物蛋白质产生量、瘤胃能氮

饲料名称	饲料来源	FOM kg/kg		粗蛋白 %	蛋白质降解率 %		瘤胃降解蛋白质 g/kg	
		生长牛	产奶牛		生长牛	产奶牛	生长牛	产奶牛
豆饼	黑龙江	0.547	0.476	45.8	50.75	42.69	232	196
豆饼	黑龙江	0.546	0.466	43.4	50.72	41.75	220	181
豆饼	黑龙江	0.771	0.667	42.4	66.02	59.83	280	254
豆饼	黑龙江	0.629	0.579	44.2	58.43	51.89	258	229
豆饼	黑龙江	0.621	0.588	34.4	57.66	52.77	198	182
豆饼	黑龙江	0.645	0.608	37.8	59.87	54.52	226	206
豆饼	黑龙江	0.660	0.633	40.9	61.23	56.74	250	232
豆饼	吉　林	0.614	0.548	41.8	50.07	49.11	209	205
豆饼	吉　林	0.682	0.643	48.7	63.26	57.68	308	281
豆饼	北　京	0.525	0.446	41.3	48.77	39.77	201	164
豆饼	北　京	0.680	0.648	41.2	63.11	58.15	260	240
豆饼	北　京	0.580	0.562	40.8	53.83	46.57	220	190
豆粕	北　京	0.475	0.404	40.7	44.08	36.35	179	148
豆粕	北　京	0.637	0.574	45.9	59.09	51.45	271	236
豆粕	北　京	0.418	0.346	47.9	38.77	31.02	186	149
豆粕	北　京	0.403	0.313	44.3	37.41	28.08	166	124
豆粕	北　京	0.568	0.527	40.8	52.71	42.29	215	173
豆粕	北　京	0.612	0.570	41.5	56.85	51.10	236	212
豆粕	北　京	0.599	0.549	43.9	55.59	49.23	244	216
豆粕	黑龙江	0.598	0.559	42.5	56.49	50.13	240	213
豆粕	东　北	0.670	0.625	44.9	62.24	56.08	279	252
豆粕	东　北	0.525	0.492	44.1	48.71	44.13	215	195
豆粕	河　南	0.440	0.403	43.3	40.87	36.18	177	157
豆粕	北　京	0.477	0.419	41.5	44.29	37.61	184	156
热处理豆饼	中农大	0.272	0.250	45.2	25.28	22.42	114	101
黄豆粉	中农大	0.731	0.674	37.1	67.86	60.48	252	224
花生饼	河　北	0.425	0.377	35.4	54.29	48.21	192	171
花生饼	北　京	0.580	0.541	40.3	74.28	70.19	299	283
花生粕	北　京	0.546	0.458	53.5	54.14	45.50	290	243
棉仁粕	河　北	0.239	0.198	33.1	30.15	25.55	100	85

给量平衡、小肠可消化粗蛋白质(按饲料干物质基础计算)

瘤胃微生物蛋白质产生量,g/kg				瘤胃能氮给量平衡 g/kg		小肠可消化粗蛋白质,g/kg			
按供给的能量估测		按供给的降解蛋白质估测				生长牛		产奶牛	
生长牛	产奶牛	生长牛	产奶牛	生长牛	产奶牛	IDCPMF	IDCPMP	IDCPMF	IDCPMP
74	65	209	176	−135	−111	199	293	216	294
74	63	198	163	−124	−100	191	278	209	279
105	91	252	229	−147	−138	167	270	174	271
86	79	232	206	−146	−127	180	282	194	283
84	80	178	164	−94	−84	154	220	161	220
88	83	203	185	−115	−102	160	241	170	241
90	86	225	209	−135	−123	166	261	175	261
84	75	188	185	−104	−110	195	267	191	268
93	87	277	253	−184	−166	181	310	195	311
71	61	181	148	−110	−87	187	265	205	265
92	88	234	216	−142	−128	163	263	173	263
79	76	198	171	−119	−95	178	261	195	261
65	55	161	133	−96	−78	194	261	207	261
87	78	244	212	−157	−134	183	293	200	293
57	47	167	134	−110	−87	230	307	247	308
55	43	149	112	−94	−69	219	284	237	286
77	72	194	156	−117	−84	179	261	203	262
83	78	212	191	−129	−113	174	265	187	266
81	75	220	194	−139	−119	183	281	197	281
81	76	216	192	−135	−116	177	271	191	272
91	85	251	227	−160	−142	174	286	188	287
71	67	194	176	−123	−109	197	283	207	283
60	55	159	141	−99	−86	208	278	218	278
65	57	166	140	−101	−83	196	266	208	266
37	34	103	91	−66	−57	246	292	252	292
99	92	227	202	−128	−110	147	236	160	237
58	51	173	154	−115	−103	146	226	155	227
79	74	269	255	−190	−181	123	256	130	257
74	62	261	219	−187	−157	211	342	233	343
33	27	90	77	−57	−50	173	213	179	214

表 10.16

饲料名称	饲料来源	FOM kg/kg		粗蛋白 %	蛋白质降解率 %		瘤胃降解蛋白质 g/kg	
		生长牛	产奶牛		生长牛	产奶牛	生长牛	产奶牛
棉仁粕	河　南	0.296	0.280	36.3	37.35	36.36	136	132
棉仁饼	河　北	0.258	0.227	32.9	32.34	29.31	106	96
棉仁饼	河　北	0.332	0.266	41.3	40.66	34.37	168	142
棉仁饼	河　北	0.410	0.365	27.3	51.83	47.09	141	129
棉仁饼	河　南	0.305	0.284	37.2	38.48	36.65	143	136
棉籽饼	河　北	0.495	0.455	28.7	62.49	58.75	179	169
棉籽饼	河　南	0.417	0.392	28.6	58.43	56.75	167	162
棉籽饼	北　京	0.214	0.185	35.1	27.01	23.90	95	84
菜籽粕	四　川	0.440	0.418	33.7	46.17	44.28	156	149
菜籽粕	上　海	0.290	0.249	34.3	30.38	26.36	104	90
菜籽粕	北　京	0.406	0.368	37.5	42.62	38.86	160	146
菜籽饼	河　北	0.323	0.276	40.0	25.78	22.87	103	91
菜籽饼	四　川	0.338	0.294	42.8	27.02	24.41	116	104
菜籽饼	北　京	0.554	0.511	24.2	58.03	54.04	140	131
葵花粕	北　京	0.485	0.433	32.4	46.13	39.42	149	128
葵花饼	北　京	0.669	0.635	27.2	70.00	65.63	190	179
葵花饼	内蒙古	0.720	0.382	30.2	76.56	71.67	231	216
胡麻粕	河　北	0.573	0.533	31.0	61.95	57.03	192	177
芝麻饼	河　北	0.449	0.366	35.7	46.59	38.06	166	136
芝麻粕	北　京	0.472	0.415	41.9	49.05	43.08	206	181
芝麻渣粉	北　京	0.528	0.501	42.4	54.79	52.04	232	221
芝麻渣饼	北　京	0.835	0.826	40.8	91.45	90.43	373	369
芝麻饼	北　京	0.789	0.774	35.5	85.57	83.93	304	298
酒精蛋白粉	北　京	0.468	0.450	29.5	43.84	41.61	129	123
酒精蛋白粉	北　京	0.415	0.391	36.8	34.24	33.89	126	125
玉米	东　北	0.369	0.330	9.6	29.73	26.37	29	25
玉米	河　北	0.539	0.482	7.6	43.44	38.84	33	30
玉米	河　南	0.643	0.569	8.5	51.89	48.06	44	41
玉米	河　南	0.508	0.450	8.3	40.94	36.31	34	30

(续)

瘤胃微生物蛋白质产生量,g/kg				瘤胃能氮给量平衡 g/kg		小肠可消化粗蛋白质,g/kg			
按供给的能量估测		按供给的降解蛋白质估测				生　长　牛		产　奶　牛	
生长牛	产奶牛	生长牛	产奶牛	生长牛	产奶牛	IDCPMF	IDCPMP	IDCPMF	IDCPMP
40	38	122	119	−82	−81	176	233	177	233
35	31	95	86	−60	−55	169	211	173	212
44	36	151	128	−107	−92	190	265	201	266
56	50	127	116	−71	−66	125	175	129	175
41	39	129	122	−88	−83	178	239	181	239
67	62	161	152	−94	−90	117	183	120	183
57	53	150	146	−93	−93	117	182	118	183
29	25	86	76	−57	−51	187	227	191	227
60	57	140	134	−80	−77	160	216	162	216
39	34	94	81	−55	−47	183	221	188	221
55	52	144	131	−89	−79	178	241	185	241
44	38	93	82	−49	−44	224	258	227	258
46	40	104	94	−58	−54	235	276	239	276
75	69	126	118	−51	−49	119	155	120	155
66	59	134	115	−68	−56	160	208	169	208
91	86	171	161	−80	−75	117	173	121	173
98	52	208	194	−110	−142	115	192	92	192
78	72	173	159	−95	−87	131	198	137	198
61	50	149	122	−88	−72	167	228	179	229
64	56	185	163	−121	−107	183	268	194	269
72	68	209	199	−137	−131	175	271	180	271
114	112	336	332	−222	−220	103	258	104	258
107	105	274	268	−167	−163	108	225	111	225
64	61	116	111	−52	−50	153	189	155	190
56	53	113	113	−57	−60	196	236	195	237
50	45	26	23	24	22	79	62	78	62
73	66	30	27	43	39	79	49	76	49
87	77	40	37	47	40	88	55	83	55
69	61	31	27	38	34	80	54	77	53

表 10.16

饲料名称	饲料来源	FOM kg/kg		粗蛋白 %	蛋白质降解率 %		瘤胃降解蛋白质 g/kg	
		生长牛	产奶牛		生长牛	产奶牛	生长牛	产奶牛
玉米	北 京	0.418	0.359	8.1	44.46	41.13	36	33
玉米	北 京	0.618	0.561	8.4	49.82	45.21	42	38
玉米	北 京	0.485	0.437	8.3	39.12	35.21	32	29
次粉	北 京	0.786	0.765	16.0	80.34	77.45	129	124
麸皮	北 京	0.687	0.665	14.9	83.36	80.74	124	120
麸皮	河 北	0.740	0.722	15.9	85.11	83.03	135	132
麸皮	河 北	0.625	0.597	14.1	75.60	72.25	107	102
碎米	河 北	0.654	0.608	6.5	65.41	60.81	43	40
碎米	河 北	0.639	0.576	7.0	63.92	57.62	45	40
米糠	河 北	0.587	0.559	10.9	88.67	85.41	97	93
米糠	北 京	0.656	0.642	14.3	76.78	75.05	110	107
豆腐渣	北 京	0.548	0.487	21.8	60.20	53.61	131	117
豆腐渣	北 京	0.541	0.470	19.7	59.64	51.66	117	102
豆腐渣	北 京	0.743	0.711	19.4	80.02	76.58	155	149
玉米胚芽饼	北 京	0.543	0.486	14.2	54.28	48.58	77	69
饴糖糟	北 京	0.365	0.276	6.0	36.47	27.57	22	17
玉米渣	北 京	0.444	0.387	10.1	50.19	43.90	51	44
淀粉渣	北 京	0.345	0.309	7.9	35.25	31.63	28	25
酱油渣	北 京	0.619	0.596	26.1	64.26	61.17	168	160
啤酒糟	北 京	0.538	0.501	23.6	56.62	52.69	134	124
啤酒糟	北 京	0.354	0.309	25.2	37.24	32.49	94	82
啤酒糟	北 京	0.333	0.281	29.5	35.07	29.57	103	87
啤酒糟	北 京	0.458	0.439	20.4	48.18	46.24	98	94
羊草	东 北	0.384	0.384	6.7	52.73	52.73	35	35
羊草	东 北	0.384	0.384	6.9	44.87	44.87	31	31
羊草	东 北	0.384	0.384	6.1	51.89	51.89	32	32
羊草	东 北	0.384	0.384	6.2	51.56	51.57	32	32
羊草	东 北	0.384	0.384	5.0	57.79	57.79	29	29
羊草	东 北	0.384	0.384	8.8	59.26	59.26	52	52
羊草	东 北	0.384	0.384	8.5	63.53	63.53	54	54
羊草	东 北	0.384	0.384	6.6	56.74	56.74	37	37
羊草	东 北	0.384	0.384	5.4	63.32	63.32	34	34

（续）

瘤胃微生物蛋白质产生量，g/kg				瘤胃能氮给量平衡 g/kg		小肠可消化粗蛋白质，g/kg			
按供给的能量估测		按供给的降解蛋白质估测				生长牛		产奶牛	
生长牛	产奶牛	生长牛	产奶牛	生长牛	产奶牛	IDCPMF	IDCPMP	IDCPMF	IDCPMP
57	49	32	30	25	19	69	52	66	52
84	76	38	34	46	42	86	54	83	54
66	59	29	26	37	33	79	53	76	53
107	104	116	112	−9	−8	95	101	96	102
93	90	112	108	−19	−18	81	95	82	94
101	98	122	119	−21	−21	86	101	86	101
85	81	96	92	−11	−11	82	89	82	90
89	83	39	36	50	47	77	42	74	41
87	78	41	36	46	42	77	45	74	45
80	76	87	84	−7	−8	64	69	64	69
89	87	99	96	−10	−9	84	91	84	91
75	66	118	105	−43	−39	109	139	112	139
74	64	105	92	−31	−28	104	126	107	126
101	97	140	134	−39	−37	96	123	97	123
74	66	69	62	5	4	94	91	94	91
50	38	19	14	31	24	58	36	52	36
60	53	43	37	17	16	72	60	71	60
47	42	24	21	23	21	64	47	62	47
84	81	143	136	−59	−55	115	156	117	156
73	68	114	105	−41	−37	112	141	115	141
48	42	80	70	−32	−28	128	151	131	151
45	38	88	74	−43	−36	147	177	151	177
62	60	83	80	−21	−20	107	122	108	122
52	52	30	30	22	22	56	40	56	40
52	52	26	26	26	26	59	41	59	41
52	52	27	27	25	25	54	36	54	36
52	52	27	27	25	25	54	37	54	37
52	52	25	25	27	27	49	30	49	30
52	52	44	44	8	8	58	52	58	52
52	52	46	46	6	6	55	51	55	51
52	52	31	31	21	21	54	39	54	39
52	52	29	29	23	23	48	32	48	32

表 10.16

饲料名称	饲料来源	FOM kg/kg		粗蛋白 %	蛋白质降解率 %		瘤胃降解蛋白质 g/kg	
		生长牛	产奶牛		生长牛	产奶牛	生长牛	产奶牛
羊草	东 北	0.384	0.384	7.9	74.33	74.33	59	59
玉米青贮	北 京	0.331	0.331	5.4	49.78	49.78	27	27
玉米青贮	北 京	0.447	0.447	8.8	60.53	60.53	53	53
大麦青贮	北 京	0.333	0.333	8.9	36.36	36.36	32	32
大麦青贮	北 京	0.456	0.456	7.9	61.80	61.80	49	49
高粱青贮	北 京	0.365	0.365	7.3	39.66	39.66	29	29
高粱青贮	北 京	0.365	0.365	8.1	70.12	70.12	57	57
高粱青贮	北 京	0.338	0.338	9.2	48.42	48.42	45	45
高粱青贮	北 京	0.447	0.447	10.8	60.51	60.51	65	65
高粱青贮	北 京	0.447	0.447	7.8	66.47	66.57	52	52
高粱青贮	北 京	0.447	0.447	11.4	64.91	64.91	74	74
稻草	北 京	0.273	0.273	3.8	39.91	39.91	15	15
稻草	北 京	0.273	0.273	4.8	38.58	38.58	19	19
稻草	北 京	0.273	0.273	3.1	37.76	37.76	12	12
复合处理稻草	中农大	0.400	0.400	7.7	68.48	68.48	53	53
玉米秸	河 北	0.299	0.299	5.4	42.89	42.89	23	23
小麦秸	河 北	0.281	0.281	4.4	29.90	29.90	13	13
黍秸	河 北	0.281	0.281	4.3	43.23	43.23	19	19
亚麻秸	河 北	0.281	0.281	4.5	43.01	43.01	19	19
干苜蓿秆	北 京	0.444	0.444	13.2	61.10	61.00	81	81
鲜苜蓿	北 京	0.505	0.505	18.9	79.91	79.91	151	151
羊茅	北 京	0.482	0.482	11.2	70.29	70.29	79	79
无芒雀麦	北 京	0.553	0.553	11.1	65.99	65.99	73	73
红三叶	北 京	0.658	0.658	21.9	80.60	80.86	177	177
鲜青草	北 京	0.536	0.536	18.7	73.61	73.61	138	138

注 1:瘤胃可发酵有机物质(FOM)是根据实测或抽样测定估算。
注 2:瘤胃蛋白质降解率是用牛瘤胃尼龙袋法测定。
注 3:精饲料的食糜外流速度(K),为应用的方便,对生长牛采用 $K=0.06$,对产奶牛采用 $K=0.08$;对青粗饲料均采用
注 4:按供给的降解蛋白质估测瘤胃微生物蛋白质(g/g),对精饲料采用 0.9,对青饲料采用 0.85。
注 5:小肠可消化粗蛋白质(IDCP)是根据微生物蛋白质的产生量(MCP)和瘤胃非降解粗蛋白质(UDP)估测;IDCPMF

（续）

瘤胃微生物蛋白质产生量，g/kg				瘤胃能氮给量平衡 g/kg		小肠可消化粗蛋白质，g/kg			
按供给的能量估测		按供给的降解蛋白质估测				生 长 牛		产 奶 牛	
生长牛	产奶牛	生长牛	产奶牛	生长牛	产奶牛	IDCPMF	IDCPMP	IDCPMF	IDCPMP
52	52	50	50	2	2	48	47	48	47
45	45	23	23	22	22	48	32	48	32
61	61	45	45	16	16	64	53	64	53
45	45	27	27	18	18	66	53	66	53
62	62	42	42	20	20	61	47	61	47
50	50	25	25	25	25	61	44	61	44
50	50	48	48	2	2	49	48	49	48
46	46	38	38	8	8	60	55	60	55
61	61	55	55	6	6	69	64	69	64
61	61	44	44	17	17	58	46	58	46
61	61	63	63	−2	−2	67	68	67	68
37	37	13	13	24	24	26	9	26	9
37	37	16	16	21	21	26	11	26	11
37	37	10	10	27	27	26	7	26	7
54	54	45	45	9	9	38	32	38	32
41	41	20	20	21	21	29	14	29	14
38	38	11	11	27	27	27	8	27	8
38	38	16	16	22	22	27	11	27	11
38	38	16	16	22	22	27	11	27	11
60	60	69	69	−9	−9	42	48	42	48
69	69	128	128	−59	−59	71	112	71	112
66	66	67	67	−1	−1	66	67	66	67
75	75	62	62	13	13	75	66	75	66
89	89	150	150	−61	−61	88	130	88	130
73	73	117	117	−44	−44	81	111	81	111

K=0.025。

表示 IDCP 中的微生物蛋白质由 FOM 估测，IDCPMP 表示 IDCP 中的微生物蛋白质由饲料瘤胃降解蛋白质估测。

附 录 A
（资料性附录）
微 量 元 素

奶牛日粮中微量元素的推荐量见表 A.1。

表 A.1 奶牛日粮干物中微量元素的推荐量

微量元素	产奶牛	干奶牛
镁(Mg),%	0.2	0.16
钾(K),%	0.9	0.6
钠(Na),%	0.18	0.10
氯(Cl),%	0.25	0.20
硫(S),%	0.2	0.16
铁(Fe),mg/kg	15	15
钴(Co),mg/kg	0.1	0.1
铜(Cu),mg/kg	10	10
锰(Mn),mg/kg	12	12
锌(Zn),mg/kg	40	40
碘(I),mg/kg	0.4	0.25
硒(Se),mg/kg	0.1	0.1

注：引自 Nutrition Repuirements of Dairy Cattle (NRC,1989.2001),Ruminant Nutrition Recommended Allowance an Feed Tables(INRA,1989,法国)。

成年牛和青年牛微量元素缺乏时的征候见表 A.2。

表 A.2 微量元素缺乏的征候

项 目	铁		铜		钴		碘		锰		锌		硒	
	成年牛	青年牛	成年牛	青年牛	成年牛	青年牛	成年牛	青年牛	成年牛	青年牛	成年牛	青年牛	成年牛	青年牛
生长受阻		√	√	√	√	√		√	√	√	√	√		
产奶下降			√		√		√				√			
食欲减退		√	√	√	√	√	√	√			√	√		
异食			√	√	√	√								
消瘦			√	√	▲	▲					√	√		
贫血		√	√	√	√	√								
姿势不正			√	√					▲	▲	√	√		
自发骨裂			√	√										
跛行			√	√					√	√	√	√		√
心脏疾患			▲	▲										√
呼吸困难			√	√										√
腹泻			√		√	√								
毛发褪色			▲	▲										

表 A.2(续)

项　目	铁		铜		钴		碘		锰		锌		硒	
	成年牛	青年牛	成年牛	青年牛	成年牛	青年牛	成年牛	青年牛	成年牛	青年牛	成年牛	青年牛	成年牛	青年牛
毛发乱			√	√	▲	▲		√			√	√		
脱毛								√			▲	▲		
皮炎											▲	▲		
甲状腺肿							▲	▲						
繁殖障碍			√		√		√		√		√			
肌变性														▲
蹄变形											√	√		

注1:√为一般征候,▲为特定征候。

注2:引自 Ruminant Nutrition Recommended Allowances and Feed Tables(INRA,1989,法国)。

附 录 B
(资料性附录)
瘤胃微生物氨基酸组成及小肠消化率

项 目	A	B
核糖核酸氮/微生物总氮,%	9.8	10.0
总氨基酸氮/微生物总氮,%	83.8	82.5
必需氨基酸氮/微生物总氮,%	47.4	—
微生物氨基酸组成(g/100g 总氨基酸):	5.67	5.4
苏氨酸	5.55	6.0
缬氨酸	5.74	5.7
异亮氨酸	8.65	7.6
亮氨酸	5.21	5.4
酪氨酸	5.85	4.9
苯丙氨酸	9.13	8.5
赖氨酸	2.18	2.1
组氨酸	4.92	5.2
精氨酸	0.66	1.2
半胱氨酸	2.64	2.4
蛋氨酸	11.61	11.2
天门冬氨酸	4.43	4.1
甘氨酸	5.16	5.5
丙氨酸	6.45	7.1
脯氨酸	3.55	3.5
必需氨酸/总氨酸	0.564	—
微生物氨基酸小肠消化率,%	86.1	84.7

注:A引自中国农业大学动物科技学院(2000)。
B引自 ϕrskov(1992)。

附 录 C
（资料性附录）
饲料氨基酸在瘤胃中降解率的估测

根据中国农业大学（1989）用瘤胃尼龙袋法和氨基酸分析技术对生蚕豆、向日葵、麸皮、花生粕、豆粕、棉籽粕、菜籽粕、鱼粉、羊草等9种饲料的氨基酸降解率测定，得出以下估测回归式：

C.1 饲料总氨基酸降解率（%）＝－2.349＋1.008×饲料蛋白质降解率（%）。

C.2 用总氨基酸降解率（x）估测各种氨基酸降解率的四归式：

苏氨酸降解率（%）＝－6.73＋1.103x，r＝0.984，n＝9，p＜0.01

缬氨酸降解率（%）＝－0.975＋1.047x，r＝0.97，n＝9，p＜0.01

蛋氨酸降解率（%）＝11.538＋0.86x，r＝0.893，n＝9，p＜0.01

异亮氨酸降解率（%）＝－6.284＋1.065x

亮氨酸降解率（%）＝－3.726＋1.048x

酪氨酸降解率（%）＝0.882＋0.957x

苯丙氨酸降解率（%）＝－6.39＋1.089x

组氨酸降解率（%）＝12.489＋0.82x

赖氨酸降解率（%）＝7.317＋0.902x

精氨酸降解率（%）＝10.44＋0.845x

天门冬氨酸降解率（%）＝－20.687＋1.306x

丝氨酸降解率（%）＝－4.342＋1.076x

谷氨酸降解率（%）＝5.809＋0.825x

甘氨酸降解率（%）＝2.825＋0.961x

丙氨酸降解率（%）＝9.359＋0.858x

色氨酸降解率（%）＝2.589＋1.005x

脯氨酸降解率（%）＝－0.057＋1.037x

胱氨酸降解率（%）＝－3.344＋1.02x

以上各式均为P＜0.01，n＝9。

附　录　D
（资料性附录）
饲料瘤胃非降解残渣小肠液消化率

项　　目	瘤胃非降解残渣小肠液消化率，%			
	有机物质	粗蛋白质	粗脂肪	无氮浸出物
玉米	53.3	63.3	63.6	53.0
麸皮	46.2	43.5	64.2	47.1
大豆粕	56.5	64.6	65.4	57.1
棉籽粕	56.9	70.6	64.3	54.2
菜籽粕	47.2	62.2	61.9	55.4
小麦	55.7	80.2	—	—
大豆皮	24.6	57.5	—	—
葵花籽粕	18.8	62.4	—	—
芝麻粕	38.3	61.2	—	—

注 1：引自中国农业大学动物科技学院（2000）。

注 2：饲料在瘤胃中降解 12 h 后，用小肠液冻干粉培养 8 h。

注 3：每 0.5 g 被测饲料用小肠液冻干粉 0.25 g，淀粉酶活性≥30.3 u、脂肪酶活性≥497.66 u、胰蛋白酶活性≥13.81 u、糜蛋白酶活性≥4.75 u，缓冲液 15 mL，pH＝7.5，温度 38℃。

附 录 E
（资料性附录）
瘤胃尼龙袋法评定饲料蛋白质降解率的建议方法

饲料蛋白质降解率是反刍动物新蛋白质体系的重要组成部分，评定饲料蛋白质瘤胃降解率的方法有体内法、体外法和尼龙袋法等。其中，尼龙袋法是一种既能反映瘤胃实际环境条件又简单易行的评定方法。

尼龙袋法现在已被世界各国广泛采用。但由于此法的准确性受尼龙袋的规格、样本量、袋子的孔眼大小、冲洗方法、实验动物日粮、饲养水平等很多因素的影响，所以必须有我国统一的标准方法。

我国对尼龙袋法的研究已有数年，积累了一定经验。现在结合国内、外经验，提出该方法的标准化草案，供进一步应用、讨论、修订的参考。

E.1 材料

E.1.1 动物

成年牛不少于 2 头，每头牛安装一瘤胃瘘管。

E.1.2 饲喂

实验动物在 1.3 倍维持需要的营养水平下饲养，日粮精、粗比为 1∶1，精料混合料的组成不应少于 3 种，日粮粗蛋白水平不低于 13%。动物每日饲喂 2 次（8:00，16:00），自由饮水。

E.1.3 被测样本的制备

被测样本在自然风干状态下。通过 2.5 mm 筛孔粉碎，放磨口瓶内备用。

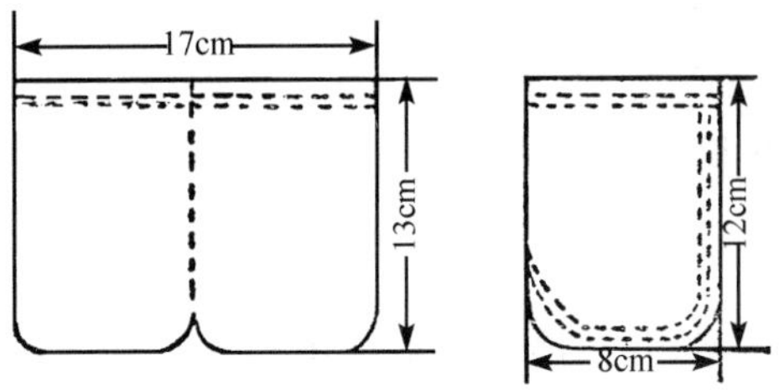

图 E.1 实验用袋的尺寸

E.1.4 尼龙袋的规格

选择孔眼为 50 μm 的尼龙过滤布，裁成 17 cm×13 cm 的长方块，对折，用涤纶线双道，制成长×宽为8 cm×12 cm 的尼龙袋，散边用烙铁烫（图 E.1）。

E.2 方法

E.2.1 被测样本蛋白质降解率的测定

E.2.1.1 放袋

准确称取精料 4 g 或粗料 2 g，放入一个尼龙袋内，每 2 个袋夹在一根长约 50 cm 的半软性塑料管上（图 E.2）。于晨饲后 2 h，借助一木棍将袋送入瘤胃腹囊处，管的另一端挂在瘘管盖上，每头牛放 6 根管，共 12 个袋。

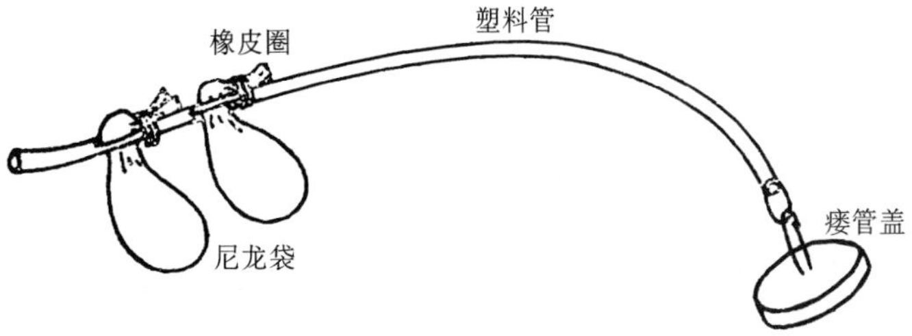

图 E.2 尼龙袋固定图示

E.2.1.2 放置时间

尼龙袋在瘤胃的停留时间精料为 2 h、6 h、12 h、24 h、36 h、48 h，粗料为 6 h、12 h、24 h、36 h、48 h、72 h。即在放袋后的每个时间点各取出一根管。

E.2.1.3 **冲洗**

取出的尼龙袋连同管一起放入洗衣机内(中等速度洗)冲洗 8 min,中间换水一次。如无洗衣机,可用手洗。冲洗时,用手轻轻抚动袋子,直至水清为止。一般约需 5 min。

E.2.1.4 **测定残渣的蛋白含量**

将尼龙袋从管上取下,放入 70℃烘箱内,烘至恒重(约需 48 h)。原样的干物质测定也是在 70℃下烘干。将每头牛同一时间点的 2 个袋内残渣混合,取样测定其内蛋白质含量。

E.2.1.5 待测饲料蛋白质降解率的计算

降解率的计算公式见式(E.1):

$$dp=a+b\times(1-e^{-ct}) \quad \cdots\cdots \text{(E.1)}$$

式中:

dp——t 时刻的蛋白质降解率(已知);

a——理论上瞬息时消失的蛋白质部分(未知);

b——最终降解的蛋白质部分(未知);

c——b 的降解常数(未知);

t——饲料在瘤胃内停留时间(已知)。

根据最小二乘法的原理,将每种待测饲料的 a,b,c 解出,亦可用做图法分别估算出 a,b,c 值。即先将实测的 6 个时间点降解率画出曲线,第 1 个时间点外推到的截距便是 a,最后的平稳降解(消失)率为 a+b,(a+b)−a=b;选择曲线拐点处实测的降解率 p,则可求出 c:

$$e^{-ct}=\frac{a+b-p}{b}$$

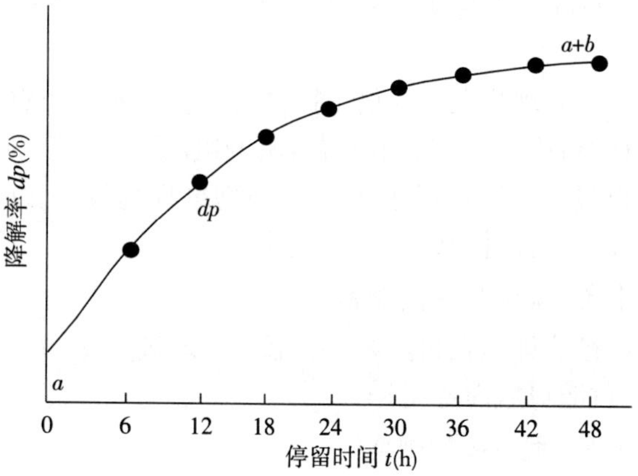

最后,根据瘤胃外流速度计算出该饲料的动态蛋白质降解率,如式(E.2):

$$p=a+\frac{b\times c}{c+k} \quad \cdots\cdots \text{(E.2)}$$

式中:

p——待测饲料的动态蛋白质降解率;

k——牛瘤胃精饲料食糜向消化道后段移动速度。

k 值可按式(E.3,E.4)计算:

$$k=0.0364+0.0173x, r=0.9162, n=7, p<0.01 \quad \cdots\cdots \text{(E.3)}$$

(中国农业大学动物科技学院,1989)

$$k=0.0394+0.0176x, r=0.9076, n=4, p<0.01 \quad \cdots\cdots \text{(E.4)}$$

(ϕrskov,1984)

式中:

x——饲养水平,以维持饲养水平为 1。

ICS 65.020.30
B 43

NY

中华人民共和国农业行业标准

NY/T 65—2004
代替 NY/T 65—1987

猪饲养标准

Feeding standard of swine

2004-08-25发布 2004-09-01实施

中华人民共和国农业部 发布

前　言

本标准代替 NY/T 65—1987《瘦肉型猪饲养标准》。

本标准的附录 A、附录 B、附录 C 均为资料性附录。

本标准由中华人民共和国农业部提出并归口。

本标准起草单位:中国农业大学动物科技学院、四川农业大学动物营养研究所、广东省农业科学院畜牧研究所、中国农业科学院畜牧研究所。

本标准主要起草人:李德发、王康宁、谯仕彦、贾刚、蒋宗勇、陈正玲、林映才、吴德、朱锡明、熊本海、杨立彬、王凤来。

猪 饲 养 标 准

1 范围

本标准规定了瘦肉型、肉脂型和地方品种猪对能量、蛋白质、氨基酸、矿物元素和维生素的需要量，可作为配合饲料厂、各种类型的养猪场、养猪专业户和农户配制猪饲粮的依据。

2 规范性引用文件

下列文件中的条款通过本标准的引用而成为本标准的条款。凡是注日期的引用文件，其随后所有的修改单(不包括勘误的内容)或修订版均不适用于本标准，然而，鼓励根据本标准达成协议的各方研究是否可使用这些文件的最新版本。凡是不注日期的引用文件，其最新版本适用于本标准。

GB/T 6432 饲料粗蛋白测定方法
GB/T 6433 饲料粗脂肪测定方法
GB/T 6434 饲料中粗纤维测定方法
GB/T 6435 饲料水分的测定方法
GB/T 6438 饲料中粗灰分的测定方法
GB/T 6436 饲料中钙的测定
GB/T 6437 饲料中总磷的测定 分光光度法
GB 8407 瘦肉型种猪测定技术规程
GB 8470 瘦肉型猪活体分级
GB/T 10647 饲料工业通用术语
GB/T 15400 饲料氨基酸含量的测定

3 术语和定义

下列术语和定义适用于本标准。

3.1

瘦肉型猪 lean type pig

指瘦肉占胴体重的56%以上，胴体膘厚2.4 cm以下，体长大于胸围15 cm以上的猪。

3.2

肉脂型猪 lean-fat type pig

指瘦肉占胴体重的56%以下、胴体膘厚2.4 cm以上、体长大于胸围5 cm～15 cm的猪。

3.3

自由采食 at libitum

指单个猪或群体猪自由接触饲料的行为，是猪在自然条件下采食行为的反映，是猪的本能。

3.4

自由采食量 voluntary feed intake

指猪在自由接触饲料的条件下，一定时间内采食饲料的重量。

3.5

消化能 digestible energy(DE)

从饲料总能中减去粪能后的能值，指饲料可消化养分所含的能量亦称“表观消化能”(ADE)。以

MJ/kg 或 kcal/kg 表示。

3.6

代谢能　metabolizable energy(ME)

从饲料总能中减去粪能和尿能后的能值，亦称"表观代谢能"(AME)。以 MJ/kg 或 kcal/kg 表示。

3.7

能量蛋白比　calorie-protein ratio

指饲料中消化能(kJ/kg 或 kcal/kg)与粗蛋白质百分含量的比。

3.8

赖氨酸能量比　lysine-calorie ratio

指饲料中赖氨酸含量(g/kg)与消化能(MJ/kg 或 Mcal/kg)的比。

3.9

非植酸磷　nonphytate phosphorus

饲料中不与植酸成结合状态的磷，即总磷减去植酸磷。

3.10

理想蛋白质　ideal protein

指氨基酸组成和比例与动物所需要的氨基酸的组成和比例完全一致的蛋白质，猪对该种蛋白质的利用率为 100%。

3.11

矿物元素　mineral

指饲料或动物组织中的无机元素，以百分数(%)表示者为常量矿物元素，用毫克/千克(mg/kg)表示者为微量元素。

3.12

维生素　vitamin

是一族化学结构不同、营养作用和生理功能各异的动物代谢所必需，但需要量极少的低分子有机化合物，以国际单位(IU)或毫克(mg)表示。

3.13

中性洗涤纤维　neutral detergent fiber(NDF)

指试样经中性洗涤剂(十二烷基硫酸钠)处理后剩余的不溶性残渣，主要为植物细胞壁成分，包括半纤维素、纤维素、木质素、硅酸盐和很少量的蛋白质。

3.14

酸性洗涤纤维　acid detergent fiber(ADF)

指经中性洗涤剂洗涤后的残渣，再用酸性洗涤剂(十六烷三甲基溴化铵)处理，处理后的不溶性成分，包括纤维素、木质素和硅酸盐。

4　瘦肉型猪营养需要

生长肥育猪营养需要见表 1～表 2。

母猪营养需要见表 3～表 4。

种公猪营养需要见表 5。

5　肉脂型猪营养需要

生长肥育猪营养需要见表 6～表 11。

母猪营养需要见表 12～表 13。

种公猪营养需要见表14～表15。

6 饲料成分及营养价值表

猪常用饲料描述及营养成分见表16。

猪饲料中氨基酸组成见表17。

猪常用饲料矿物质及维生素含量见表18。

猪常量矿物质饲料中矿物元素含量见表19。

无机来源的微量元素和估测的生物学利用率见表20。

表1 瘦肉型生长肥育猪每千克饲粮养分含量(自由采食,88%干物质)[a]

Table 1 Nutrient requirements of lean type growing-finishing pigs *at libitum* (88%DM)

体重 BW,kg	3～8	8～20	20～35	35～60	60～90
平均体重 Average BW ,kg	5.5	14.0	27.5	47.5	75.0
日增重 ADG,kg/d	0.24	0.44	0.61	0.69	0.80
采食量 ADFI,kg/d	0.30	0.74	1.43	1.90	2.50
饲料/增重 F/G	1.25	1.59	2.34	2.75	3.13
饲粮消化能含量 DE,MJ/kg (kcal/kg)	14.02(3 350)	13.60(3 250)	13.39(3 200)	13.39(3 200)	13.39(3 200)
饲粮代谢能含量 ME,MJ/ kg (kcal/kg) [b]	13.46(3 215)	13.06(3 120)	12.86(3 070)	12.86(3 070)	12.86(3 070)
粗蛋白质 CP,%	21.0	19.0	17.8	16.4	14.5
能量蛋白比 DE/CP,kJ/%(kcal/%)	668(160)	716(170)	752(180)	817(195)	923(220)
赖氨酸能量比 Lys/ DE, g/ MJ (g/Mcal)	1.01(4.24)	0.85(3.56)	0.68(2.83)	0.61(2.56)	0.53(2.19)
氨基酸 amino acids[c],%					
赖氨酸 Lys	1.42	1.16	0.90	0.82	0.70
蛋氨酸 Met	0.40	0.30	0.24	0.22	0.19
蛋氨酸+胱氨酸 Met +Cys	0.81	0.66	0.51	0.48	0.40
苏氨酸 Thr	0.94	0.75	0.58	0.56	0.48
色氨酸 Trp	0.27	0.21	0.16	0.15	0.13
异亮氨酸 Ile	0.79	0.64	0.48	0.46	0.39
亮氨酸 Leu	1.42	1.13	0.85	0.78	0.63
精氨酸 Arg	0.56	0.46	0.35	0.30	0.21
缬氨酸 Val	0.98	0.80	0.61	0.57	0.47
组氨酸 His	0.45	0.36	0.28	0.26	0.21
苯丙氨酸 Phe	0.85	0.69	0.52	0.48	0.40
苯丙氨酸+酪氨酸 Phe + Tyr	1.33	1.07	0.82	0.77	0.64
矿物元素 minerals[d],%或每千克饲粮含量					
钙 Ca,%	0.88	0.74	0.62	0.55	0.49
总磷 Total P,%	0.74	0.58	0.53	0.48	0.43
非植酸磷 Nonphytate P,%	0.54	0.36	0.25	0.20	0.17
钠 Na,%	0.25	0.15	0.12	0.10	0.10
氯 Cl,%	0.25	0.15	0.10	0.09	0.08
镁 Mg,%	0.04	0.04	0.04	0.04	0.04
钾 K,%	0.30	0.26	0.24	0.21	0.18
铜 Cu,mg	6.00	6.00	4.50	4.00	3.50
碘 I,mg	0.14	0.14	0.14	0.14	0.14
铁 Fe,mg	105	105	70	60	50
锰 Mn,mg	4.00	4.00	3.00	2.00	2.00

表 1 （续）

体重 BW,kg	3～8	8～20	20～35	35～60	60～90
硒 Se,mg	0.30	0.30	0.30	0.25	0.25
锌 Zn,mg	110	110	70	60	50
维生素和脂肪酸 vitamins and fatty acid[e],%或每千克饲粮含量					
维生素 A Vitamin A,IU[f]	2 200	1 800	1 500	1 400	1 300
维生素 D_3 Vitamin D_3,IU[g]	220	200	170	160	150
维生素 E Vitamin E,IU[h]	16	11	11	11	11
维生素 K Vitamin K,mg	0.50	0.50	0.50	0.50	0.50
硫胺素 Thiamin,mg	1.50	1.00	1.00	1.00	1.00
核黄素 Riboflavin,mg	4.00	3.50	2.50	2.00	2.00
泛酸 Pantothenic acid,mg	12.00	10.00	8.00	7.50	7.00
烟酸 Niacin,mg	20.00	15.00	10.00	8.50	7.50
吡哆醇 Pyridoxine,mg	2.00	1.50	1.00	1.00	1.00
生物素 Biotin,mg	0.08	0.05	0.05	0.05	0.05
叶酸 Folic acid,mg	0.30	0.30	0.30	0.30	0.30
维生素 B_{12} Vitamin B_{12},μg	20.00	17.50	11.00	8.00	6.00
胆碱 Choline,g	0.60	0.50	0.35	0.30	0.30
亚油酸 Linoleic acid,%	0.10	0.10	0.10	0.10	0.10

a 瘦肉率高于 56%的公母混养猪群(阉公猪和青年母猪各一半)。

b 假定代谢能为消化能的 96%。

c 3kg～20kg 猪的赖氨酸百分比是根据试验和经验数据的估测值,其他氨基酸需要量是根据其与赖氨酸的比例(理想蛋白质)的估测值;20kg～90kg 猪的赖氨酸需要量是结合生长模型、试验数据和经验数据的估测值,其他氨基酸需要量是根据其与赖氨酸的比例(理想蛋白质)的估测值。

d 矿物质需要量包括饲料原料中提供的矿物质量;对于发育公猪和后备母猪,钙、总磷和有效磷的需要量应提高 0.05～0.1 个百分点。

e 维生素需要量包括饲料原料中提供的维生素量。

f 1IU 维生素 A=0.344 μg 维生素 A 醋酸酯。

g 1IU 维生素 D_3=0.025 μg 胆钙化醇。

h 1IU 维生素 E=0.67 mg D-α-生育酚或 1mg DL-α-生育酚醋酸酯。

表 2 瘦肉型生长肥育猪每日每头养分需要量(自由采食,88%干物质)[a]

Table 2 Daily nutrient requirements of lean type growing-finishing pigs *at libitum* (88%DM)

体重 BW,kg	3～8	8～20	20～35	35～60	60～90
平均体重 Average BW ,kg	5.5	14.0	27.5	47.5	75.0
日增重 ADG,kg/d	0.24	0.44	0.61	0.69	0.80
采食量 ADFI,kg/d	0.30	0.74	1.43	1.90	2.50
饲料/增重 F/G	1.25	1.59	2.34	2.75	3.13
饲粮消化能摄入量 DE,MJ/d(Mcal/d)	4.21(1 005)	10.06(2 405)	19.15(4 575)	25.44(6 080)	33.48(8 000)
饲粮代谢能摄入量 ME,MJ/d(Mcal/d)[b]	4.04(965)	9.66(2 310)	18.39(4 390)	24.43(5 835)	32.15(7 675)
粗蛋白质 CP,g/d	63	141	255	312	363
氨基酸 amino acids[c],g/d					
赖氨酸 Lys	4.3	8.6	12.9	15.6	17.5
蛋氨酸 Met	1.2	2.2	3.4	4.2	4.8
蛋氨酸+胱氨酸 Met+Cys	2.4	4.9	7.3	9.1	10.0
苏氨酸 Thr	2.8	5.6	8.3	10.6	12.0
色氨酸 Trp	0.8	1.6	2.3	2.9	3.3

表 2 （续）

体重 BW,kg	3～8	8～20	20～35	35～60	60～90
异亮氨酸 Ile	2.4	4.7	6.7	8.7	9.8
亮氨酸 Leu	4.3	8.4	12.2	14.8	15.8
精氨酸 Arg	1.7	3.4	5.0	5.7	5.5
缬氨酸 Val	2.9	5.9	8.7	10.8	11.8
组氨酸 His	1.4	2.7	4.0	4.9	5.5
苯丙氨酸 Phe	2.6	5.1	7.4	9.1	10.0
苯丙氨酸＋酪氨酸 Phe ＋ Tyr	4.0	7.9	11.7	14.6	16.0
矿物元素 minerals[d],g 或 mg/d					
钙 Ca,g	2.64	5.48	8.87	10.45	12.25
总磷 Total P,g	2.22	4.29	7.58	9.12	10.75
非植酸磷 Nonphytate P,g	1.62	2.66	3.58	3.80	4.25
钠 Na,g	0.75	1.11	1.72	1.90	2.50
氯 Cl,g	0.75	1.11	1.43	1.71	2.00
镁 Mg,g	0.12	0.30	0.57	0.76	1.00
钾 K,g	0.90	1.92	3.43	3.99	4.50
铜 Cu,mg	1.80	4.44	6.44	7.60	8.75
碘 I,mg	0.04	0.10	0.20	0.27	0.35
铁 Fe,mg	31.50	77.70	100.10	114.00	125.00
锰 Mn,mg	1.20	2.96	4.29	3.80	5.00
硒 Se,mg	0.09	0.22	0.43	0.48	0.63
锌 Zn,mg	33.00	81.40	100.10	114.00	125.00
维生素和脂肪酸 vitamins and fatty acid[e],IU、g、mg 或 μg/d					
维生素 A Vitamin A,IU[f]	660	1 330	2 145	2 660	3 250
维生素 D_3 Vitamin D_3,IU[g]	66	148	243	304	375
维生素 E Vitamin E,IU[h]	5	8.5	16	21	28
维生素 K Vitamin K,mg	0.15	0.37	0.72	0.95	1.25
硫胺素 Thiamin,mg	0.45	0.74	1.43	1.90	2.50
核黄素 Riboflavin,mg	1.20	2.59	3.58	3.80	5.00
泛酸 Pantothenic acid,mg	3.60	7.40	11.44	14.25	17.5
烟酸 Niacin,mg	6.00	11.10	14.30	16.15	18.75
吡哆醇 Pyridoxine,mg	0.60	1.11	1.43	1.90	2.50
生物素 Biotin,mg	0.02	0.04	0.07	0.10	0.13
叶酸 Folic acid,mg	0.09	0.22	0.43	0.57	0.75
维生素 B_{12} Vitamin B_{12},μg	6.00	12.95	15.73	15.20	15.00
胆碱 Choline,g	0.18	0.37	0.50	0.57	0.75
亚油酸,g	0.30	0.74	1.43	1.90	2.50

a 瘦肉率高于 56%的公母混养猪群(阉公猪和青年母猪各一半)。

b 假定代谢能为消化能的 96%。

c 3kg～20kg 猪的赖氨酸每日需要量是用表 1 中的百分率乘以采食量的估测值,其他氨基酸需要量是根据其与赖氨酸的比例(理想蛋白质)的估测值;20kg～90kg 猪的赖氨酸需要量是根据生长模型的估测值,其他氨基酸需要量是根据其与赖氨酸的比例(理想蛋白质)的估测值。

d 矿物质需要量包括饲料原料中提供的矿物质量;对于发育公猪和后备母猪,钙、总磷和有效磷的需要量应提高 0.05～0.1 个百分点。

e 维生素需要量包括饲料原料中提供的维生素量。

f 1IU 维生素 A=0.344 μg 维生素 A 醋酸酯。

g 1IU 维生素 D_3=0.025 μg 胆钙化醇。

h 1IU 维生素 E=0.67 mg D-α-生育酚或 1 mg DL-α-生育酚醋酸酯。

表 3　瘦肉型妊娠母猪每千克饲粮养分含量(88%干物质)[a]
Table 3　Nutrient requirements of lean type gestating sow (88%DM)

妊娠期	妊娠前期 Early pregnancy			妊娠后期 Late pregnancy		
配种体重 BW at mating,kg[b]	120～150	150～180	>180	120～150	150～ 180	>180
预期窝产仔数 Litter size	10	11	11	10	11	11
采食量 ADFI,kg/d	2.10	2.10	2.00	2.60	2.80	3.00
饲粮消化能含量 DE,MJ/kg(kcal/kg)	12.75(3 050)	12.35(2 950)	12.15(2 950)	12.75(3 050)	12.55(3 000)	12.55(3 000)
饲粮代谢能含量 ME,MJ/ kg(kcal/kg)[c]	12.25(2 930)	11.85(2 830)	11.65(2 830)	12.25(2 930)	12.05(2 880)	12.05(2 880)
粗蛋白质 CP,%[d]	13.0	12.0	12.0	14.0	13.0	12.0
能量蛋白比 DE/CP,kJ/%(kcal/%)	981(235)	1 029(246)	1 013(246)	911(218)	965(231)	1 045(250)
赖氨酸能量比 Lys/DE, g/MJ (g/Mcal)	0.42(1.74)	0.40(1.67)	0.38(1.58)	0.42 (1.74)	0.41(1.70)	0.38(1.60)
氨基酸 amino acids,%						
赖氨酸 Lys	0.53	0.49	0.46	0.53	0.51	0.48
蛋氨酸 Met	0.14	0.13	0.12	0.14	0.13	0.12
蛋氨酸+胱氨酸 Met + Cys	0.34	0.32	0.31	0.34	0.33	0.32
苏氨酸 Thr	0.40	0.39	0.37	0.40	0.40	0.38
色氨酸 Trp	0.10	0.09	0.09	0.10	0.09	0.09
异亮氨酸 Ile	0.29	0.28	0.26	0.29	0.29	0.27
亮氨酸 Leu	0.45	0.41	0.37	0.45	0.42	0.38
精氨酸 Arg	0.06	0.02	0.00	0.06	0.02	0.00
缬氨酸 Val	0.35	0.32	0.30	0.35	0.33	0.31
组氨酸 His	0.17	0.16	0.15	0.17	0.17	0.16
苯丙氨酸 Phe	0.29	0.27	0.25	0.29	0.28	0.26
苯丙氨酸+酪氨酸 Phe+Tyr	0.49	0.45	0.43	0.49	0.47	0.44
矿物元素 minerals[e],%或每千克饲粮含量						
钙 Ca,%	0.68					
总磷,Total P,%	0.54					
非植酸磷 Nonphytate P,%	0.32					
钠 Na,%	0.14					
氯 Cl,%	0.11					
镁 Mg,%	0.04					
钾 K,%	0.18					
铜 Cu,mg	5.0					
碘 I,mg	0.13					
铁 Fe,mg	75.0					
锰 Mn,mg	18.0					
硒 Se,mg	0.14					
锌 Zn,mg	45.0					
维生素和脂肪酸 vitamins and fatty acid,%或每千克饲粮含量[f]						
维生素 A Vitamin A,IU[g]	3 620					
维生素 D_3 Vitamin D_3,IU[h]	180					
维生素 E Vitamin E,IU[i]	40					
维生素 K Vitamin K,mg	0.50					
硫胺素 Thiamin,mg	0.90					
核黄素 Riboflavin,mg	3.40					
泛酸 Pantothenic acid,mg	11					

表 3 （续）

妊娠期	妊娠前期 Early pregnancy	妊娠后期 Late pregnancy
烟酸 Niacin,mg	9.05	
吡哆醇 Pyridoxine,mg	0.90	
生物素 Biotin,mg	0.19	
叶酸 Folic acid,mg	1.20	
维生素 B_{12} Vitamin B_{12},μg	14	
胆碱 Choline,g	1.15	
亚油酸 Linoleic acid,%	0.10	

[a] 消化能、氨基酸是根据国内试验报告、企业经验数据和 NRC(1998)妊娠模型得到的。

[b] 妊娠前期指妊娠前 12 周，妊娠后期指妊娠后 4 周；“120kg～150kg”阶段适用于初产母猪和因泌乳期消耗过度的经产母猪，“150kg～180kg” 阶段适用于自身尚有生长潜力的经产母猪，“180kg 以上”指达到标准成年体重的经产母猪，其对养分的需要量不随体重增长而变化。

[c] 假定代谢能为消化能的 96%。

[d] 以玉米—豆粕型日粮为基础确定的。

[e] 矿物质需要量包括饲料原料中提供的矿物质。

[f] 维生素需要量包括饲料原料中提供的维生素量。

[g] 1IU 维生素 A=0.344 μg 维生素 A 醋酸酯。

[h] 1IU 维生素 D_3= 0.025 μg 胆钙化醇。

[i] 1IU 维生素 E=0.67 mg D-α-生育酚或 1 mg DL-α-生育酚醋酸酯。

表 4 瘦肉型泌乳母猪每千克饲粮养分含量(88%干物质)[a]

Table 4 Nutrient Requirements of lean type lactating sow(88%DM)

分娩体重 BW post-farrowing,kg	140～180		180～240	
泌乳期体重变化,kg	0.0	−10.0	−7.5	−15
哺乳窝仔数 Litter size,头	9	9	10	10
采食量 ADFI,kg/d	5.25	4.65	5.65	5.20
饲粮消化能含量 DE,MJ/kg(kcal/kg)	13.80(3 300)	13.80(3 300	13.80(3 300)	13.80(3 300)
饲粮代谢能含量 ME,MJ/kg[b](kcal/kg)	13.25(3 170)	13.25(3 170)	13.25(3 170)	13.25(3 170)
粗蛋白质 CP,%[c]	17.5	18.0	18.0	18.5
能量蛋白比 DE/CP,kJ/%(Mcal/%)	789(189)	767(183)	767(183)	746(178)
赖氨酸能量比 Lys/DE, g/MJ (g/Mcal)	0.64(2.67)	0.67(2.82)	0.66(2.76)	0.68(2.85)
氨基酸 amino acids,%				
赖氨酸 Lys	0.88	0.93	0.91	0.94
蛋氨酸 Met	0.22	0.24	0.23	0.24
蛋氨酸+胱氨酸 Met+Cys	0.42	0.45	0.44	0.45
苏氨酸 Thr	0.56	0.59	0.58	0.60
色氨酸 Trp	0.16	0.17	0.17	0.18
异亮氨酸 Ile	0.49	0.52	0.51	0.53
亮氨酸 Leu	0.95	1.01	0.98	1.02
精氨酸 Arg	0.48	0.48	0.47	0.47

表 4（续）

分娩体重 BW post-farrowing,kg	140～180		180～240	
缬氨酸 Val	0.74	0.79	0.77	0.81
组氨酸 His	0.34	0.36	0.35	0.37
苯丙氨酸 Phe	0.47	0.50	0.48	0.50
苯丙氨酸+酪氨酸 Phe+Tyr	0.97	1.03	1.00	1.04
矿物元素 minerals[d],%或每千克饲粮含量				
钙 Ca,%	0.77			
总磷 Total P,%	0.62			
有效磷 Nonphytate P,%	0.36			
钠 Na,%	0.21			
氯 Cl,%	0.16			
镁 Mg,%	0.04			
钾 K,%	0.21			
铜 Cu,mg	5.0			
碘 I,mg	0.14			
铁 Fe,mg	80.0			
锰 Mn,mg	20.5			
硒 Se,mg	0.15			
锌 Zn,mg	51.0			
维生素和脂肪酸 vitamins and fatty acid,%或每千克饲粮含量[e]				
维生素 A Vitamin A,IU[f]	2 050			
维生素 D_3 Vitamin D_3,IU[g]	205			
维生素 E Vitamin E ,IU[h]	45			
维生素 K Vitamin K,mg	0.5			
硫胺素 Thiamin,mg	1.00			
核黄素 Riboflavin,mg	3.85			
泛酸 Pantothenic acid,mg	12			
烟酸 Niacin,mg	10.25			
吡哆醇 Pyridoxine,mg	1.00			
生物素 Biotin,mg	0.21			
叶酸 Folic acid,mg	1.35			
维生素 B_{12} Vitamin B_{12},μg	15.0			
胆碱 Choline,g	1.00			
亚油酸 Linoleic acid,%	0.10			

[a] 由于国内缺乏哺乳母猪的试验数据,消化能和氨基酸是根据国内一些企业的经验数据和 NRC(1998)的泌乳模型得到的。

[b] 假定代谢能为消化能的 96%。

[c] 以玉米—豆粕型日粮为基础确定的。

[d] 矿物质需要量包括饲料原料中提供的矿物质。

[e] 维生素需要量包括饲料原料中提供的维生素量。

[f] 1IU 维生素 A=0.344 μg 维生素 A 醋酸酯。

[g] 1IU 维生素 D_3= 0.025 μg 胆钙化醇。

[h] 1IU 维生素 E=0.67 mg D-α-生育酚或 1 mg DL-α-生育酚醋酸酯。

表 5 配种公猪每千克饲粮和每日每头养分需要量(88%干物质)[a]

Table 5 Nutrient requirements of breeding boar (88%DM)

饲粮消化能含量 DE,MJ/kg(kcal/kg)	12.95(3 100)	12.95(3 100)
饲粮代谢能含量 ME,MJ/kg[b](kcal/kg)	12.45(2 975)	12.45(975)
消化能摄入量 DE,MJ/kg(kcal/kg)	21.70(6 820)	21.70(6 820)
代谢能摄入量 ME,MJ/kg(kcal/kg)	20.85(6 545)	20.85(6 545)
采食量 ADFI,kg/d[d]	2.2	2.2
粗蛋白质 CP,%[c]	13.50	13.50
能量蛋白比 DE/CP,kJ/%(kcal/%)	959(230)	959(230)
赖氨酸能量比 Lys/DE, g/MJ (g/Mcal)	0.42(1.78)	0.42(1.78)
需要量 requirements		
	每千克饲粮中含量	每日需要量
氨基酸 amino acids		
赖氨酸 Lys	0.55 %	12.1g
蛋氨酸 Met	0.15 %	3.31 g
蛋氨酸+胱氨酸 Met+Cys	0.38 %	8.4 g
苏氨酸 Thr	0.46 %	10.1 g
色氨酸 Trp	0.11 %	2.4 g
异亮氨酸 Ile	0.32 %	7.0 g
亮氨酸 Leu	0.47 %	10.3 g
精氨酸 Arg	0.00 %	0.0 g
缬氨酸 Val	0.36 %	7.9g
组氨酸 His	0.17 %	3.7 g
苯丙氨酸 Phe	0.30 %	6.6 g
苯丙氨酸+酪氨酸 Phe+Tyr	0.52 %	11.4 g
矿物元素 minerals[e]		
钙 Ca	0.70 %	15.4 g
总磷 Total P	0.55 %	12.1 g
有效磷 Nonphytate P	0.32 %	7.04 g
钠 Na	0.14 %	3.08 g
氯 Cl	0.11 %	2.42 g
镁 Mg	0.04 %	0.88 g
钾 K	0.20 %	4.40 g
铜 Cu	5 mg	11.0 mg
碘 I	0.15 mg	0.33 mg
铁 Fe	80 mg	176.00 mg
锰 Mn	20 mg	44.00 mg
硒 Se	0.15 mg	0.33 mg
锌 Zn	75 mg	165 mg

表5（续）

维生素和脂肪酸 vitamins and fatty acid[f]		
维生素 A VitaminA[g]	4 000 IU	8 800 IU
维生素 D_3 Vitamin D_3[h]	220 IU	485 IU
维生素 E Vitamin E[i]	45 IU	100 IU
维生素 K Vitamin K	0.50 mg	1.10 mg
硫胺素 Thiamin	1.0 mg	2.20 mg
核黄素 Riboflavin	3.5 mg	7.70 mg
泛酸 Pantothenic acid	12 mg	26.4 mg
烟酸 Niacin	10 mg	22 mg
吡哆醇 Pyridoxine	1.0 mg	2.20 mg
生物素 Biotin	0.20 mg	0.44 mg
叶酸 Folic acid	1.30 mg	2.86 mg
维生素 B_{12} Vitamin B_{12}	15 μg	33 μg
胆碱 Choline	1.25 g	2.75 g
亚油酸 Linoleic acid	0.1 %	2.2 g

[a] 需要量的制定以每日采食 2.2kg 饲粮为基础，采食量需根据公猪的体重和期望的增重进行调整。
[b] 假定代谢能为消化能的 96%。
[c] 以玉米—豆粕日粮为基础。
[d] 配种前一个月采食量增加 20%～25%，冬季严寒期采食量增加 10%～20%。
[e] 矿物质需要量包括饲料原料中提供的矿物质。
[f] 维生素需要量包括饲料原料中提供的维生素量。
[g] 1IU 维生素 A=0.344μg 维生素 A 醋酸酯。
[h] 1IU 维生素 D_3 = 0.025μg 胆钙化醇。
[i] 1IU 维生素 E=0.67mg D-α-生育酚或 1mg DL-α-生育酚醋酸酯。

表6 肉脂型生长育肥猪每千克饲粮养分含量（一型标准[a]，自由采食，88%干物质）

Table 6 Nutrient requirements of lean-fat type growing-finishing pig *at libitum* (type, 88%DM)

体重 BW, kg	5～8	8～15	15～30	30～60	60～90
日增重 ADG, kg/d	0.22	0.38	0.50	0.60	0.70
采食量 ADFI, kg/d	0.40	0.87	1.36	2.02	2.94
饲料转化率，F/G	1.80	2.30	2.73	3.35	4.20
饲粮消化能含量 DE, MJ/kg(kcal/kg)	13.80(3 300)	13.60(3 250)	12.95(3 100)	12.95(3 100)	12.95(3 100)
粗蛋白质 CP[b], %	21.0	18.2	16.0	14.0	13.0
能量蛋白比 DE/CP, kJ/%(kcal/%)	657(157)	747(179)	810(194)	925(221)	996(238)
赖氨酸能量比 Lys/DE, g/MJ (g/Mcal)	0.97(4.06)	0.77 (3.23)	0.66(2.75)	0.53 (2.23)	0.46(1.94)
氨基酸 amino acids, %					
赖氨酸 Lys	1.34	1.05	0.85	0.69	0.60
蛋氨酸+胱氨酸 Met+Cys	0.65	0.53	0.43	0.38	0.34
苏氨酸 Thr	0.77	0.62	0.50	0.45	0.39

表 6 （续）

体重 BW,kg	5～8	8～15	15～30	30～60	60～90
色氨酸 Trp	0.19	0.15	0.12	0.11	0.11
异亮氨酸 Ile	0.73	0.59	0.47	0.43	0.37
矿物元素 minerals,%或每千克饲粮含量					
钙 Ca,%	0.86	0.74	0.64	0.55	0.46
总磷 Total P,%	0.67	0.60	0.55	0.46	0.37
非植酸 P Nonphytate P,%	0.42	0.32	0.29	0.21	0.14
钠 Na,%	0.20	0.15	0.09	0.09	0.09
氯 Cl,%	0.20	0.15	0.07	0.07	0.07
镁 Mg,%	0.04	0.04	0.04	0.04	0.04
钾 K,%	0.29	0.26	0.24	0.21	0.16
铜 Cu,mg	6.00	5.5	4.6	3.7	3.0
铁 Fe,mg	100	92	74	55	37
碘 I,mg	0.13	0.13	0.13	0.13	0.13
锰 Mn,mg	4.00	3.00	3.00	2.00	2.00
硒 Se,mg	0.30	0.27	0.23	0.14	0.09
锌 Zn,mg	100	90	75	55	45
维生素和脂肪酸 vitamins and fatty acid ,%或每千克饲粮含量					
维生素 A Vitamin A,IU	2 100	2 000	1 600	1 200	1 200
维生素 D Vitamin D,IU	210	200	180	140	140
维生素 E Vitamin E,IU	15	15	10	10	10
维生素 K Vitamin K,mg	0.50	0.50	0.50	0.50	0.50
硫胺素 Thiamin,mg	1.50	1.00	1.00	1.00	1.00
核黄素 Riboflavin,mg	4.00	3.5	3.0	2.0	2.0
泛酸 Pantothenic acid,mg	12.00	10.00	8.00	7.00	6.00
烟酸 Niacin,mg	20.00	14.00	12.0	9.00	6.50
吡哆醇 Pyridoxine,mg	2.00	1.50	1.50	1.00	1.00
生物素 Biotin,mg	0.08	0.05	0.05	0.05	0.05
叶酸 Folic acid,mg	0.30	0.30	0.30	0.30	0.30
维生素 B_{12} Vitamin B_{12} ,μg	20.00	16.50	14.50	10.00	5.00
胆碱 Choline,g	0.50	0.40	0.30	0.30	0.30
亚油酸 Linoleic acid,%	0.10	0.10	0.10	0.10	0.10

[a] 一型标准:瘦肉率 52%±1.5%,达 90 kg 体重时间 175 d 左右。

[b] 粗蛋白质的需要量原则上是以玉米—豆粕日粮满足可消化氨基酸需要而确定的。为克服早期断奶给仔猪带来的应激,5 kg～8 kg 阶段使用了较多的动物蛋白和乳制品。

表7 肉脂型生长育肥猪每日每头养分需要量(一型标准[a],自由采食,88%干物质)

Table 7 Daily nutrient requirements of lean-fat type growing-finishing pig *at libitum*(88%DM)

体重 BW,kg	5~8	8~15	15~30	30~60	60~90
日增重 ADG,kg/d	0.22	0.38	0.50	0.60	0.70
采食量 ADFI,kg/d	0.40	0.87	1.36	2.02	2.94
饲料/增重 F/G	1.80	2.30	2.73	3.35	4.20
饲粮消化能含量 DE,MJ/kg(kcal/kg)	13.80(3 300)	13.60(3 250)	12.95(3 100)	12.95(3 100)	12.95(3 100)
粗蛋白质 CP[b],g/d	84.0	158.3	217.6	282.8	382.2
氨基酸 amino acids(g/d)					
赖氨酸 Lys	5.4	9.1	11.6	13.9	17.6
蛋氨酸+胱氨酸 Met+Cys	2.6	4.6	5.8	7.7	10.0
苏氨酸 Thr	3.1	5.4	6.8	9.1	11.5
色氨酸 Trp	0.8	1.3	1.6	2.2	3.2
异亮氨酸 Ile	2.9	5.1	6.4	8.7	10.9
矿物质 minerals(g 或 mg/d)					
钙 Ca,g	3.4	6.4	8.7	11.1	13.5
总磷 Total P,g	2.7	5.2	7.5	9.3	10.9
非植酸磷 Nonphytate P,g	1.7	2.8	3.9	4.2	4.1
钠 Na,g	0.8	1.3	1.2	1.8	2.6
氯 Cl,g	0.8	1.3	1.0	1.4	2.1
镁 Mg,g	0.2	0.3	0.5	0.8	1.2
钾 K,g	1.2	2.3	3.3	4.2	4.7
铜 Cu,mg	2.40	4.79	6.12	8.08	8.82
铁 Fe,mg	40.00	80.04	100.64	111.10	108.78
碘 I,mg	0.05	0.11	0.18	0.26	0.38
锰 Mn,mg	1.60	2.61	4.08	4.04	5.88
硒 Se,mg	0.12	0.22	0.34	0.30	0.29
锌 Zn,mg	40.0	78.3	102.0	111.1	132.3
维生素和脂肪酸 vitamins and fatty acid,IU、mg、g 或 μg/d					
维生素 A Vitamin A,IU	840.0	1 740.0	2 176.0	2 424.0	3 528.0
维生素 D Vitamin D,IU	84.0	174.0	244.8	282.8	411.6
维生素 E Vitamin E,IU	6.0	13.1	13.6	20.2	29.4
维生素 K Vitamin K,mg	0.2	0.4	0.7	1.0	1.5
硫胺素 Thiamin,mg	0.6	0.9	1.4	2.0	2.9
核黄素 Riboflavin,mg	1.6	3.0	4.1	4.0	5.9
泛酸 Pantothenic acid,mg	4.8	8.7	10.9	14.1	17.6
烟酸 Niacin,mg	8.0	12.2	16.3	18.2	19.1
吡哆醇 Pyridoxine,mg	0.8	1.3	2.0	2.0	2.9
生物素 Biotin,mg	0.0	0.0	0.1	0.1	0.1
叶酸 Folic acid,mg	0.1	0.3	0.4	0.6	0.9
维生素 B_{12} Vitamin B_{12},μg	8.0	14.4	19.7	20.2	14.7
胆碱 Choline,g	0.2	0.3	0.4	0.6	0.9
亚油酸 Linoleic acid,g	0.4	0.9	1.4	2.0	2.9

[a] 一型标准适用于瘦肉率 52%±1.5%,达 90kg 体重时间 175d 左右的肉脂型猪。

[b] 粗蛋白质的需要量原则上是以玉米—豆粕日粮满足可消化氨基酸的需要而确定的。5kg~8kg 阶段为克服早期断奶给仔猪带来的应激,使用了较多的动物蛋白和乳制品。

表 8　肉脂型生长育肥猪每千克饲粮中养分含量(二型标准[a],自由采食,干物质 88%)

Table 8　Nutrient requirements of lean-fat type growing-finishing pig *at libitum*(88%DM)

体重 BW,kg	8～15	15～30	30～60	60～90
日增重 ADG,kg/d	0.34	0.45	0.55	0.65
采食量 ADFI,kg/d	0.87	1.30	1.96	2.89
饲料/增重 F/G	2.55	2.90	3.55	4.45
饲粮消化能含量 DE,MJ/kg(kcal/kg)	13.30(3 180)	12.25(2 930)	12.25(2 930)	12.25(2 930)
粗蛋白 CP[b],%	17.5	16.0	14.0	13.0
能量蛋白比 DE/CP,kJ/%(kcal/%)	760(182)	766(183)	875(209)	942(225)
赖氨酸能量比 Lys/DE, g/MJ (g/Mcal)	0.74(3.11)	0.65(2.73)	0.53(2.22)	0.46(1.91)
氨基酸 amino acids,%				
赖氨酸 Lys	0.99	0.80	0.65	0.56
蛋氨酸+胱氨酸 Met+Cys	0.56	0.40	0.35	0.32
苏氨酸 Thr	0.64	0.48	0.41	0.37
色氨酸 Trp	0.18	0.12	0.11	0.10
异亮氨酸 Ile	0.54	0.45	0.40	0.34
矿物元素 minerals,%或每千克饲粮含量				
钙 Ca,%	0.72	0.62	0.53	0.44
总磷 Total P,%	0.58	0.53	0.44	0.35
非植酸磷 Nonphytate P,%	0.31	0.27	0.20	0.13
钠 Na,%	0.14	0.09	0.09	0.09
氯 Cl,%	0.14	0.07	0.07	0.07
镁 Mg,%	0.04	0.04	0.04	0.04
钾 K,%	0.25	0.23	0.20	0.15
铜 Cu,mg	5.00	4.00	3.00	3.00
铁 Fe,mg	90.00	70.00	55.00	35.00
碘 I,mg	0.12	0.12	0.12	0.12
锰 Mn,mg	3.00	2.50	2.00	2.00
硒 Se,mg	0.26	0.22	0.13	0.09
锌 Zn,mg	90	70.00	53.00	44.00
维生素和脂肪酸 vitamins and fatty acid,%或每千克饲粮含量				
维生素 A Vitamin A,IU	1 900	1 550	1 150	1 150
维生素 D Vitamin D,IU	190	170	130	130
维生素 E Vitamin E,IU	15	10	10	10
维生素 K Vitamin K,mg	0.45	0.45	0.45	0.45
硫胺素 Thiamin,mg	1.00	1.00	1.00	1.00
核黄素 Riboflavin,mg	3.00	2.50	2.00	2.00
泛酸 Pantothenic acid,mg	10.00	8.00	7.00	6.00
烟酸 Niacin,mg	14.00	12.00	9.00	6.50
吡哆醇 Pyridoxine,mg	1.50	1.50	1.00	1.00
生物素 Biotin,mg	0.05	0.04	0.04	0.04
叶酸 Folic acid,mg	0.30	0.30	0.30	0.30
维生素 B_{12} Vitamin B_{12},μg	15.00	13.00	10.00	5.00
胆碱 Choline,g	0.40	0.30	0.30	0.30
亚油酸 Linoleic acid,%	0.10	0.10	0.10	0.10

[a] 二型标准适用于瘦肉率 49%±1.5%,达 90kg 体重时间 185d 左右的肉脂型猪,5kg～8kg 阶段的各种营养需要同一型标准。

表 9　肉脂型生长育肥猪每日每头养分需要量(二型标准[a],自由采食,88%干物质)

Table 9　Daily nutrient requirements of lean-fat type growing-finishing pig *at libitum*(type 88%DM)

体重 BW,kg	8~15	15~30	30~60	60~90
日增重 ADG,kg/d	0.34	0.45	0.55	0.65
采食量 ADFI,kg/d	0.87	1.30	1.96	2.89
饲料/增重 F/G	2.55	2.90	3.55	4.45
饲粮消化能含量 DE,MJ/kg(kcal/kg)	13.30(3 180)	12.25(2 930)	12.25(2 930)	12.25(2 930)
粗蛋白 CP,g/d	152.3	208.0	274.4	375.7
氨基酸 amino acids(g/d)				
赖氨酸 Lys	8.6	10.4	12.7	16.2
蛋氨酸+胱氨酸 Met+Cys	4.9	5.2	6.9	9.2
苏氨酸 Thr	5.6	6.2	8.0	10.7
色氨酸 Trp	1.6	1.6	2.2	2.9
异亮氨酸 Ile	4.7	5.9	7.8	9.8
矿物质元素 minerals(g 或 mg/d)				
钙 Ca,g	6.3	8.1	10.4	12.7
总磷 Total P,g	5.0	6.9	8.6	10.1
非植酸磷 Nonphatate P,g	2.7	3.5	3.9	3.8
钠 Na,g	1.2	1.2	1.8	2.6
氯 Cl,g	1.2	0.9	1.4	2.0
镁 Mg,g	0.3	0.5	0.8	1.2
钾 K,g	2.2	3.0	3.9	4.3
铜 Cu,mg	4.4	5.2	5.9	8.7
铁 Fe,mg	78.3	91.0	107.8	101.2
碘 I,mg	0.1	0.2	0.2	0.3
锰 Mn,mg	2.6	3.3	3.9	5.8
硒 Se,mg	0.2	0.3	0.3	0.3
锌 Zn,mg	78.3	91.0	103.9	127.2
维生素和脂肪酸 vitamins and fatty acid,IU、mg、g 或 μg/d				
维生素 A Vitamin A,IU	1 653	2 015	2 254	3 324
维生素 D VitaminD,IU	165	221	255	376
维生素 E Vitamin E,IU	13.1	13.0	19.6	28.9
维生素 K VitaminK,mg	0.4	0.6	0.9	1.3
硫胺素 Thiamin,mg	0.9	1.3	2.0	2.9
核黄素 Riboflavin,mg	2.6	3.3	3.9	5.8
泛酸 Pantothenic acid,mg	8.7	10.4	13.7	17.3
烟酸 Niacin,mg	12.16	15.6	17.6	18.79
吡哆醇 Pyridoxine,mg	1.3	2.0	2.0	2.9
生物素 Biotin,mg	0.0	0.1	0.1	0.1
叶酸 Folic acid,mg	0.3	0.4	0.6	0.9
维生素 B_{12} Vitamin B_{12},μg	13.1	16.9	19.6	14.5
胆碱 Choline,g	0.3	0.4	0.6	0.9
亚油酸 Linoleic acid,g	0.9	1.3	2.0	2.9

[a] 二型标准适用于瘦肉率 49%±1.5%,达 90kg 体重时间 185d 左右的肉脂型猪,5kg~8kg 阶段的各种营养需要同一型标准。

表 10 肉脂型生长育肥猪每千克饲粮中养分含量(三型标准[a],自由采食,88%干物质)

Table 10 Nutrient requirements of lean－fat type growing－finishing *at libitum*(88%DM)

体重 BW,kg	15～30	30～60	60～90
日增重 ADG,kg/d	0.40	0.50	0.59
采食量 ADFI,kg/d	1.28	1.95	2.92
饲料/增重 F/G	3.20	3.90	4.95
饲粮消化能含量 DE,MJ/kg(kcal/kg)	11.70(2 800)	11.70(2 800)	11.70(2 800)
粗蛋白 CP,g/d	15.0	14.0	13.0
能量蛋白比 DE/CP,kJ/%(kcal/%)	780(187)	835(200)	900(215)
赖氨酸能量比 Lys/DE, g/MJ (g/Mcal)	0.67(2.79)	0.50(2.11)	0.43(1.79)
氨基酸 amino acids,%			
赖氨酸 Lys	0.78	0.59	0.50
蛋氨酸＋胱氨酸 Met＋Cys	0.40	0.31	0.28
苏氨酸 Thr	0.46	0.38	0.33
色氨酸 Trp	0.11	0.10	0.09
异亮氨酸 Ile	0.44	0.36	0.31
矿物元素 minerals,%或每千克饲粮含量			
钙 Ca,%	0.59	0.50	0.42
总磷 Total P,%	0.50	0.42	0.34
有效磷 Nonphytate P,%	0.27	0.19	0.13
钠 Na,%	0.08	0.08	0.08
氯 Cl,%	0.07	0.07	0.07
镁 Mg,%	0.03	0.03	0.03
钾 K,%	0.22	0.19	0.14
铜 Cu,mg	4.00	3.00	3.00
铁 Fe,mg	70.00	50.00	35.00
碘 I,mg	0.12	0.12	0.12
锰 Mn,mg	3.00	2.00	2.00
硒 Se,mg	0.21	0.13	0.08
锌 Zn,mg	70.00	50.00	40.00
维生素和脂肪酸 vitamins and fatty acid,%或每千克饲粮含量			
维生素 A Vitamin A,IU	1 470	1 090	1 090
维生素 D Vitamin D,IU	168	126	126
维生素 E Vitamin E,IU	9	9	9
维生素 K Vitamin K,mg	0.4	0.4	0.4
硫胺素 Thiamin,mg	1.00	1.00	1.00
核黄素 Riboflavin,mg	2.50	2.00	2.00
泛酸 Pantothenic acid,mg	8.00	7.00	6.00
烟酸 Niacin,mg	12.00	9.00	6.50
吡哆醇 Pyridoxine,mg	1.50	1.00	1.00
生物素 Biotin,mg	0.04	0.04	0.04
叶酸 Folic acid,mg	0.25	0.25	0.25
维生素 B_{12} Vitamin B_{12},μg	12.00	10.00	5.00
胆碱 Choline,g	0.34	0.25	0.25
亚油酸 Linoleic acid,g	0.10	0.10	0.10

[a] 适用于瘦肉率 46%±1.5%,达 90kg 体重时间 200d 左右的肉脂型猪,5kg～8kg 阶段的各种营养需要同一型标准。

表 11 肉脂型生长育肥猪每日每头养分需要量(一型标准[a],自由采食,88%干物质)

Table 11 Daily nutrient requirements of lean-fat type growing-finishing pig *at libitum*(88%DM)

体重 BW,kg	15~30	30~60	60~90
日增重 ADG,kg/d	0.40	0.50	0.59
采食量 ADFI,kg/d	1.28	1.95	2.92
饲料/增重 F/G	3.20	3.90	4.95
饲粮消化能含量 DE,MJ/kg(kcal/kg)	11.70(2 800)	11.70(2 800)	11.70(2 800)
粗蛋白质 CP,g/d	192.0	273.0	379.6
氨基酸 amino acids,g/d			
赖氨酸 Lys	10.0	11.5	14.6
蛋氨酸+胱氨酸 Met+Cys	5.1	6.0	8.2
苏氨酸 Thr	5.9	7.4	9.6
色氨酸 Trp	1.4	2.0	2.6
异亮氨酸 Ile	5.6	7.0	9.1
矿物质 minerals,g 或 mg/d			
钙 Ca,g	7.6	9.8	12.3
总磷 Total P,g	6.4	8.2	9.9
有效磷 Nonphytate P,g	3.5	3.7	3.8
钠 Na,g	1.0	1.6	2.3
氯 Cl,g	0.9	1.4	2.0
镁 Mg,g	0.4	0.6	0.9
钾 K,g	2.8	3.7	4.4
铜 Cu,mg	5.1	5.9	8.8
铁 Fe,mg	89.6	97.5	102.2
碘 I,mg	0.2	0.2	0.4
锰 Mn,mg	3.8	3.9	5.8
硒 Se,mg	0.3	0.3	0.3
锌 Zn,mg	89.6	97.5	116.8
维生素和脂肪酸 vitamins and fatty acid,IU、mg、g 或 μg/d			
维生素 A Vitamin A,IU	1 856.0	2 145.0	3 212.0
维生素 D Vitamin D,IU	217.6	243.8	365.0
维生素 E Vitamin E,IU	12.8	19.5	29.2
维生素 K Vitamin K,mg	0.5	0.8	1.2
硫胺素 Thiamin,mg	1.3	2.0	2.9
核黄素 Riboflavin,mg	3.2	3.9	5.8
泛酸 Pantothenic acid,mg	10.2	13.7	17.5
烟酸 Niacin,mg	15.36	17.55	18.98
吡哆醇 Pyridoxine,mg	1.9	2.0	2.9
生物素 Biotin,mg	0.1	0.1	0.1
叶酸 Folic acid,mg	0.3	0.5	0.7
维生素 B_{12} Vitamin B_{12},μg	15.4	19.5	14.6
胆碱 Choline,g	0.4	0.5	0.7
亚油酸 Linoleic acid,g	1.3	2.0	2.9

[a] 适用于瘦肉率 46%±1.5%,达 90kg 体重时间 200d 左右的肉脂型猪,5kg~8kg 阶段的各种营养需要同一型标准。

表 12　肉脂型妊娠、哺乳母猪每千克饲粮养分含量(88%干物质)

Table 12　Nutrient requirements of lean-fat type gestating and lactating sow(88%DM)

	妊娠母猪 Pregnant sow	泌乳母猪 Lactating sow
采食量 ADFI,kg/d	2.10	5.10
饲粮消化能含量 DE,MJ/kg(kcal/kg)	11.70(2 800)	13.60(3 250)
粗蛋白质 CP,%	13.0	17.5
能量蛋白比 DE/CP,kJ/%(kcal/%)	900(215)	777(186)
赖氨酸能量比 Lys/DE, g/MJ (g/Mcal)	0.37(1.54)	0.58(2.43)
氨基酸 amino acids,%		
赖氨酸 Lys	0.43	0.79
蛋氨酸+胱氨酸 Met+Cys	0.30	0.40
苏氨酸 Thr	0.35	0.52
色氨酸 Trp	0.08	0.14
异亮氨酸 Ile	0.25	0.45
矿物质元素 minerals,%或每千克饲粮含量		
钙 Ca,%	0.62	0.72
总磷 Total P,%	0.50	0.58
非植酸磷 Nonphytate P,%	0.30	0.34
钠 Na,%	0.12	0.20
氯 Cl,%	0.10	0.16
镁 Mg,%	0.04	0.04
钾 K,%	0.16	0.20
铜 Cu,mg	4.00	5.00
碘 I,mg	0.12	0.14
铁 Fe,mg	70	80
锰 Mn,mg	16	20
硒 Se,mg	0.15	0.15
锌 Zn,mg	50	50
维生素和脂肪酸 vitamins and fatty acid,%或每千克饲粮含量		
维生素 A Vitamin A,IU	3 600	2 000
维生素 D Vitamin D,IU	180	200
维生素 E Vitamin E,IU	36	44
维生素 K Vitamin K,mg	0.40	0.50
硫胺素 Thiamin,mg	1.00	1.00
核黄素 Riboflavin,mg	3.20	3.75
泛酸 Pantothenic acid,mg	10.00	12.00
烟酸 Niacin,mg	8.00	10.00
吡哆醇 Pyridoxine,mg	1.00	1.00
生物素 Biotin,mg	0.16	0.20
叶酸 Folic acid,mg	1.10	1.30
维生素 B_{12} Vitamin B_{12},μg	12.00	15.00
胆碱 Choline,g	1.00	1.00
亚油酸 Linoleic acid,%	0.10	0.10

表 13 地方猪种后备母猪每千克饲粮中养分含量[a](88%干物质)

Table 13 Nutrient requirements of local replacement gilt(88%DM)

体重 BW,kg	10～20	20～40	40～70
预期日增重 ADG,kg/d	0.30	0.40	0.50
预期采食量 ADFI,kg/d	0.63	1.08	1.65
饲料/增重 F/G	2.10	2.70	3.30
饲粮消化能含量 DE,MJ/kg(kcal/kg)	12.97(3 100)	12.55(3 000)	12.15(2 900)
粗蛋白质 CP,%	18.0	16.0	14.0
能量蛋白比 DE/CP,kJ/%(kcal/%)	721(172)	784(188)	868(207)
赖氨酸能量比 Lys/DE, g/MJ (g/Mcal)	0.77(3.23)	0.70(2.93)	0.48(2.00)
氨基酸 amino acids,%			
赖氨酸 Lys	1.00	0.88	0.67
蛋氨酸+胱氨酸 Met+Cys	0.50	0.44	0.36
苏氨酸 Thr	0.59	0.53	0.43
色氨酸 Trp	0.15	0.13	0.11
异亮氨酸 Ile	0.56	0.49	0.41
矿物质 minerals,%			
钙 Ca	0.74	0.62	0.53
总磷 Total P	0.60	0.53	0.44
有效磷 Nonphytate P	0.37	0.28	0.20

[a] 除钙、磷外的矿物元素及维生素的需要,可参照肉脂型生长育肥猪的二型标准。

表 14 肉脂型种公猪每千克饲粮养分含量[a](88%干物质)

Table 14 Nutrient requirements of lean-fat type breeding boar(88%DM)

体重 BW,kg	10～20	20～40	40～70
日增重 ADG,kg/d	0.35	0.45	0.50
采食量 ADFI,kg/d	0.72	1.17	1.67
饲粮消化能含量 DE,MJ/kg(kcal/kg)	12.97(3 100)	12.55(3 000)	12.55(3 000)
粗蛋白质 CP,%	18.8	17.5	14.6
能量蛋白比 DE/CP,kJ/%(kcal/%)	690(165)	717(171)	860(205)
赖氨酸能量比 Lys/DE, g/MJ (g/Mcal)	0.81(3.39)	0.73(3.07)	0.50(2.09)
氨基酸 amino acids,%			
赖氨酸 Lys	1.05	0.92	0.73
蛋氨酸+胱氨酸 Met+Cys	0.53	0.47	0.37

表 14 （续）

体重 BW,kg	10～20	20～40	40～70
苏氨酸 Thr	0.62	0.55	0.47
色氨酸 Trp	0.16	0.13	0.12
异亮氨酸 Ile	0.59	0.52	0.45
矿物质 minerals,%			
钙 Ca	0.74	0.64	0.55
总磷 Total P	0.60	0.55	0.46
有效磷 Nonphytate P	0.37	0.29	0.21
[a] 除钙、磷外的矿物元素及维生素的需要，可参照肉脂型生长育肥猪的一型标准。			

表 15 肉脂型种公猪每日每头养分需要量[a]（88%干物质）

Table 15 Daily nutrient requirements of lean-fat type breeding boar(88%DM)

体重 BW,kg	10～20	20～40	40～70
日增重 ADG,kg/d	0.35	0.45	0.50
采食量 ADFI,kg/d	0.72	1.17	1.67
饲粮消化能含量 DE,MJ/kg(kcal/kg)	12.97(3 100)	12.55(3 000)	12.55(3 000)
粗蛋白质 CP,g/d	135.4	204.8	243.8
氨基酸 amino acids,g/d			
赖氨酸 Lys	7.6	10.8	12.2
蛋氨酸+胱氨酸 Met+Cys	3.8	10.8	12.2
苏氨酸 Thr	4.5	10.8	12.2
色氨酸 Trp	1.2	10.8	12.2
异亮氨酸 Ile	4.2	10.8	12.2
矿物质 minerals,g/d			
钙 Ca	5.3	10.8	12.2
总磷 Total P	4.3	10.8	12.2
有效磷 Nonphytate P	2.7	10.8	12.2
[a] 除钙、磷外的矿物元素及维生素的需要，可参照肉脂型生长育肥猪的一级标准。			

表 16 饲料描述

Table 16 Feed description

序号	饲料号 (CFN)	饲料名称 Feed name	饲料描述 Description	干物质 DM,%	粗蛋白 CP,%
1	4-07-0278	玉米 corn grain	成熟,高蛋白,优质	86.0	9.4
2	4-07-0288	玉米 corn grain	成熟,高赖氨酸,优质	86.0	8.5
3	4-07-0279	玉米 corn grain	成熟,GB/T 17890—1999 1 级	86.0	8.7
4	4-07-0280	玉米 corn grain	成熟,GB/T 17890—1999 2 级	86.0	7.8
5	4-07-0272	高粱 sorghum grain	成熟,NY/T 1 级	86.0	9.0
6	4-07-0270	小麦 wheat grain	混合小麦,成熟 NY/T 2 级	87.0	13.9
7	4-07-0274	大麦(裸)naked barley grain	裸大麦,成熟 NY/T 2 级	87.0	13.0
8	4-07-0277	大麦(皮)hulled barley grain	皮大麦,成熟 NY/T 1 级	87.0	11.0
9	4-07-0281	黑麦 rye	籽粒,进口	88.0	11.0
10	4-07-0273	稻谷 paddy	成熟 晒干 NY/T 2 级	86.0	7.8
11	4-07-0276	糙米 brown rice	良，成熟，未去米糠	87.0	8.8
12	4-07-0275	碎米 broken rice	良，加工精米后的副产品	88.0	10.4
13	4-07-0479	粟(谷子)millet grain	合格，带壳，成熟	86.5	9.7
14	4-04-0067	木薯干 cassava tuber flake	木薯干片，晒干 NY/T 合格	87.0	2.5
15	4-04-0068	甘薯干 sweet potato tuber flake	甘薯干片，晒干 NY/T 合格	87.0	4.0
16	4-08-0104	次粉 wheat middling and reddog	黑面，黄粉,下面 NY/T 1 级	88.0	15.4
17	4-08-0105	次粉 wheat middling and reddog	黑面，黄粉,下面 NY/T 2 级	87.0	13.6
18	4-08-0069	小麦麸 wheat bran	传统制粉工艺 NY/T 1 级	87.0	15.7
19	4-08-0070	小麦麸 wheat bran	传统制粉工艺 NY/T 2 级	87.0	14.3
20	4-08-0041	米糠 rice bran	新鲜，不脱脂 NY/T 2 级	87.0	12.8
21	4-10-0025	米糠饼 rice bran meal (exp.)	未脱脂,机榨 NY/T 1 级	88.0	14.7
22	4-10-0018	米糠粕 rice bran meal (sol.)	浸提或预压浸提,NY/T 1 级	87.0	15.1
23	5-09-0127	大豆 soybean	黄大豆，成熟 NY/T 2 级	87.0	35.5
24	5-09-0128	全脂大豆 full-fat soybean	湿法膨化,生大豆为 NY/T 2 级	88.0	35.5
25	5-10-0241	大豆饼 soybean meal (exp.)	机榨 NY/T 2 级	89.0	41.8
26	5-10-0103	大豆粕 soybean meal (sol.)	去皮,浸提或预压浸提 NY/T 1 级	89.0	47.9
27	5-10-0102	大豆粕 soybean meal (sol.)	浸提或预压浸提 NY/T 2 级	89.0	44.0
28	5-10-0118	棉籽饼 cottonseed meal (exp.)	机榨 NY/T 2 级	88.0	36.3
29	5-10-0119	棉籽粕 cottonseed meal (sol.)	浸提或预压浸提 NY/T 1 级	90.0	47.0
30	5-10-0117	棉籽粕 cottonseed meal (sol.)	浸提或预压浸提 NY/T 2 级	90.0	43.5
31	5-10-0183	菜籽饼 rapeseed meal (exp.)	机榨 NY/T 2 级	88.0	35.7
32	5-10-0121	菜籽粕 rapeseed meal (sol.)	浸提或预压浸提 NY/T 2 级	88.0	38.6
33	5-10-0116	花生仁饼 peanut meal (exp.)	机榨 NY/T 2 级	88.0	44.7
34	5-10-0115	花生仁粕 peanut meal (sol.)	浸提或预压浸提 NY/T 2 级	88.0	47.8
35	1-10-0031	向日葵仁饼 sunflower meal (exp.)	壳仁比：35：65 NY/T 3 级	88.0	29.0
36	5-10-0242	向日葵仁粕 sunflower meal (sol.)	壳仁比：16：84 NY/T 2 级	88.0	36.5
37	5-10-0243	向日葵仁粕 sunflower meal (sol.)	壳仁比：24：76 NY/T 2 级	88.0	33.6
38	5-10-0119	亚麻仁饼 linseed meal (exp.)	机榨 NY/T 2 级	88.0	32.2
39	5-10-0120	亚麻仁粕 linseed meal (sol.)	浸提或预压浸提 NY/T 2 级	88.0	34.8
40	5-10-0246	芝麻饼 sesame meal (exp.)	机榨，CP40%	92.0	39.2
41	5-11-0001	玉米蛋白粉 corn gluten meal	玉米去胚芽,淀粉后的面筋部分 CP60%	90.1	63.5

及常规成分

and proximate composition

粗脂肪 EE,%	粗纤维 CF,%	无氮浸出 NFE,%	粗灰分 Ash,%	中洗纤维 NDF,%	酸洗纤维 ADF,%	钙 Ca,%	总磷 P,%	非植酸磷 N—Phy—P,%	消化能 DE	
									Mcal/kg	MJ/kg
3.1	1.2	71.1	1.2	—	—	0.02	0.27	0.12	3.44	14.39
5.3	2.6	67.3	1.3	—	—	0.16	0.25	0.09	3.45	14.43
3.6	1.6	70.7	1.4	9.3	2.7	0.02	0.27	0.12	3.41	14.27
3.5	1.6	71.8	1.3	—	—	0.02	0.27	0.12	3.39	14.18
3.4	1.4	70.4	1.8	17.4	8.0	0.13	0.36	0.17	3.15	13.18
1.7	1.9	67.6	1.9	13.3	3.9	0.17	0.41	0.13	3.39	14.18
2.1	2.0	67.7	2.2	10.0	2.2	0.04	0.39	0.21	3.24	13.56
1.7	4.8	67.1	2.4	18.4	6.8	0.09	0.33	0.17	3.02	12.64
1.5	2.2	71.5	1.8	12.3	4.6	0.05	0.30	0.11	3.31	13.85
1.6	8.2	63.8	4.6	27.4	28.7	0.03	0.36	0.20	2.69	11.25
2.0	0.7	74.2	1.3	—	—	0.03	0.35	0.15	3.44	14.39
2.2	1.1	72.7	1.6	—	—	0.06	0.35	0.15	3.60	15.06
2.3	6.8	65.0	2.7	15.2	13.3	0.12	0.30	0.11	3.09	12.93
0.7	2.5	79.4	1.9	8.4	6.4	0.27	0.09	—	3.13	13.10
0.8	2.8	76.4	3.0	—	—	0.19	0.02	—	2.82	11.80
2.2	1.5	67.1	1.5	18.7	4.3	0.08	0.48	0.14	3.27	13.68
2.1	2.8	66.7	1.8	—	—	0.08	0.48	0.14	3.21	13.43
3.9	8.9	53.6	4.9	42.1	13.0	0.11	0.92	0.24	2.24	9.37
4.0	6.8	57.1	4.8	—	—	0.10	0.93	0.24	2.23	9.33
16.5	5.7	44.5	7.5	22.9	13.4	0.07	1.43	0.10	3.02	12.64
9.0	7.4	48.2	8.7	27.7	11.6	0.14	1.69	0.22	2.99	12.51
2.0	7.5	53.6	8.8	—	—	0.15	1.82	0.24	2.76	11.55
17.3	4.3	25.7	4.2	7.9	7.3	0.27	0.48	0.30	3.97	16.61
18.7	4.6	25.2	4.0	—	—	0.32	0.40	0.25	4.24	17.74
5.8	4.8	30.7	5.9	18.1	15.5	0.31	0.50	0.25	3.44	14.39
1.0	4.0	31.2	4.9	8.8	5.3	0.34	0.65	0.19	3.60	15.06
1.9	5.2	31.8	6.1	13.6	9.6	0.33	0.62	0.18	3.41	14.26
7.4	12.5	26.1	5.7	32.1	22.9	0.21	0.83	0.28	2.37	9.92
0.5	10.2	26.3	6.0	—	—	0.25	1.10	0.38	2.25	9.41
0.5	10.5	28.9	6.6	28.4	19.4	0.28	1.04	0.36	2.31	9.68
7.4	11.4	26.3	7.2	33.3	26.0	0.59	0.96	0.33	2.88	12.05
1.4	11.8	28.9	7.3	20.7	16.8	0.65	1.02	0.35	2.53	10.59
7.2	5.9	25.1	5.1	14.0	8.7	0.25	0.53	0.31	3.08	12.89
1.4	6.2	27.2	5.4	15.5	11.7	0.27	0.56	0.33	2.97	12.43
2.9	20.4	31.0	4.7	41.4	29.6	0.24	0.87	0.13	1.89	7.91
1.0	10.5	34.4	5.6	14.9	13.6	0.27	1.13	0.17	2.78	11.63
1.0	14.8	38.8	5.3	32.8	23.5	0.26	1.03	0.16	2.49	10.42
7.8	7.8	34.0	6.2	29.7	27.1	0.39	0.88	0.38	2.90	12.13
1.8	8.2	36.6	6.6	21.6	14.4	0.42	0.95	0.42	2.37	9.92
10.3	7.2	24.9	10.4	18.0	13.2	2.24	1.19	0.00	3.20	13.39
5.4	1.0	19.2	1.0	8.7	4.6	0.07	0.44	0.17	3.60	15.06

表 16

序号	饲料号 (CFN)	饲料名称 Feed name	饲料描述 Description	干物质 DM,%	粗蛋白 CP,%
42	5-11-0002	玉米蛋白粉 corn gluten meal	同上,中等蛋白产品,CP50%	91.2	51.3
43	5-11-0008	玉米蛋白粉 corn gluten meal	同上,中等蛋白产品,CP40%	89.9	44.3
44	5-11-0003	玉米蛋白饲料 corn gluten feed	玉米去胚芽去淀粉后的含皮残渣	88.0	19.3
45	4-10-0026	玉米胚芽饼 corn germ meal (exp.)	玉米湿磨后的胚芽,机榨	90.0	16.7
46	4-10-0244	玉米胚芽粕 corn germ meal (sol.)	玉米湿磨后的胚芽,浸提	90.0	20.8
47	5-11-0007	DDGS corn distiller's grains with soluble	玉米啤酒糟及可溶物,脱水	90.0	28.3
48	5-11-0009	蚕豆粉浆蛋白粉 broad bean gluten meal	蚕豆去皮制粉丝后的浆液,脱水	88.0	66.3
49	5-11-0004	麦芽根 barley malt sprouts	大麦芽副产品，干燥	89.7	28.3
50	5-13-0044	鱼粉(CP64.5%) fish meal	7样平均值	90.0	64.5
51	5-13-0045	鱼粉(CP62.5%) fish meal	8样平均值	90.0	62.5
52	5-13-0046	鱼粉(CP60.2%) fish meal	沿海产的海鱼粉,脱脂,12样平均值	90.0	60.2
53	5-13-0077	鱼粉(CP53.5%) fish meal	沿海产的海鱼粉,脱脂,11样平均值	90.0	53.5
54	5-13-0036	血粉 blood meal	鲜猪血 喷雾干燥	88.0	82.8
55	5-13-0037	羽毛粉 feather meal	纯净羽毛，水解	88.0	77.9
56	5-13-0038	皮革粉 leather meal	废牛皮，水解	88.0	74.7
57	5-13-0047	肉骨粉 meat and bone meal	屠宰下脚,带骨干燥粉碎	93.0	50.0
58	5-13-0048	肉粉 meat meal	脱脂	94.0	54.0
59	1-05-0074	苜蓿草粉(CP19%) alfalfa meal	一茬,盛花期,烘干,NY/T 1级	87.0	19.1
60	1-05-0075	苜蓿草粉(CP17%) alfalfa meal	一茬,盛花期,烘干,NY/T 2级	87.0	17.2
61	1-05-0076	苜蓿草粉(CP14%~15%) alfalfa meal	NY/T 3级	87.0	14.3
62	5-11-0005	啤酒糟 brewers dried grain	大麦酿造副产品	88.0	24.3
63	7-15-0001	啤酒酵母 brewers dried yeast	啤酒酵母菌粉，QB/T 1940—94	91.7	52.4
64	4-13-0075	乳清粉 whey, dehydrated	乳清,脱水,低乳糖含量	94.0	12.0
65	5-01-0162	酪蛋白 casein	脱水	91.0	88.7
66	5-14-0503	明胶 gelatin		90.0	88.6
67	4-06-0076	牛奶乳糖 milk lactose	进口,含乳糖80%以上	96.0	4.0
68	4-06-0077	乳糖 milk lactose		96.0	0.3
69	4-06-0078	葡萄糖 glucose		90.0	0.3
70	4-06-0079	蔗糖 sucrose		99.0	0.0
71	4-02-0889	玉米淀粉 corn starch		99.0	0.3
72	4-17-0001	牛脂 beef tallow		100.0	0.0
73	4-17-0002	猪油 lard		100.0	0.0
74	4-17-0005	菜籽油 vegetable oil		100.0	0.0
75	4-17-0006	椰子油 coconut oil		100.0	0.0
76	4-07-0007	玉米油 corn oil		100.0	0.0
77	4-17-0008	棉籽油 cottonseed oil		100.0	0.0
78	4-17-0009	棕榈油 palm oil		100.0	0.0
79	4-17-0010	花生油 peanuts oil		100.0	0.0
80	4-17-0011	芝麻油 sesame oil		100.0	0.0
81	4-17-0012	大豆油 soybean oil	粗制	100.0	0.0
82	4-17-0013	葵花油 sunflower oil		100.0	0.0

注:"—"表示数据不详。

（续）

粗脂肪 EE,%	粗纤维 CF,%	无氮浸出 NFE,%	粗灰分 Ash,%	中洗纤维 NDF,%	酸洗纤维 ADF,%	钙 Ca,%	总磷 P,%	非植酸磷 N—Phy—P,%	消化能 DE	
									Mcal/kg	MJ/kg
7.8	2.1	28.0	2.0	—	—	0.06	0.42	0.16	3.73	15.61
6.0	1.6	37.1	0.9	—	—	—	—	—	3.59	15.02
7.5	7.8	48.0	5.4	33.6	10.5	0.15	0.70	—	2.48	10.38
9.6	6.3	50.8	6.6	—	—	0.04	1.45	—	3.51	14.69
2.0	6.5	54.8	5.9	—	—	0.06	1.23	—	3.28	13.72
13.7	7.1	36.8	4.1	—	—	0.20	0.74	0.42	3.43	14.35
4.7	4.1	10.3	2.6	—	—	—	0.59	—	3.23	13.51
1.4	12.5	41.4	6.1	—	—	0.22	0.73	—	2.31	9.67
5.6	0.5	8.0	11.4	—	—	3.81	2.83	2.83	3.15	13.18
4.0	0.5	10.0	12.3	—	—	3.96	3.05	3.05	3.10	12.97
4.9	0.5	11.6	12.8	—	—	4.04	2.90	2.90	3.00	12.55
10.0	0.8	4.9	20.8	—	—	5.88	3.20	3.20	3.09	12.93
0.4	0.0	1.6	3.2	—	—	0.29	0.31	0.31	2.73	11.42
2.2	0.7	1.4	5.8	—	—	0.20	0.68	0.68	2.77	11.59
0.8	1.6	—	10.9	—	—	4.40	0.15	0.15	2.75	11.51
8.5	2.8	—	31.7	32.5	5.6	9.20	4.70	4.70	2.83	11.84
12.0	1.4	—	—	31.6	8.3	7.69	3.88	—	2.70	11.30
2.3	22.7	35.3	7.6	36.7	25.0	1.40	0.51	0.51	1.66	6.95
2.6	25.6	33.3	8.3	39.0	28.6	1.52	0.22	0.22	1.46	6.11
2.1	29.8	33.8	10.1	36.8	2.9	1.34	0.19	0.19	1.49	6.23
5.3	13.4	40.8	4.2	39.4	24.6	0.32	0.42	0.14	2.25	9.41
0.4	0.6	33.6	4.7	—	—	0.16	1.02	—	3.54	14.81
0.7	0.0	71.6	9.7	—	—	0.87	0.79	0.79	3.44	14.39
0.8	—	—	—	—	—	0.63	1.01	0.82	4.13	17.27
0.5	—	—	—	—	—	0.49	—	—	2.80	11.72
0.5	0.0	83.5	8.0	—	—	0.52	0.62	0.62	3.37	14.10
—	—	95.7	—	—	—	—	—	—	3.53	14.77
—	—	89.7	—	—	—	—	—	—	3.36	14.06
0.0	—	—	—	—	—	0.04	0.01	0.01	3.80	15.90
0.2	—	—	—	—	—	0.00	0.03	0.01	4.00	16.74
≥99	0.0	—	—	—	—	0.00	0.00	0.00	8.00	33.47
≥99	0.0	—	—	—	—	0.00	0.00	0.00	8.29	34.69
≥99	0.0	—	—	—	—	0.00	0.00	0.00	8.76	36.65
≥99	0.0	—	—	—	—	0.00	0.00	0.00	8.40	35.15
≥99	0.0	—	—	—	—	0.00	0.00	0.00	8.75	36.61
≥99	0.0	—	—	—	—	0.00	0.00	0.00	8.60	35.98
≥99	0.0	—	—	—	—	0.00	0.00	0.00	8.01	33.51
≥99	0.0	—	—	—	—	0.00	0.00	0.00	8.73	36.53
≥99	0.0	—	—	—	—	0.00	0.00	0.00	8.75	36.61
≥99	0.0	—	—	—	—	0.00	0.00	0.00	8.75	36.61
≥99	0.0	—	—	—	—	0.00	0.00	0.00	8.76	36.65

表 17　饲料中

Table 17　The contents

序号	中国饲料号 (CFN)	饲料名称 Feed name	干物质 DM,%	粗蛋白 CP,%	精氨酸 Arg,%	组氨酸 His,%
1	4-07-0278	玉米 corn grain	86.0	9.4	0.38	0.23
2	4-07-0288	玉米 corn grain	86.0	8.5	0.50	0.29
3	4-07-0279	玉米 corn grain	86.0	8.7	0.39	0.21
4	4-07-0280	玉米 corn grain	86.0	7.8	0.37	0.20
5	4-07-0272	高粱 sorghum grain	86.0	9.0	0.33	0.18
6	4-07-0270	小麦 wheat grain	87.0	13.9	0.58	0.27
7	4-07-0274	大麦(裸) naked barley grain	87.0	13.0	0.64	0.16
8	4-07-0277	大麦(皮) hulled barley grain	87.0	11.0	0.65	0.24
9	4-07-0281	黑麦 rye	88.0	11.0	0.50	0.25
10	4-07-0273	稻谷 paddy	86.0	7.8	0.57	0.15
11	4-07-0276	糙米 brown rice	87.0	8.8	0.65	0.17
12	4-07-0275	碎米 broken rice	88.0	10.4	0.78	0.27
13	4-07-0479	粟(谷子) millet grain	86.5	9.7	0.30	0.20
14	4-04-0067	木薯干 cassava tuber flake	87.0	2.5	0.40	0.05
15	4-04-0068	甘薯干 sweet potato tuber flake	87.0	4.0	0.16	0.08
16	4-08-0104	次粉 wheat middling and reddog	88.0	15.4	0.86	0.41
17	4-08-0105	次粉 wheat middling and reddog	87.0	13.6	0.85	0.33
18	4-08-0069	小麦麸 wheat bran	87.0	15.7	0.97	0.39
19	4-08-0070	小麦麸 wheat bran	87.0	14.3	0.88	0.35
20	4-08-0041	米糠 rice bran	87.0	12.8	1.06	0.39
21	4-10-0025	米糠饼 rice bran meal (exp.)	88.0	14.7	1.19	0.43
22	4-10-0018	米糠粕 rice bran meal (sol.)	87.0	15.1	1.28	0.46
23	5-09-0127	大豆 soybean	87.0	35.5	2.57	0.59
24	5-09-0128	全脂大豆 full-fat soybean	88.0	35.5	2.63	0.63
25	5-10-0241	大豆饼 soybean meal (exp.)	89.0	41.8	2.53	1.10
26	5-10-0103	大豆粕 soybean meal (sol.)	89.0	47.9	3.67	1.36
27	5-10-0102	大豆粕 soybean meal (sol.)	89.0	44.0	3.19	1.09
28	5-10-0118	棉籽饼 cottonseed meal (exp.)	88.0	36.3	3.94	0.90
29	5-10-0119	棉籽粕 cottonseed meal (sol.)	88.0	47.0	4.98	1.26
30	5-10-0117	棉籽粕 cottonseed meal (sol.)	90.0	43.5	4.65	1.19
31	5-10-0183	菜籽饼 rapeseed meal (exp.)	88.0	35.7	1.82	0.83
32	5-10-0121	菜籽粕 rapeseed meal (sol.)	88.0	38.6	1.83	0.86
33	5-10-0116	花生仁饼 peanut meal (exp.)	88.0	44.7	4.60	0.83

氨基酸含量

of amino acids

异亮氨酸 Ile,%	亮氨酸 Leu,%	赖氨酸 Lys,%	蛋氨酸 Met,%	胱氨酸 Cys,%	苯丙氨酸 Phe,%	苏氨酸 Thr,%	色氨酸 Trp,%	缬氨酸 Val,%
0.26	1.03	0.26	0.19	0.22	0.43	0.31	0.08	0.40
0.27	0.74	0.36	0.15	0.18	0.37	0.30	0.08	0.46
0.25	0.93	0.24	0.18	0.20	0.41	0.30	0.07	0.38
0.24	0.93	0.23	0.15	0.15	0.38	0.29	0.06	0.35
0.35	1.08	0.18	0.17	0.12	0.45	0.26	0.08	0.44
0.44	0.80	0.30	0.25	0.24	0.58	0.33	0.15	0.56
0.43	0.87	0.44	0.14	0.25	0.68	0.43	0.16	0.63
0.52	0.91	0.42	0.18	0.18	0.59	0.41	0.12	0.64
0.40	0.64	0.37	0.16	0.25	0.49	0.34	0.12	0.52
0.32	0.58	0.29	0.19	0.16	0.40	0.25	0.10	0.47
0.30	0.61	0.32	0.20	0.14	0.35	0.28	0.12	0.49
0.39	0.74	0.42	0.22	0.17	0.49	0.38	0.12	0.57
0.36	1.15	0.15	0.25	0.20	0.49	0.35	0.17	0.42
0.11	0.15	0.13	0.05	0.04	0.10	0.10	0.03	0.13
0.17	0.26	0.16	0.06	0.08	0.19	0.18	0.05	0.27
0.55	1.06	0.59	0.23	0.37	0.66	0.50	0.21	0.72
0.48	0.98	0.52	0.16	0.33	0.63	0.50	0.18	0.68
0.46	0.81	0.58	0.13	0.26	0.58	0.43	0.20	0.63
0.42	0.74	0.53	0.12	0.24	0.53	0.39	0.18	0.57
0.63	1.00	0.74	0.25	0.19	0.63	0.48	0.14	0.81
0.72	1.06	0.66	0.26	0.30	0.76	0.53	0.15	0.99
0.78	1.30	0.72	0.28	0.32	0.82	0.57	0.17	1.07
1.28	2.72	2.20	0.56	0.70	1.42	1.41	0.45	1.50
1.32	2.68	2.37	0.55	0.76	1.39	1.42	0.49	1.53
1.57	2.75	2.43	0.60	0.62	1.79	1.44	0.64	1.70
2.05	3.74	2.87	0.67	0.73	2.52	1.93	0.69	2.15
1.80	3.26	2.66	0.62	0.68	2.23	1.92	0.64	1.99
1.16	2.07	1.40	0.41	0.70	1.88	1.14	0.39	1.51
1.40	2.67	2.13	0.56	0.66	2.43	1.35	0.54	2.05
1.29	2.47	1.97	0.58	0.68	2.28	1.25	0.51	1.91
1.24	2.26	1.33	0.60	0.82	1.35	1.40	0.42	1.62
1.29	2.34	1.30	0.63	0.87	1.45	1.49	0.43	1.74
1.18	2.36	1.32	0.39	0.38	1.81	1.05	0.42	1.28

表 17

序号	中国饲料号 (CFN)	饲料名称 Feed name	干物质 DM,%	粗蛋白 CP,%	精氨酸 Arg,%	组氨酸 His,%
34	5-10-0115	花生仁粕 peanut meal (sol.)	88.0	47.8	4.88	0.88
35	1-10-0031	向日葵仁饼 sunflower meal (exp.)	88.0	29.0	2.44	0.62
36	5-10-0242	向日葵仁粕 sunflower meal (sol.)	88.0	36.5	3.17	0.81
37	5-10-0243	向日葵仁粕 sunflower meal (sol.)	88.0	33.6	2.89	0.74
38	5-10-0119	亚麻仁饼 linseed meal (exp.)	88.0	32.2	2.35	0.51
39	5-10-0120	亚麻仁粕 linseed meal (sol.)	88.0	34.8	3.59	0.64
40	5-10-0246	芝麻饼 sesame meal (exp.)	92.0	39.2	2.38	0.81
41	5-11-0001	玉米蛋白粉 corn gluten meal	90.1	63.5	1.90	1.18
42	5-11-0002	玉米蛋白粉 corn gluten meal	91.2	51.3	1.48	0.89
43	5-11-0008	玉米蛋白粉 corn gluten meal	89.9	44.3	1.31	0.78
44	5-11-0003	玉米蛋白饲料 corn gluten feed	88.0	19.3	0.77	0.56
45	4-10-0026	玉米胚芽饼 corn germ meal (exp.)	90.0	16.7	1.16	0.45
46	4-10-0244	玉米胚芽粕 corn germ meal (sol.)	90.0	20.8	1.51	0.62
47	5-11-0007	DDGS corn distiller's grains with soluble	90.0	28.3	0.98	0.59
48	5-11-0009	蚕豆粉浆蛋白粉 broad bean gluten meal	88.0	66.3	5.96	1.66
49	5-11-0004	麦芽根 barley malt sprouts	89.7	28.3	1.22	0.54
50	5-13-0044	鱼粉(CP64.5%) fish meal	90.0	64.5	3.91	1.75
51	5-13-0045	鱼粉(CP62.5%) fish meal	90.0	62.5	3.86	1.83
52	5-13-0046	鱼粉(CP60.2%) fish meal	90.0	60.2	3.57	1.71
53	5-13-0077	鱼粉(CP53.5%) fish meal	90.0	53.5	3.24	1.29
54	5-13-0036	血粉 blood meal	88.0	82.8	2.99	4.40
55	5-13-0037	羽毛粉 feather meal	88.0	77.9	5.30	0.58
56	5-13-0038	皮革粉 leather meal	88.0	74.7	4.45	0.40
57	5-13-0047	肉骨粉 meat and bone meal	93.0	50.0	3.35	0.96
58	5-13-0048	肉粉 meat meal	94.0	54.0	3.60	1.14
59	1-05-0074	苜蓿草粉(CP19%) alfalfa meal	87.0	19.1	0.78	0.39
60	1-05-0075	苜蓿草粉(CP17%) alfalfa meal	87.0	17.2	0.74	0.32
61	1-05-0076	苜蓿草粉(CP14%~15%) alfalfa meal	87.0	14.3	0.61	0.19
62	5-11-0005	啤酒糟 brewers dried grain	88.0	24.3	0.98	0.51
63	7-15-0001	啤酒酵母 brewers dried yeast	91.7	52.4	2.67	1.11
64	4-13-0075	乳清粉 whey, dehydrated	94.0	12.0	0.40	0.20
65	5-01-0162	酪蛋白 casein	91.0	88.7	3.26	2.82
66	5-14-0503	明胶 gelatin	90.0	88.6	6.60	0.66
67	4-06-0076	牛奶乳糖 milk lactose	96.0	4.0	0.29	0.10

注:"—"表示数据不详。

（续）

异亮氨酸 Ile,%	亮氨酸 Leu,%	赖氨酸 Lys,%	蛋氨酸 Met,%	胱氨酸 Cys,%	苯丙氨酸 Phe,%	苏氨酸 Thr,%	色氨酸 Trp,%	缬氨酸 Val,%
1.25	2.50	1.40	0.41	0.40	1.92	1.11	0.45	1.36
1.19	1.76	0.96	0.59	0.43	1.21	0.98	0.28	1.35
1.51	2.25	1.22	0.72	0.62	1.56	1.25	0.47	1.72
1.39	2.07	1.13	0.69	0.50	1.43	1.14	0.37	1.58
1.15	1.62	0.73	0.46	0.48	1.32	1.00	0.48	1.44
1.33	1.85	1.16	0.55	0.55	1.51	1.10	0.70	1.51
1.42	2.52	0.82	0.82	0.75	1.68	1.29	0.49	1.84
2.85	11.59	0.97	1.42	0.96	4.10	2.08	0.36	2.98
1.75	7.87	0.92	1.14	0.76	2.83	1.59	0.31	2.05
1.63	7.08	0.71	1.04	0.65	2.61	1.38	—	1.84
0.62	1.82	0.63	0.29	0.33	0.70	0.68	0.14	0.93
0.53	1.25	0.70	0.31	0.47	0.64	0.64	0.16	0.91
0.77	1.54	0.75	0.21	0.28	0.93	0.68	0.18	1.66
0.98	2.63	0.59	0.59	0.39	1.93	0.92	0.19	1.30
2.90	5.88	4.44	0.60	0.57	3.34	2.31	—	3.20
1.08	1.58	1.30	0.37	0.26	0.85	0.96	0.42	1.44
2.68	4.99	5.22	1.71	0.58	2.71	2.87	0.78	3.25
2.79	5.06	5.12	1.66	0.55	2.67	2.78	0.75	3.14
2.68	4.80	4.72	1.64	0.52	2.35	2.57	0.70	3.17
2.30	4.30	3.87	1.39	0.49	2.22	2.51	0.60	2.77
0.75	8.38	6.67	0.74	0.98	5.23	2.86	1.11	6.08
4.21	6.78	1.65	0.59	2.93	3.57	3.51	0.40	6.05
1.06	2.53	2.18	0.80	0.16	1.56	0.71	0.50	1.91
1.70	3.20	2.60	0.67	0.33	1.70	1.63	0.26	2.25
1.60	3.84	3.07	0.80	0.60	2.17	1.97	0.35	2.66
0.68	1.20	0.82	0.21	0.22	0.82	0.74	0.43	0.91
0.66	1.10	0.81	0.20	0.16	0.81	0.69	0.37	0.85
0.58	1.00	0.60	0.18	0.15	0.59	0.45	0.24	0.58
1.18	1.08	0.72	0.52	0.35	2.35	0.81	—	1.66
2.85	4.76	3.38	0.83	0.50	4.07	2.33	2.08	3.40
0.90	1.20	1.10	0.20	0.30	0.40	0.80	0.20	0.70
4.66	8.79	7.35	2.70	0.41	4.79	3.98	1.14	6.10
1.42	2.91	3.62	0.76	0.12	1.74	1.82	0.05	2.26
0.10	0.18	0.16	0.03	0.04	0.10	0.10	0.10	0.10

表 18 矿物质及

Table 18 The contents of

序号	中国饲料号 (CFN)	饲料名称 Feed name	钠 Na %	氯 Cl %	镁 Mg %	钾 K %	铁 Fe mg/kg	铜 Cu mg/kg	锰 Mn mg/kg	锌 Zn mg/kg
1	4-07-0278	玉米 corn grain	0.01	0.04	0.11	0.29	36	3.4	5.8	21.1
2	4-07-0288	玉米 corn grain	0.01	0.04	0.11	0.29	36	3.4	5.8	21.1
3	4-07-0279	玉米 corn grain	0.02	0.04	0.12	0.30	37	3.3	6.1	19.2
4	4-07-0280	玉米 corn grain	0.02	0.04	0.12	0.30	37	3.3	6.1	19.2
5	4-07-0272	高粱 sorghum grain	0.03	0.09	0.15	0.34	87	7.6	17.1	20.1
6	4-07-0270	小麦 wheat grain	0.06	0.07	0.11	0.50	88	7.9	45.9	29.7
7	4-07-0274	大麦(裸)naked barley grain	0.04	—	0.11	0.60	100	7.0	18.0	30.0
8	4-07-0277	大麦(皮)hulled barley grain	0.02	0.15	0.14	0.56	87	5.6	17.5	23.6
9	4-07-0281	黑麦 rye	0.02	0.04	0.12	0.42	117	7.0	53.0	35.0
10	4-07-0273	稻谷 paddy	0.04	0.07	0.07	0.34	40	3.5	20.0	8.0
11	4-07-0276	糙米 brown rice	0.04	0.06	0.14	0.34	78	3.3	21.0	10.0
12	4-07-0275	碎米 broken rice	0.07	0.08	0.11	0.13	62	8.8	47.5	36.4
13	4-07-0479	粟(谷子)millet grain	0.04	0.14	0.16	0.43	270	24.5	22.5	15.9
14	4-04-0067	木薯干 cassava tuber flake	—	—	—	—	150	4.2	6.0	14.0
15	4-04-0068	甘薯干 sweet potato tuber flake	—	—	0.08	—	107	6.1	10.0	9.0
16	4-08-0104	次粉 wheat middling and reddog	0.60	0.04	0.41	0.60	140	11.6	94.2	73.0
17	4-08-0105	次粉 wheat middling and reddog	—	—	—	—	—	—	—	—
18	4-08-0069	小麦麸 wheat bran	0.07	0.07	0.52	1.19	170	13.8	104.3	96.5
19	4-08-0070	小麦麸 wheat bran	0.07	0.07	0.47	1.19	157	16.5	80.6	104.7
20	4-08-0041	米糠 rice bran	0.07	0.07	0.90	1.73	304	7.1	175.9	50.3
21	4-10-0025	米糠饼 rice bran meal (exp.)	0.08	—	1.26	1.80	400	8.7	211.6	56.4
22	4-10-0018	米糠粕 rice bran meal (sol.)	0.09	—	—	1.80	432	9.4	228.4	60.9
23	5-09-0127	大豆 soybean	0.02	0.03	0.28	1.70	111	18.1	21.5	40.7
24	5-09-0128	全脂大豆 full-fat soybean	0.02	0.03	0.28	1.70	111	18.1	21.5	40.7
25	5-10-0241	大豆饼 soybean meal (exp.)	0.02	0.02	0.25	1.77	187	19.8	32.0	43.4
26	5-10-0103	大豆粕 soybean meal (sol.)	0.03	0.05	0.28	2.05	185	24.0	38.2	46.4
27	5-10-0102	大豆粕 soybean meal (sol.)	0.03	0.05	0.28	1.72	185	24.0	28.0	46.4
28	5-10-0118	棉籽饼 cottonseed meal (exp.)	0.04	0.14	0.52	1.20	266	11.6	17.8	44.9
29	5-10-0119	棉籽粕 cottonseed meal (sol.)	0.04	0.04	0.40	1.16	263	14.0	18.7	55.5
30	5-10-0117	棉籽粕 cottonseed meal (sol.)	0.04	0.04	0.40	1.16	263	14.0	18.7	55.5
31	5-10-0183	菜籽饼 rapeseed meal (exp.)	0.02	—	—	1.34	687	7.2	78.1	59.2
32	5-10-0121	菜籽粕 rapeseed meal (sol.)	0.09	0.11	0.51	1.40	653	7.1	82.2	67.5
33	5-10-0116	花生仁饼 peanut meal (exp.)	0.04	0.03	0.33	1.14	347	23.7	36.7	52.5

维生素含量

minerals and vitamins

硒 Se mg/kg	胡萝卜 mg/kg	维生素 E mg/kg	维生素 B_1 mg/kg	维生素 B_2 mg/kg	泛酸 mg/kg	烟酸 mg/kg	生物素 mg/kg	叶酸 mg/kg	胆碱 mg/kg	维生素 B_6 mg/kg	维生素 B_{12} μg/kg	亚油酸 %
0.04	—	22.0	3.5	1.1	5.0	24.0	0.06	0.15	620	10.0	—	2.20
0.04	—	22.0	3.5	1.1	5.0	24.0	0.06	0.15	620	10.0	—	2.20
0.03	0.8	22.0	2.6	1.1	3.9	21.0	0.08	0.12	620	10.0	0.0	2.20
0.03	—	22.0	2.6	1.1	3.9	21.0	0.08	0.12	620	10.0	—	2.20
0.05	—	7.0	3.0	1.3	12.4	41.0	0.26	0.20	668	5.2	0.0	1.13
0.05	0.4	13.0	4.6	1.3	11.9	51.0	0.11	0.36	1040	3.7	0.0	0.59
0.16	—	48.0	4.1	1.4	—	87.0	—	—	—	19.3	0.0	—
0.06	4.1	20.0	4.5	1.8	8.0	55.0	0.15	0.07	990	4.0	0.0	0.83
0.40	—	15.0	3.6	1.5	8.0	16.0	0.06	0.60	440	2.6	0.0	0.76
0.04	—	16.0	3.1	1.2	3.7	34.0	0.08	0.45	900	28.0	0.0	0.28
0.07	—	13.5	2.8	1.1	11.0	30.0	0.08	0.40	1014	—	—	—
0.06	—	14.0	1.4	0.7	8.0	30.0	0.08	0.20	800	28.0	—	—
0.08	1.2	36.3	6.6	1.6	7.4	53.0	—	15.00	790	—	—	0.84
0.04	—	—	—	—	—	—	—	—	—	—	—	—
0.07	—	—	—	—	—	—	—	—	—	—	—	—
0.07	3.0	20.0	16.5	1.8	15.6	72.0	0.33	0.76	1187	9.0	—	1.74
—	—	—	—	—	—	—	—	—	—	—	—	—
0.07	1.0	14.0	8.0	4.6	31.0	186.0	0.36	0.63	980	7.0	0.0	1.70
0.05	1.0	14.0	8.0	4.6	31.0	186.0	0.36	0.63	980	7.0	0.0	1.70
0.09	—	60.0	22.5	2.5	23.0	293.0	0.42	2.20	1135	14.0	0.0	3.57
0.09	—	11.0	24.0	2.9	94.9	689.0	0.70	0.88	1700	54.0	40.0	—
0.10	—	—	—	—	—	—	—	—	—	—	—	—
0.06	—	40.0	12.3	2.9	17.4	24.0	0.42	—	3200	12.0	—	8.00
0.06	—	40.0	12.3	2.9	17.4	24.0	0.42	—	3200	12.0	—	8.00
0.04	—	6.6	1.7	4.4	13.8	37.0	0.32	0.45	2673	—	—	—
0.10	0.2	3.1	4.6	3.0	16.4	30.7	0.33	0.81	2858	6.1	0.0	0.51
0.06	0.2	3.1	4.6	3.0	16.4	30.7	0.33	0.81	2858	6.1	0.0	0.51
0.11	0.2	16.0	6.4	5.1	10.0	38.0	0.53	1.65	2753	5.3	0.0	2.47
0.15	0.2	15.0	7.0	5.5	12.0	40.0	0.30	2.51	2933	5.10	0.0	1.51
0.15	0.2	15.0	7.0	5.5	12.0	40.0	0.30	2.51	2933	5.10	0.0	1.51
0.29	—	—	—	—	—	—	—	—	—	—	—	—
0.16	—	54.0	5.2	3.7	9.5	160.0	0.98	0.95	6700	7.20	0.0	0.42
0.06	—	3.0	7.1	5.2	47.0	166.0	0.33	0.40	1655	10.00	0.0	1.43

表 18

序号	中国饲料号 (CFN)	饲料名称 Feed name	钠 Na %	氯 Cl %	镁 Mg %	钾 K %	铁 Fe mg/kg	铜 Cu mg/kg	锰 Mn mg/kg	锌 Zn mg/kg
34	5-10-0115	花生仁粕 peanut meal (sol.)	0.07	0.03	0.31	1.23	368	25.1	38.9	55.7
35	1-10-0031	向日葵仁 sunflower meal (exp.)	0.02	0.01	0.75	1.17	424	45.6	41.5	62.1
36	5-10-0242	向日葵仁粕 sunflower meal (sol.)	0.20	0.01	0.75	1.00	226	32.8	34.5	82.7
37	5-10-0243	向日葵仁粕 sunflower meal (sol.)	0.20	0.10	0.68	1.23	310	35.0	35.0	80.0
38	5-10-0119	亚麻仁饼 linseed meal (exp.)	0.09	0.04	0.58	1.25	204	27.0	40.3	36.0
39	5-10-0120	亚麻仁粕 linseed meal (sol.)	0.14	0.05	0.56	1.38	219	25.5	43.3	38.7
40	5-10-0246	芝麻饼 sesame meal (exp.)	0.04	0.05	0.50	1.39	—	50.4	32.0	2.4
41	5-11-0001	玉米蛋白粉 corn gluten meal	0.01	0.05	0.08	0.30	230	1.9	5.9	19.2
42	5-11-0002	玉米蛋白粉 corn gluten meal	0.02	—	—	0.35	332	10.0	78.0	49.0
43	5-11-0008	玉米蛋白粉 corn gluten meal	0.02	0.08	0.05	0.40	400	28.0	7.0	—
44	5-11-0003	玉米蛋白饲料 corn gluten feed	0.12	0.22	0.42	1.30	282	10.7	77.1	59.2
45	4-10-0026	玉米胚芽饼 corn germ meal (exp.)	0.01	—	0.10	0.30	99	12.8	19.0	108.1
46	4-10-0244	玉米胚芽粕 corn germ meal (sol.)	0.01	—	0.16	0.69	214	7.7	23.3	126.6
47	5-11-0007	DDGScorn distiller's grains with soluble	0.88	0.17	0.35	0.98	197	43.9	29.5	83.5
48	5-11-0009	蚕豆粉浆蛋白 broad bean gluten meal	0.01	—	—	0.06	—	22.0	16.0	—
49	5-11-0004	麦芽根 barley malt sprouts	0.06	0.59	0.16	2.18	198	5.3	67.8	42.4
50	5-13-0044	鱼粉(CP64.5%) fish meal	0.88	0.6	0.24	0.90	226	9.1	9.2	98.9
51	5-13-0045	鱼粉(CP62.5%) fish meal	0.78	0.61	0.16	0.83	181	6.0	12.0	90.0
52	5-13-0046	鱼粉(CP60.2%) fish meal	0.97	0.61	0.16	1.10	80	8.0	10.0	80.0
53	5-13-0077	鱼粉(CP53.5%) fish meal	1.15	0.61	0.16	0.94	292	8.0	9.7	88.0
54	5-13-0036	血粉 blood meal	0.31	0.27	0.16	0.90	2100	8.0	2.3	14.0
55	5-13-0037	羽毛粉 feather meal	0.31	0.26	0.20	0.18	73	6.8	8.8	53.8
56	5-13-0038	皮革粉 leather meal	—	—	—	—	131	11.1	25.2	89.8
57	5-13-0047	肉骨粉 meat and bone meal	0.73	0.75	1.13	1.40	500	1.5	12.3	90.0
58	5-13-0048	肉粉 meat meal	0.80	0.97	0.35	0.57	440	10.0	10.0	94.0
59	1-05-0074	苜蓿草粉(CP19%) alfalfa meal	0.09	0.38	0.30	2.08	372	9.1	30.7	17.1
60	1-05-0075	苜蓿草粉(CP17%) alfalfa meal	0.17	0.46	0.36	2.40	361	9.7	30.7	21.0
61	1-05-0076	苜蓿草粉(CP14%～15%) alfalfa meal	0.11	0.46	0.36	2.22	437	9.1	33.2	22.6
62	5-11-0005	啤酒糟 brewers dried grain	0.25	0.12	0.19	0.08	274	20.1	35.6	104
63	7-15-0001	啤酒酵母 brewers dried	0.10	0.12	0.23	1.70	248	61.0	22.3	86.7
64	4-13-0075	乳清粉 whey, dehydrated	2.11	0.14	0.13	1.81	160	43.1	4.6	3.0
65	5-01-0162	酪蛋白 casein	0.01	0.04	0.01	0.01	14	4.0	4.0	30.0
66	5-14-0503	明胶 gelatin	—	—	0.05	—	—	—	—	—
67	4-06-0076	牛奶乳糖 milk lactose	—	—	0.15	2.40	—	—	—	—

注:"—"表示数据不详。

（续）

硒 Se mg/kg	胡萝卜 mg/kg	维生素 E mg/kg	维生素 B_1 mg/kg	维生素 B_2 mg/kg	泛酸 mg/kg	烟酸 mg/kg	生物素 mg/kg	叶酸 mg/kg	胆碱 mg/kg	维生素 B_6 mg/kg	维生素 B_{12} μg/kg	亚油酸 %
0.06	—	3.0	5.7	11.0	53.0	173.0	0.39	0.39	1854	10.00	0.0	0.24
0.09	—	0.9	—	18.0	4.0	86.0	1.40	0.40	800	—	—	—
0.06	—	0.7	4.6	2.3	39.0	22.0	1.70	1.60	3260	17.20	—	—
0.08	—	—	3.0	3.0	29.9	14.0	1.40	1.14	3100	11.10	0.0	0.98
0.18	—	7.7	2.6	4.1	16.5	37.4	0.36	2.90	1672	6.10	—	—
0.18	0.2	5.8	7.5	3.2	14.7	33.0	0.41	0.34	1512	6.00	200.0	0.36
—	0.2	—	2.8	3.6	6.0	30.0	2.40	—	1536	12.50	0.0	1.90
0.02	44.0	25.5	0.3	2.2	3.0	55.0	0.15	0.20	330	6.90	50.0	1.17
—	—	—	—	—	—	—	—	—	—	—	—	—
1.00	16.0	19.9	0.2	1.5	9.6	54.5	0.15	0.22	330	—	—	—
0.23	8.0	14.8	2.0	2.4	17.8	75.5	0.22	0.28	1700	13.00	250.0	1.43
—	2.0	87.0	—	3.7	3.3	42.0	—	—	1936	—	—	1.47
0.33	2.0	80.8	1.1	4.0	4.4	37.7	0.22	0.20	2000	—	—	1.47
0.37	3.5	40.0	3.5	8.6	11.0	75.0	0.30	0.88	2637	2.28	10.0	2.15
—	—	—	—	—	—	—	—	—	—	—	—	—
0.60	—	4.2	0.7	1.5	8.6	43.3	—	0.20	1548	—	—	—
2.7	—	5.0	0.3	7.1	15.0	100.0	0.23	0.37	4408	4.00	352.0	0.20
1.62	—	5.7	0.2	4.9	9.0	55.0	0.15	0.30	3099	4.00	150.0	0.12
1.5	—	7.0	0.5	4.9	9.0	55.0	0.20	0.30	3056	4.00	104.0	0.12
1.94	—	5.6	0.4	8.8	8.8	65.0	—	—	3000	—	143.0	—
0.7	—	1.0	0.4	1.6	1.2	23.0	0.09	0.11	800	4.40	50.0	0.10
0.8	—	7.3	0.1	2.0	10.0	27.0	0.04	0.20	880	3.00	71.0	0.83
—	—	—	—	—	—	—	—	—	—	—	—	—
0.25	—	0.8	0.2	5.2	4.4	59.4	0.14	0.60	2000	4.60	100.0	0.72
0.37	—	1.2	0.6	4.7	5.0	57.0	0.08	0.50	2077	2.40	80.0	0.80
0.46	94.6	144.0	5.8	15.5	34.0	40.0	0.35	4.36	1419	8.00	0	0.44
0.46	94.6	125.0	3.4	13.6	29.0	38.0	0.30	4.20	1401	6.50	0	0.35
0.48	63.0	98.0	3.0	10.6	20.8	41.8	0.25	1.54	1548	—	—	—
0.41	0.2	27.0	0.6	1.5	8.6	43.0	0.24	0.24	1723	0.70	0	2.94
1.00	—	2.2	91.8	37.0	109.0	448	0.63	9.90	3984	42.80	999.9	0.04
0.06	—	0.3	3.9	29.9	47.0	10.0	0.34	0.66	1500	4.00	20.0	0.01
0.16	—	—	0.4	1.5	2.7	1.0	0.04	0.51	205	0.40	—	—
—	—	—	—	—	—	—	—	—	—	—	—	—
—	—	—	—	—	—	—	—	—	—	—	—	—

表 19　常量矿物质饲料中矿物

Table 19　The contents of

序	中国料号	饲料名称	化学分子式	钙 Ca[a] %
01	6-14-0001	碳酸钙 饲料级轻质 calcium carbonate	$CaCO_3$	38.42
02	6-14-0002	磷酸氢钙,无水 calcium hydrogen phosphate	$CaHPO_4$	29.60
03	6-14-0003	磷酸氢钙,2 个结晶水 calcium hydrogen phosphate	$CaHPO_4 \cdot 2H_2O$	23.29
04	6-14-0004	磷酸二氢钙 calcium acid phosphate	$Ca(H_2PO_4)_2 \cdot H_2O$	15.90
05	6-14-0005	磷酸三钙(磷酸钙)calcium carbonate	$Ca_3(PO_4)_2$	38.76
06	6-14-0006	石粉[c]、石灰石、方解石等 limestone、calcite		35.84
07	6-14-0007	骨粉,脱脂 bone meal		29.80
08	6-14-0008	贝壳粉 shell meal		32～35
09	6-14-0009	蛋壳粉 egg shell meal		30～40
10	6-14-0010	磷酸氢铵 ammonium hydrogen phosphate	$(NH_4)_2HPO_4$	0.35
11	6-14-0011	磷酸二氢铵 ammonium dihydrogen phosphate	$(NH_4)H_2PO_4$	—
12	6-14-0012	磷酸氢二钠 sodium hydrogen phosphate	Na_2HPO_4	0.09
13	6-14-0013	磷酸二氢钠 sodium dihydeogen phosphate	NaH_2PO_4	—
14	6-14-0014	碳酸钠 sodium carbonate (soda)	Na_2CO_3	—
15	6-14-0015	碳酸氢钠 sodium bicarbonate(baking soda)	$NaHCO_3$	0.01
16	6-14-0016	氯化钠 sodium chloride	NaCl	0.30
17	6-14-0017	氯化镁,6 个结晶水 magnesium chloride	$MgCl_2 \cdot 6H_2O$	—
18	6-14-0018	碳酸镁 magnesium carbonate	$MgCO_3$	0.02
19	6-14-0019	氧化镁 magnesium oxide	MgO	1.69
20	6-14-0020	硫酸镁,7 个结晶水 magnesium sulfate	$MgSO_4 \cdot 7H_2O$	0.02
21	6-14-0021	氯化钾 potassium chloride	KCl	0.05
22	6-14-0022	硫酸钾 potassium sulfate	K_2SO_4	0.15

注 1:数据来源:《中国饲料学》(2000,张子仪主编),《猪营养需要》(NRC,1998)。

注 2:饲料中使用的矿物质添加剂一般不是化学纯化合物,其组成成分的变异较大。如果能得到,一般应采用原料供

注 3:“—”表示数据不详。

[a] 在大多数来源的磷酸氢钙、磷酸二氢钙、磷酸三钙、脱氟磷酸钙、碳酸钙、硫酸钙和方解石石粉中,估计钙的生物学利

[b] 生物学效价估计值通常以相当于磷酸氢钠或磷酸氢钙中的磷的生物学效价表示。

[c] 大多数方解石石粉中含有 38%或高于表中所示的钙和低于表中所示的镁。

元素的含量(以饲喂状态为基础)

minerals in mineral feeds

磷 P %	磷利用率[b] %	钠 Na %	氯 Cl %	钾 K %	镁 Mg %	硫 S %	铁 Fe %	锰 Mn %
0.02	—	0.08	0.02	0.08	1.61	0.08	0.06	0.02
22.77	95～100	0.18	0.47	0.15	0.80	0.80	0.79	0.14
18.00	95～100	—	—	—	—	—	—	—
24.58	100	0.20	—	0.16	0.90	0.80	0.75	0.01
20.0	—	—	—	—	—	—	—	—
0.01	—	0.06	0.02	0.11	2.06	0.04	0.35	0.02
12.50	80～90	0.04	—	0.20	0.30	2.40	—	0.03
—	—	—	—	—	—	—	—	—
0.1～0.4	—	—	—	—	—	—	—	—
23.48	100	0.20	—	0.16	0.75	1.50	0.41	0.01
26.93	100	—	—	—	—	—	—	—
21.82	100	31.04	—	—	—	—	—	—
25.81	100	19.17	0.02	0.01	0.01	—	—	—
—	—	43.30	—	—	—	—	—	—
—	—	27.00	—	0.01	—	—	—	—
—	—	39.50	59.00	—	0.005	0.20	0.01	—
—	—	—	—	—	11.95	—	—	—
—	—	—	—	—	34.00	—	—	0.01
—	—	—	—	0.02	55.00	0.10	1.06	—
—	—	—	0.01	—	9.86	13.01	—	—
—	—	1.00	47.56	52.44	0.23	0.32	0.06	0.001
—	—	0.09	1.50	44.87	0.60	18.40	0.07	0.001

给商的分析结果。例如，饲料级的磷酸氢钙原料中往往含有一些磷酸二氢钙，而磷酸二氢钙中含有一些磷酸氢钙。

用率为 90%～100%。在高镁含量的石粉或白云石石粉中，钙的生物学效价较低，为 50%～80%。

表 20 无机来源的微量元素和估测的生物学利用率[a]

Table 20 The bioavailability of trace elements of mineral feeds

微量元素与来源[b]		化学分子式	元素含量，%	相对生物学利用率，%
铁 Fe				
	一水硫酸亚铁 ferrous sulphate(H_2O)	$FeSO_4 \cdot H_2O$	30.0	100
	七水硫酸亚铁 ferrous sulphate($7H_2O$)	$FeSO_4 \cdot 7H_2O$	20.0	100
	碳酸亚铁 ferrous carbonate	$FeCO_3$	38.0	15～80
	三氧化二铁 ferric oxide	Fe_2O_3	69.9	0
	六水氯化铁 ferric chloride($6H_2O$)	$FeCl_3 \cdot 6H_2O$	20.7	40～100
	氧化亚铁 ferrous oxide	FeO	77.8	—[c]
铜 Cu				
	五水硫酸铜 copper sulphate($5H_2O$)	$CuSO_4 \cdot 5H_2O$	25.2	100
	氯化铜 copper chloride	$Cu_2(OH)_3Cl$	58.0	100
	氧化铜 copper oxide	CuO	75.0	0～10
	一水碳酸铜 copper carbonate(H_2O)	$CuCO_3 \cdot Cu(OH)_2 \cdot H_2O$	50.0～55.0	60～100
	无水硫酸铜 copper sulphate	$CuSO_4$	39.9	100
锰 Mn				
	一水硫酸锰 manganese sulphate(H_2O)	$MnSO_4 \cdot H_2O$	29.5	100
	氧化锰 manganese oxide	MnO	60.0	70
	二氧化锰 manganese dioxide	MnO_2	63.1	35～95
	碳酸锰 manganese carbonate	$MnCO_3$	46.4	30～100
	四水氯化锰 manganese chloride($4H_2O$)	$MnCl_2 \cdot 4H_2O$	27.5	100
锌 Zn				
	一水硫酸锌 zinc sulphate(H_2O)	$ZnSO_4 \cdot H_2O$	35.5	100
	氧化锌 zinc oxide	ZnO	72.0	50～80
	七水硫酸锌 zinc sulphate($7H_2O$)	$ZnSO_4 \cdot 7H_2O$	22.3	100
	碳酸锌 zinc carbonate	$ZnCO_3$	56.0	100
	氯化锌 zinc chloride	$ZnCl_2$	48.0	100
碘 I				
	乙二胺双氢碘化物(EDDI)	$C_2H_8N_22HI$	79.5	100
	碘酸钙 calcium iodide	$Ca(IO_3)_2$	63.5	100
	碘化钾 potassium iodide	KI	68.8	100
	碘酸钾 potassium iodate	KIO_3	59.3	—[c]
	碘化铜 copper iodide	CuI	66.6	100
硒 Se				
	亚硒酸钠 sodium selenite	Na_2SeO_3	45.0	100
	十水硒酸钠 sodium selenate($10H_2O$)	$Na_2SeO_4 \cdot 10H_2O$	21.4	100
钴 Co				
	六水氯化钴 cobalt chloride($6H_2O$)	$CoCl_2 \cdot 6H_2O$	24.3	100
	七水硫酸钴 cobalt sulphate($7H_2O$)	$CoSO_4 \cdot 7H_2O$	21.0	100
	一水硫酸钴 cobalt sulphate(H_2O)	$CoSO_4 \cdot H_2O$	34.1	100
	一水氯化钴 cobalt chloride(H_2O)	$CoCl_2 \cdot H_2O$	39.9	100

[a] 表中数据来源于《中国饲料学》(2000，张子仪主编)及《猪营养需要》(NRC，1998)中相关数据；

[b] 列于每种微量元素下的第一种元素来源通常作为标准，其他来源与其相比较估算相对生物学利用率；

[c] 表示无有效的数值。

附 录 A
(资料性附录)
瘦肉型猪可消化氨基酸需要量

表 A.1 瘦肉型生长肥育猪每千克饲粮可消化氨基酸含量(自由采食,88%干物质)[a]

Table A.1 Digestible amino acid requirements of lean type growing - finishing pig *at libitum* (88%DM)

体重 BW,kg	3～8	8～20	20～35	35～60	60～90
平均体重 average BW ,kg	5.5	14.0	27.5	47.5	75.0
日增重 ADG,kg/d	0.24	0.44	0.62	0.69	0.81
采食量 ADFI,kg/d	0.30	0.75	1.45	1.90	2.55
饲料/增重 F/G	1.25	1.70	2.35	2.75	3.15
饲粮消化能含量 DE,MJ/kg(kcal/kg)	14.00(3 350)	13.60(3 250)	13.40(3 200)	13.40(3 200)	13.40(3 200)
饲粮代谢能含量 ME[b],MJ/kg(kcal/kg)	13.45(3 215)	13.05(3 120)	12.85(3 070)	12.85(3 070)	12.85(3 070)
粗蛋白质 CP,%	21.0	19.0	17.8	16.4	14.5
回肠真可消化氨基酸[c] ileal true digestible amino acids,%					
赖氨酸 Lys	1.29	1.04	0.79	0.72	0.61
蛋氨酸 Met	0.36	0.27	0.21	0.19	0.17
蛋氨酸+胱氨酸 Met+Cys	0.73	0.60	0.45	0.41	0.36
苏氨酸 Thr	0.81	0.65	0.50	0.45	0.40
色氨酸 Trp	0.24	0.18	0.14	0.13	0.11
异亮氨酸 Ile	0.70	0.57	0.43	0.39	0.34
亮氨酸 Leu	1.30	1.05	0.79	0.72	0.62
精氨酸 Arg	0.52	0.43	0.32	0.29	0.22
缬氨酸 Val	0.88	0.71	0.53	0.49	0.42
组氨酸 His	0.41	0.33	0.25	0.23	0.19
苯丙氨酸 Phe	0.77	0.63	0.47	0.42	0.37
苯丙氨酸+酪氨酸 Phe+Tyr	1.21	0.98	0.74	0.68	0.58
回肠表观可消化氨基酸[d] ileal apparent digestible amino acids,%					
赖氨酸 Lys	1.23	0.98	0.74	0.66	0.55
蛋氨酸 Met	0.33	0.25	0.20	0.18	0.16
蛋氨酸+胱氨酸 Met+Cys	0.69	0.55	0.41	0.38	0.33
苏氨酸 Thr	0.74	0.58	0.44	0.39	0.35
色氨酸 Try	0.22	0.16	0.12	0.11	0.09
异亮氨酸 Iso	0.67	0.54	0.40	0.36	0.31
亮氨酸 Leu	1.26	1.02	0.76	0.69	0.60
精氨酸 Arg	0.50	0.41	0.30	0.26	0.20
缬氨酸 Val	0.82	0.66	0.49	0.45	0.37
组氨酸 His	0.39	0.31	0.24	0.22	0.18
苯丙氨酸 Phe	0.73	0.58	0.43	0.39	0.34
苯丙氨酸+酪氨酸 Phe+Tyr	1.15	0.93	0.68	0.63	0.53

[a] 瘦肉率高于55%的阉公猪和青年母猪混养猪群。

[b] 假定代谢能为消化能的96%。

[c] 回肠真可消化氨基酸(TDAA)指饲料氨基酸已被吸收,从猪小肠消失并经内源性矫正的部分,是通过回肠末端收集食糜技术测定的,其计算公式为(A.1):

$$\text{TDAA}(\%) = \frac{\text{食入氨基酸} - (\text{回肠食糜氨基酸} - \text{内源氨基酸})}{\text{食入氨基酸}} \times 100 \quad \cdots\cdots (A.1)$$

3kg～20kg 猪的赖氨酸回肠真可消化和表观可消化需要量是根据试验和经验数据估测的，其他氨基酸需要量是根据其与赖氨酸的比例（理想蛋白质模式）估测的；20kg～90kg 猪的赖氨酸回肠表观可消化和真可消化需要量是结合生长模型、试验数据和经验数据估测的，其他氨基酸需要量是根据理想蛋白质模式估测的。

[d] 指饲料氨基酸已被吸收，从猪小肠消失但未经内源性矫正的部分，是通过回肠末端收集食糜技术测定的，其计算公式为（A.2）：

$$ADAA(\%)=\frac{\text{食入氨基酸}-\text{回肠食糜氨基酸}}{\text{食入氨基酸}}\times 100 \qquad (A.2)$$

表 A.2 瘦肉型生长肥育猪每头每日可消化氨基酸需要量（自由采食，88%干物质）[a]

Table A.2 Daily digestible amino acids requirements of lean type growing-finishing pig *at libitum* (88%DM)

体重 BW，kg	3～8	8～20	20～35	35～60	60～90
平均体重 average BW，kg	5.5	14.0	27.5	47.5	75.0
日增重 ADG，kg/d	0.24	0.44	0.62	0.69	0.81
采食量 ADFI，kg/d	0.30	0.75	1.45	1.90	2.55
饲料/增重 F/G	1.25	1.70	2.35	2.75	3.15
饲粮消化能摄入量 DE，MJ/d(kcal/d)	4.20(1 005)	10.20(2 440)	19.40(4 640)	25.45(6 080)	34.15(8 160)
饲粮代谢能摄入量[b]ME，MJ/d(kcal/d)	4.05(965)	9.80(2 340)	18.60(4 450)	24.40(5 835)	32.75(7 830)
粗蛋白质摄入量 CP，g/d	63	143	258	312	370
回肠真可消化氨基酸[c] ileal true digestible amino acids，g/d					
赖氨酸 Lys	3.87	7.80	11.46	13.68	15.56
蛋氨酸 Met	1.08	2.03	3.05	3.61	4.34
蛋氨酸＋胱氨酸 Met＋Cys	2.19	4.50	6.53	7.79	9.18
苏氨酸 Thr	2.43	4.88	7.25	8.55	10.20
色氨酸 Trp	0.72	1.35	2.03	2.47	2.81
异亮氨酸 Ile	2.10	4.28	6.24	7.41	8.67
亮氨酸 Leu	3.90	7.88	11.46	13.68	15.81
精氨酸 Arg	1.56	3.23	4.64	5.51	5.61
缬氨酸 Val	2.64	5.33	7.69	9.31	10.71
组氨酸 His	1.23	2.48	3.63	4.37	4.85
苯丙氨酸 Phe	2.31	4.73	6.82	7.98	9.44
苯丙氨酸＋酪氨酸 Phe＋Tyr	3.63	7.35	10.73	12.92	14.79
回肠表观可消化氨基酸[c] ileal apparent digestible amino acids，g/d					
赖氨酸 Lys	3.69	7.35	10.73	12.54	14.03
蛋氨酸 Met	0.99	1.88	2.90	3.42	4.08
蛋氨酸＋胱氨酸 Met＋Cys	2.07	4.13	5.95	7.22	8.42
苏氨酸 Thr	2.22	4.35	6.38	7.41	8.93
色氨酸 Trp	0.66	1.20	1.74	2.09	2.30
异亮氨酸 Ile	2.01	4.05	5.80	6.84	7.91
亮氨酸 Leu	3.78	7.65	11.02	13.11	15.30
精氨酸 Arg	1.50	3.08	4.35	4.94	5.10
缬氨酸 Val	2.46	4.95	7.11	8.55	9.44
组氨酸 His	1.17	2.33	3.48	4.18	4.59
苯丙氨酸 Phe	2.19	4.35	6.24	7.41	8.67
苯丙氨酸＋酪氨酸 Phe＋Tyr	3.45	6.98	9.86	11.97	13.52

[a] 瘦肉率高于 55%的阉公猪和青年母猪混养猪群。

[b] 假定代谢能为消化能的 96%。

[c] 3kg～20kg 猪的赖氨酸回肠真可消化和表观可消化需要量是根据试验和经验数据估测的，其他氨基酸需要量是根据其与赖氨酸的比例(理想蛋白质模式)估测的；20kg～90kg 猪的赖氨酸回肠表观可消化和真可消化需要量是结合生长模型、试验数据和经验数据估测的，其他氨基酸需要量是根据理想蛋白质模式估测的。

表 A.3 瘦肉型妊娠母猪每千克饲粮可消化氨基酸含量(88%干物质)[a]

Table A.3 Digestible amino acids requirements of lean type gestating pig(88%DM)

	妊娠前期 early pregnancy			妊娠后期 late pregnancy		
配种体重[b]BW at mating，kg	120～150	150～180	>180	120～150	150～180	>180
预期窝产仔数 Litter size	10	11	11	10	11	11
饲粮消化能含量 DE，MJ/kg(kcal/kg)	12.75(3 050)	12.35(2 950)	12.15(2 950)	12.75(3 050)	12.55(3 000)	12.55(3 000)
饲粮代谢能含量[c]ME，MJ/kg(kcal/kg)	12.25(2 930)	11.85(2 830)	11.65(2 830)	12.25(2 930)	12.05(2 880)	12.05(2 880)
粗蛋白质[d]CP，%	13.0	12.0	12.0	14.0	13.0	12.0
采食量 ADFI，kg/d	2.10	2.10	2.00	2.60	2.80	3.00
回肠真可消化氨基酸 ileal true digestible amino acids，%						
赖氨酸 Lys	0.45	0.41	0.38	0.45	0.42	0.39
蛋氨酸 Met	0.12	0.11	0.11	0.12	0.11	0.11
蛋氨酸+胱氨酸 Met+Cys	0.30	0.28	0.27	0.30	0.29	0.28
苏氨酸 Thr	0.33	0.32	0.31	0.33	0.33	0.32
色氨酸 Trp	0.09	0.08	0.08	0.09	0.08	0.08
异亮氨酸 Ile	0.26	0.24	0.23	0.26	0.25	0.24
亮氨酸 Leu	0.43	0.40	0.37	0.43	0.41	0.38
精氨酸 Arg	0.03	0.00	0.00	0.03	0.00	0.00
缬氨酸 Val	0.30	0.28	0.26	0.30	0.29	0.27
组氨酸 His	0.14	0.13	0.12	0.14	0.13	0.12
苯丙氨酸 Phe	0.25	0.24	0.22	0.25	0.25	0.23
苯丙氨酸+酪氨酸 Phe+Tyr	0.43	0.41	0.38	0.43	0.42	0.39
回肠表观可消化氨基酸 ileal apparent digestible amino acids，%						
赖氨酸 Lys	0.40	0.37	0.35	0.40	0.38	0.36
蛋氨酸 Met	0.12	0.11	0.10	0.12	0.11	0.10
蛋+胱氨酸 Met+Cys	0.27	0.26	0.25	0.27	0.27	0.26
苏氨酸 Thr	0.29	0.28	0.26	0.29	0.29	0.27
色氨酸 Trp	0.07	0.07	0.06	0.07	0.07	0.06
异亮氨酸 Ile	0.23	0.22	0.20	0.23	0.23	0.21
亮氨酸 Leu	0.42	0.39	0.36	0.42	0.40	0.37
精氨酸 Arg	0.02	0.00	0.00	0.02	0.00	0.00
缬氨酸 Val	0.27	0.25	0.24	0.27	0.26	0.25
组氨酸 His	0.13	0.12	0.12	0.13	0.12	0.12
苯丙氨酸 Phe	0.24	0.22	0.20	0.24	0.23	0.21
苯丙氨酸+酪氨酸 Phe+Tyr	0.40	0.37	0.35	0.40	0.38	0.36

[a] 消化能、可消化氨基酸是根据国内的试验报告、企业的经验数据和 NRC(1998)的妊娠模型得到的。

[b] 妊娠前期指妊娠前 12 周，妊娠后期指妊娠后 4 周；"120kg～150kg"阶段适用于初产母猪和因泌乳期消耗过度的经产母猪，"150kg～180kg" 阶段适用于自身尚有生长潜力的经产母猪，"180kg 以上"指达到标准成年体重的经产母猪，其对养分的需要量不随体重增长而变化。

[c] 假定代谢能为消化能的 96%。

表 A.4 瘦肉型泌乳母猪每千克饲粮可消化氨基酸含量(88%干物质)[a]

Table A.4 Digestible amino acids requirements of lean type lactating pig(88%DM)

分娩体重 BW post-farrowing,kg	140～180		180～240	
泌乳期体重变化,kg	0.0	−10.0	−7.5	−15
哺乳窝仔数 litter size,头	9	9	10	10
饲粮消化能含量 DE ,MJ/kg(kcal/kg)	13.80(3 300)	13.80(3 300)	13.80(3 300)	13.80(3 300)
饲粮代谢能含量 ME[b],MJ/kg(kcal/kg)	13.25(3 170)	13.25(3 170)	13.25(3 170)	13.25(3 170)
粗蛋白质 CP[c],%	17.5	18.0	18.0	18.5
采食量 ADFI,kg/d	5.25	4.65	5.65	5.20
回肠真可消化氨基酸 ileal true digestible amino acids, %				
赖氨酸 Lys	0.77	0.82	0.79	0.83
蛋氨酸 Met	0.20	0.21	0.21	0.22
蛋氨酸+胱氨酸 Met+Cys	0.37	0.39	0.38	0.40
苏氨酸 Thr	0.47	0.50	0.49	0.51
色氨酸 Trp	0.14	0.15	0.15	0.16
异亮氨酸 Ile	0.43	0.46	0.45	0.47
亮氨酸 Leu	0.87	0.93	0.90	0.94
精氨酸 Arg	0.43	0.44	0.42	0.43
缬氨酸 Val	0.65	0.70	0.67	0.73
组氨酸 His	0.31	0.32	0.31	0.33
苯丙氨酸 Phe	0.42	0.45	0.43	0.45
苯丙氨酸+酪氨酸 Phe+Tyr	0.87	0.92	0.90	0.94
回肠表观可消化氨基酸 ileal apparent digestible amino acids,%				
赖氨酸 Lys	0.71	0.76	0.74	0.77
蛋氨酸 Met	0.19	0.20	0.20	0.20
蛋氨酸+胱氨酸 Met+Cys	0.34	0.36	0.36	0.37
苏氨酸 Thr	0.41	0.44	0.43	0.45
色氨酸 Trp	0.12	0.13	0.13	0.14
异亮氨酸 Ile	0.40	0.42	0.41	0.43
亮氨酸 Leu	0.84	0.89	0.86	0.90
精氨酸 Arg	0.41	0.41	0.40	0.40
缬氨酸 Val	0.59	0.64	0.62	0.65
组氨酸 His	0.29	0.30	0.30	0.31
苯丙氨酸 Phe	0.39	0.41	0.40	0.42
苯丙氨酸+酪氨酸 Phe+Tyr	0.86	0.86	0.84	0.87

[a] 由于国内缺乏哺乳母猪的试验数据,消化能和可消化氨基酸是根据国内一些企业的经验数据和 NRC(1998)的泌乳模型得到的。

[b] 假定代谢能为消化能的96%。

[c] 以玉米—豆粕型日粮为基础确定的。

附　录　B
（资料性附录）
肉脂型及地方品种猪可消化氨基酸需要量

表 B.1　肉脂型生长育肥猪每千克饲粮可消化氨基酸含量(一型标准,自由采食,88%干物质)[a]

Table B.1　Digestible amino acids requirements of lean-fat type growing-finishing pig *at libitum*(88%DM)

体重 BW,kg	5～8	8～15	15～30	30～60	60～90
日增重 ADG,kg/d	0.22	0.38	0.50	0.60	0.70
采食量 ADFI,kg/d	0.40	0.87	1.36	2.02	2.94
饲料/增重 F/G	1.80	2.30	2.73	3.35	4.20
饲粮消化能含量 DE,MJ/kg(kcal/kg)	13.80(3 300)	13.60(3 250)	12.95(3 100)	12.95(3 100)	12.95(3 100)
粗蛋白质 CP,%	21.0	18.2	16.0	14.0	13.0
回肠真可消化氨基酸 ileal true digestible amino acids,%					
赖氨酸 Lys	1.19	0.92	0.74	0.60	0.51
蛋氨酸+胱氨酸 Met+Cys	0.58	0.48	0.38	0.33	0.30
苏氨酸 Thr	0.66	0.52	0.43	0.38	0.32
色氨酸 Trp	0.17	0.13	0.10	0.10	0.10
异亮氨酸 Ile	0.65	0.52	0.42	0.38	0.32
回肠表观可消化氨基酸 ileal apparent digestible amino acids,%					
赖氨酸 Lys	1.11	0.86	0.68	0.55	0.46
蛋氨酸+胱氨酸 Met+Cys	0.54	0.44	0.35	0.31	0.28
苏氨酸 Thr	0.59	0.46	0.37	0.33	0.28
色氨酸 Trp	0.15	0.11	0.09	0.08	0.07
异亮氨酸 Ile	0.61	0.48	0.39	0.35	0.30

[a] 粗蛋白质的需要量原则上是以玉米—豆粕日粮满足可消化氨基酸的需要而确定的。为克服早期断奶给仔猪带来的应激,5kg～8kg 体重阶段使用了较多的动物蛋白和乳制品。

表 B.2　肉脂型生长育肥猪每日每头可消化需要量(一型标准,自由采食,88%干物质)[a]

Table B.2　Daily digestible amino acids requirements of lean-fat type growing-finishing pig *at libitum*(88%DM)

体重 BW,kg	5～8	8～15	15～30	30～60	60～90
日增重 ADG,kg/d	0.22	0.38	0.50	0.60	0.70
采食量 ADFI,kg/d	0.40	0.87	1.36	2.02	2.94
饲料/增重 F/G	1.80	2.30	2.73	3.35	4.20
饲粮消化能含量 DE,MJ/kg(kcal/kg)	13.80(3 300)	13.60(3 250)	12.95(3 100)	12.95(3 100)	12.95(3 100)
粗蛋白质 CP,g/d	84.0	158.3	217.6	282.8	382.2
回肠真可消化氨基酸 ileal true digestible amino acids,g/d					
赖氨酸 Lys	4.4	7.5	9.2	11.1	13.5
蛋氨酸+胱氨酸 Met+Cys	2.2	3.8	4.8	6.3	8.2
苏氨酸 Thr	2.4	4.0	5.0	6.7	8.2
色氨酸 Trp	0.6	1.0	1.2	1.6	2.1
异亮氨酸 Ile	2.4	4.2	5.3	7.1	8.8
回肠表观可消化氨基酸 ileal apparent digestible amino acids,g/d					
赖氨酸 Lys	4.8	8.0	10.1	12.1	15.0
蛋氨酸+胱氨酸 Met+Cys	2.3	4.2	5.2	6.7	8.8
苏氨酸 Thr	2.6	4.5	5.8	7.7	9.4
色氨酸 Trp	0.7	1.1	1.4	2.0	2.9
异亮氨酸 Ile	2.6	4.5	5.7	7.7	9.4

[a] 粗蛋白质的需要量原则上是以玉米—豆粕日粮满足可消化氨基酸的需要而确定的。为克服早期断奶给仔猪带来的应激,5kg～8kg 阶段使用了较多的动物蛋白和乳制品。

表 B.3 肉脂型生长育肥猪每千克饲粮中可消化氨基酸含量(二型标准,自由采食,88%干物质)[a]

Table B.3 Digestible amino acids requirements of lean-fat type growing-finishing pig *at libitum*(88%DM)

体重 BW,kg	8~15	15~30	30~60	60~90
日增重 ADG,kg/d	0.34	0.45	0.55	0.65
采食量 ADFI,g/d	0.87	1.30	1.96	2.89
饲料/增重 F/G	2.55	2.90	3.55	4.45
饲粮消化能含量 DE,MJ/kg(kcal/kg)	13.30(3 180)	12.25(2 930)	12.25(2 930)	12.25(2 930)
粗蛋白质 CP,%	17.5	16.0	14.0	13.0
回肠真可消化氨基酸 ileal true digestible amino acids,%				
赖氨酸 Lys	0.87	0.70	0.56	0.48
蛋+胱氨酸 Met+Cys	0.43	0.36	0.31	0.28
苏氨酸 Thr	0.54	0.40	0.35	0.31
色氨酸 Trp	0.16	0.10	0.09	0.09
异亮氨酸 Ile	0.47	0.40	0.35	0.31
回肠表观可消化氨基酸 ileal apparent digestible amino acids,%				
赖氨酸 Lys	0.81	0.65	0.51	0.44
蛋氨酸+胱氨酸 Met+Cys	0.46	0.33	0.29	0.26
苏氨酸 Thr	0.48	0.35	0.31	0.26
色氨酸 Trp	0.14	0.08	0.07	0.06
异亮氨酸 Ile	0.45	0.37	0.32	0.28

[a] 5kg~8kg 体重阶段的需要量同一型标准。

表 B.4 肉脂型生长育肥猪每日每头养分需要量(二型标准,自由采食,88%干物质)[a]

Table B.4 Daily digestible amino acids requirements of lean-fat type growing-finishing pig *at libitum*(88%DM)

体重 BW,kg	8~15	15~30	30~60	60~90
日增重 ADG,kg/d	0.34	0.45	0.55	0.65
采食量 ADFI,kg/d	0.87	1.30	1.96	2.89
饲料/增重 F/G	2.55	2.90	3.55	4.45
饲粮消化能含量 DE,MJ/kg(kcal/kg)	13.30(3 180)	12.25(2 930)	12.25(2 930)	12.25(2 930)
粗蛋白 CP,%	152.3	208.0	274.4	375.7
回肠真可消化氨基酸 ileal true digestible amino acids,g/d				
赖氨酸 Lys	7.6	9.1	11.0	13.9
蛋氨酸+胱氨酸 Met+Cys	3.7	4.7	6.1	8.1
苏氨酸 Thr	4.7	5.2	6.9	9.0
色氨酸 Trp	1.4	1.3	1.8	2.6
异亮氨酸 Ile	4.1	5.2	6.9	9.0
回肠表观可消化氨基酸 ileal apparent digestible amino acids,g/d				
赖氨酸 Lys	7.0	8.5	10.0	12.7
蛋氨酸+胱氨酸 Met+Cys	4.0	4.3	5.7	7.5
苏氨酸 Thr	4.2	4.6	6.1	7.5
色氨酸 Trp	1.2	1.0	1.4	1.7
异亮氨酸 Ile	3.9	4.8	6.3	8.1

[a] 5kg~8kg 体重阶段的需要量同一型标准。

表 B.5　肉脂型生长育肥猪每千克饲粮中可消化氨基酸含量(三型标准,自由采食,88%干物质)[a]

Table B.5　Digestible amino acids requirements of lean - fat type growing - finishing pig *at libitum*(88%DM)

体重 BW,kg	15～30	30～60	60～90
日增重 ADG,kg/d	0.40	0.50	0.59
采食量 ADFI,kg/d	1.28	1.95	2.92
饲料/增重 F/G	3.20	3.90	4.95
饲粮消化能含量 DE,MJ/kg(kcal/kg)	11.70(2 800)	11.70(2 800)	11.70(2 800)
粗蛋白质 CP,%	15.0	14.0	13.0
回肠真可消化氨基酸 ileal true digestible amino acids,%			
赖氨酸 Lys	0.66	0.52	0.44
蛋氨酸+胱氨酸 Met+Cys	0.34	0.29	0.25
苏氨酸 Thr	0.38	0.34	0.28
色氨酸 Trp	0.09	0.09	0.08
异亮氨酸 Ile	0.38	0.34	0.28
回肠表观可消化氨基酸 ileal apparent digestible amino acids,%			
赖氨酸 Lys	0.62	0.48	0.39
蛋氨酸+胱氨酸 Met+Cys	0.32	0.27	0.22
苏氨酸 Thr	0.33	0.28	0.23
色氨酸 Trp	0.08	0.07	0.06
异亮氨酸 Ile	0.34	0.29	0.24
[a] 5kg～8kg 体重阶段的需要量同一型标准;8kg～16kg 体重阶段的需要量同二型标准。			

表 B.6　肉脂型生长育肥猪每日每头可消化氨基酸需要量(三型标准,自由采食,88%干物质)[a]

Table B.6　Daily digestible amino acids requirements of lean - fat type growing-finishing pig *at libitum*(88%DM)

体重 BW,kg	15～30	30～60	60～90
日增重 ADG,kg/d	0.40	0.50	0.59
采食量 ADFI,kg/d	1.28	1.95	2.92
饲料/增重 F/G	3.20	3.90	4.95
饲粮消化能含量 DE,MJ/kg(kcal/kg)	11.70(2 800)	11.70(2 800)	11.70(2 800)
粗蛋白质 CP,%	15.0	14.0	13.0
回肠真可消化氨基酸 ileal true digestible amino acids,g/d			
赖氨酸 Lys	8.4	10.1	12.8
蛋氨酸+胱氨酸 Met+Cys	4.4	5.7	7.3
苏氨酸 Thr	4.9	6.6	8.2
色氨酸 Trp	1.2	1.8	2.3
异亮氨酸 Ile	4.9	6.6	8.2
回肠表观可消化氨基酸 ileal apparent digestible amino acids,g/d			
赖氨酸 Lys	7.9	9.4	11.4
蛋氨酸+胱氨酸 Met+Cys	4.1	5.3	6.4
苏氨酸 Thr	4.2	5.5	6.7
色氨酸 Trp	1.0	1.4	1.8
异亮氨酸 Ile	4.4	5.7	7.0
[a] 5kg～8kg 体重阶段的需要量同一型标准;8kg～16kg 体重阶段的需要量同二型标准。			

表 B.7 肉脂型妊娠和哺乳母猪每千克饲粮可消化氨基酸含量(88%干物质)

Table B.7 Digestible amino acid requirements of lean-fat type gestating and lactating sow(88%DM)

指标 item	妊娠母猪 pregnant sow	泌乳母猪 lactating sow
采食量 ADFI,kg/d	2.10	5.10
饲粮消化能含量 DE,MJ/kg(kcal/kg)	11.70(2 800)	13.60(3 250)
粗蛋白质 CP,%	13.0	17.5
回肠真可消化氨基酸 ileal true digestible amino acids,%		
赖氨酸 Lys	0.36	0.68
蛋氨酸+胱氨酸 Met+Cys	0.26	0.34
苏氨酸 Thr	0.30	0.43
色氨酸 Trp	0.07	0.12
异亮氨酸 Ile	0.21	0.38
回肠表观可消化氨基酸 ileal apparent digestible amino acids,%		
赖氨酸 Lys	0.33	0.63
蛋氨酸+胱氨酸 Met+Cys	0.24	0.32
苏氨酸 Thr	0.26	0.38
色氨酸 Trp	0.06	0.11
异亮氨酸 Ile	0.20	0.35

表 B.8 地方猪种后备母猪每千克饲粮中可消化氨基酸含量(88%干物质)[a]

Table B.8 Digestible amino acids requirements of local replacement gilt(88%DM)

体重 BW,kg	10～20	20～40	40～70
预期日增重 ADG,kg/d	0.30	0.40	0.50
预期采食量 ADFI,kg/d	0.63	1.08	1.65
饲料/增重 F/G	2.10	2.70	3.30
饲粮消化能含量 DE,MJ/kg(kcal/kg)	12.97(3 100)	12.55(3 000)	12.14 (2 900)
粗蛋白质 CP,%	18.0	16.0	14.0
回肠真可消化氨基酸 ileal true digestible amino acids,%			
赖氨酸 Lys	0.89	0.78	0.58
蛋氨酸+胱氨酸 Met+Cys	0.46	0.40	0.32
苏氨酸 Thr	0.49	0.44	0.36
色氨酸 Trp	0.13	0.11	0.09
异亮氨酸 Ile	0.49	0.43	0.36
回肠表观可消化氨基酸 ileal apparent digestible amino acids,%			
赖氨酸 Lys	0.82	0.72	0.53
蛋氨酸+胱氨酸 Met+Cys	0.42	0.37	0.30
苏氨酸 Thr	0.43	0.39	0.32
色氨酸 Trp	0.11	0.09	0.08
异亮氨酸 Ile	0.47	0.41	0.34
[a] 除钙、磷外的矿物元素及维生素的需要,可参照肉脂型生长育肥猪的二型标准。			

表 B.9 肉脂型种公猪每千克饲粮可消化氨基酸含量(88%干物质)[a]

Table B.9 Digestible amino acids requirements of lean-fat type breeding boar(88%DM)

体重 BW,g	10~20	20~40	40~70
日增重 ADG,kg/d	0.35	0.45	0.50
采食量 ADFI,kg/d	0.72	1.17	1.67
饲粮消化能含量 DE,MJ/kg(kcal/kg)	12.97(3 100)	12.55(3 000)	12.55(3 000)
粗蛋白质 CP,%	18.8	17.5	14.6
回肠真可消化氨基酸 ileal true digestible amino acids,%			
赖氨酸 Lys	0.94	0.81	0.63
蛋氨酸+胱氨酸 Met+Cys	0.48	0.42	0.34
苏氨酸 Thr	0.52	0.47	0.40
色氨酸 Trp	0.14	0.11	0.10
异亮氨酸 Ile	0.52	0.46	0.40
回肠表观可消化氨基酸 ileal apparent digestible amino acids,%			
赖氨酸 Lys	0.86	0.75	0.58
蛋氨酸+胱氨酸 Met+Cys	0.44	0.39	0.32
苏氨酸 Thr	0.45	0.41	0.34
色氨酸 Trp	0.12	0.09	0.08
异亮氨酸 Ile	0.49	0.43	0.36
[a] 除钙、磷外的矿物元素及维生素的需要,可参照肉脂型生长育肥猪的一型标准。			

表 B.10 肉脂型种公猪每日每头饲粮可消化氨基酸需要量(88%干物质)[a]

Table B.10 Daily digestible amino acids requirements of lean-fat type breeding boar(88%DM)

体重 BW,kg	10~20	20~40	40~70
日增重 ADG,kg/d	0.35	0.45	0.50
采食量 ADFI,kg/d	0.72	1.17	1.67
饲粮消化能含量 DE,MJ/kg(kcal/kg)	12.97(3 100)	12.55(3 000)	12.55(3 000)
粗蛋白质 CP,g/d	135.4	204.8	243.8
回肠真可消化氨基酸 ileal true digestible amino acids,g/d			
赖氨酸 Lys	6.8	10.8	12.2
蛋氨酸+胱氨酸 Met+Cys	3.5	10.8	12.2
苏氨酸 Thr	3.7	10.8	12.2
色氨酸 Trp	1.0	10.8	12.2
异亮氨酸 Ile	3.7	10.8	12.2
回肠表观可消化氨基酸 ileal apparent digestible amino acids,g/d			
赖氨酸 Lys	6.2	10.8	12.2
蛋氨酸+胱氨酸 Met+Cys	3.2	10.8	12.2
苏氨酸 Thr	3.2	10.8	12.2
色氨酸 Trp	0.9	10.8	12.2
异亮氨酸 Ile	3.5	10.8	12.2
[a] 除钙、磷外的矿物元素及维生素的需要,可参照肉脂型生长育肥猪的一型标准。			

附 录

(资料性

猪用饲料氨

表 C.1 猪用饲料氨基酸回

Table C.1 Apparent ileal digestibility of amino acids

饲料名称 Feed name	干物质 DM,%	粗蛋白 CP,%	精氨酸 Arg,%	组氨酸 His,%	异亮氨酸 Ile,%	亮氨酸 Leu,%
高赖氨酸玉米 corn grain	86.0	8.5	91(89～94)	90	81(75～89)	86(84～89)
玉米 corn grain	86.0	8.7	85(73～90)	83(74～91)	78(66～89)	85(76～94)
大麦(裸)naked barley grain	87.0	13.0	79(74～83)	74(72～77)	72(62～82)	76(72～80)
糙米 rough rice	87.0	8.8	90(85～95)	87(85～89)	84(80～89)	84(82～87)
次粉 wheat middling and reddog	88.0	15.4	92(90～93)	91(89～93)	88(86～89)	90(88～91)
大豆饼 soybean meal(exp.)	87.0	40.9	90(89～93)	87(85～93)	82(74～84)	82(78～83)
大豆粕 soybean meal(sol.)	89.0	47.9	94(93～95)	90(89～92)	89(87～91)	89(88～90)
大豆粕 soybean meal(sol.)	87.0	44.0	90(87～92)	86(81～92)	82(76～85)	82(78～86)
棉籽饼 cottonseed meal(exp.)	88.0	36.3	86(82～90)	72(65～80)	54(46～60)	58(51～65)
棉籽粕 cottonseed meal(sol.)	88.0	43.5	88(86～90)	77(73～80)	69(62～88)	71(66～85)
菜籽饼 rapeseed meal(exp.)	88.0	35.7	83(80～84)	78(72～83)	75(69～77)	78(72～80)
菜籽粕 rapeseed meal(sol.)	88.0	38.6	82(80～84)	79(75～82)	73(68～76)	77(74～80)
花生仁饼 peanut meal(exp.)	88.0	44.7	93(90～95)	80(73～85)	81(76～85)	83(78～87)
花生仁粕 peanut meal(sol.)	88.0	47.8	95(92～97)	87(80～91)	82(80～87)	81(72～89)
向日葵仁粕 sunflower meal(sol.)	88.0	36.5	85(75～95)	80(70～90)	77(72～830	80(73～86)
玉米蛋白粉 corn gluten meal	90.1	63.5	85(82～88)	85(81～87)	90	95(93～97)
鱼粉(CP64.5%)fish meal	90.0	64.5	89(86～92)	84(80～89)	86(82～91)	87(83～92)

C

附录)

基酸消化率

肠表观消化率(参考值)

in feed ingredients used for swine(Reference)

赖氨酸 Lys,%	蛋氨酸 Met,%	胱氨酸 Cys,%	苯丙氨酸 Phe,%	苏氨酸 Thr,%	色氨酸 Trp,%	缬氨酸 Val,%
80(76~85)	82(79~85)	80	87(85~91)	73(69~79)	89	81(79~82)
72(63~82)	84(75~90)	73(64~77)	83(75~90)	76(64~86)	74(62~89)	78(67~87)
64	78(69~88)	73	82(80~85)	63(62~65)	—	69(65~73)
83	85(81~86)	81	86(82~90)	79(72~85)	74(70~77)	82(70~90)
83(81~85)	90(87~92)	87(83~90)	90(89~92)	82(78~85)	86	86(84~87)
85	86(82~87)	78(74~87)	84(81~85)	76(74~79)	79(78~80)	79(71~81)
90(88~92)	88(85~91)	80	89	83(85~91)	86(84~89)	81(78~84)
85(81~89)	87(83~90)	79(72~88)	85(80~88)	75(72~79)	80(76~85)	80(75~83)
54(42~64)	45(41~52)	—	71(66~75)	58(50~67)	—	55(48~64)
59(54~67)	69(59~73)	70(65~75)	81(70~93)	62(56~80)	73(62~90)	69(55~81)
74(71~76)	84(80~86)	77(73~84)	76(72~79)	67(60~69)	71(63~77)	70(67~71)
72(69~75)	83(77~85)	75(71~81)	76(71~79)	68(64~71)	—	69(65~720)
78(72~82)	86(83~90)	77(74~78)	88(85~89)	73(67~77)	71(68~75)	80(76~83)
79(76~82)	82(75~90)	78	87(80~91)	79(72~86)	74	81(76~86)
74(72~77)	85(82~88)	77	82(75~88)	78(75~81)	—	79(77~81)
77(73~80)	88(86~90)	80(73~85)	90(87~96)	83(80~86)	60(45~70)	88(87~91)
86(79~91)	89(83~95)	77(63~85)	85(80~91)	82(77~88)	78(74~95)	84(80~89)

表 C.2 猪用饲料氨基酸

Table C.2 True ileal digestibility of aminoacids in

饲料名称 Feed Name	干物质 DM,%	粗蛋白 CP,%	精氨酸 Arg,%	组氨酸 His,%	异亮氨酸 Ile,%	亮氨酸 Leu,%
玉米 corn grain	86.0	8.5	94(91~97)	91	85(83~87)	88(87~90)
玉米 corn grain	86.0	8.7	92(86~98)	90(86~98)	86(83~93)	88(84~94)
高粱(单宁含量低)sorghum grain	86.0	9.0	86(80~94)	83	89(88~91)	92(91~93)
小麦 wheat grain	87.0	13.9	87(81~90)	86(73~89)	88(78~91)	89(81~91)
大麦(裸)naked barley grain	87.0	13.0	87(84~96)	85(82~87)	84	86(85~87)
黑麦 rye	88.0	11.0	78	78	79(77~85)	82(80~87)
糙米 rough rice	87.0	8.8	93	88(87~91)	90	88(87~90)
次粉 wheat middling and reddog	88.0	15.4	96(93~99)	95(92~97)	92(90~94)	92
小麦麸 wheat bran	87.0	15.7	88	84	79(77~82)	82
大豆饼 soybean meal(exp.)	87.0	40.9	93(90~95)	90(85~93)	87(82~91)	87(81~90)
大豆粕 soybean meal(sol.)	89.0	47.9	96(95~97)	93(89~95)	94(92~95)	91(90~93)
棉籽饼 cottonseed meal(exp.)	88.0	36.3	87(85~91)	76(69~86)	65(56~76)	66(58~75)
棉籽粕 cottonseed meal(sol.)	88.0	43.5	91(89~97)	85(83~93)	79(75~85)	77(73~80)
菜籽饼[a] rapeseed meal(exp.)	88.0	35.7	89(88~92)	86(83~91)	80(77~84)	84(79~88)
菜籽粕 rapeseed meal(sol.)	88.0	38.6	86(84~88)	83(81~85)	76(72~79)	81(78~84)
花生仁饼 peanut meal(exp.)	88.0	44.7	97	91(90~93)	91(88~93)	92(89~94)
花生仁粕 peanut meal(sol.)	88.0	47.8	97	90	90(87~92)	90(88~93)
向日葵仁饼 sunflower meal(exp.)	88.0	29.0	91(89~93)	85(83~86)	83(81~84)	83(81~85)
向日葵仁粕 sunflower meal(sol.)	88.0	36.5	93	84	81(79~83)	82(79~84)
鱼粉(CP64.5%)fish meal	90.0	64.5	94(93~95)	93(91~96)	94(93~98)	94(93~98)
血粉 blood meal	88.0	82.8	92(88~97)	92(88~95)	88(84~96)	92(88~96)
羽毛粉 feather meal	88.0	77.9	82(79~84)	70(68~72)	83(75~87)	80(75~83)
皮革粉 leather meal	88.0	74.7	56(50~60)	53	78(74~80)	66(63~68)
肉骨粉 meat and bone meal	93.0	50.0	87	84(81~86)	82(80~84)	82(80~83)

[a] 经脱毒处理。

回肠真消化率(参考值)

feed ingredients used for swine(Reference)

赖氨酸 Lys,%	蛋氨酸 Met,%	胱氨酸 Cys,%	苯丙氨酸 Phe,%	苏氨酸 Thr,%	色氨酸 Trp,%	缬氨酸 Val,%
82(79~85)	86(83~90)	82	88(87~90)	82(81~84)	94	85(84~87)
76(66~81)	89(81~96)	82(78~86)	89(86~94)	84(75~92)	86(77~94)	85(76~90)
83(80~88)	90(89~93)	88(87~89)	90	86(83~91)	86	89(86~94)
78(73~85)	89(84~94)	88(79~92)	91	84(82~86)	89(87~90)	87(79~92)
78(73~83)	85(83~88)	85(82~90)	86(83~89)	81(78~88)	73(69~77)	84(81~87)
73	83(80~90)	83(81~90)	84(82~89)	75(73~82)	—	79(76~89)
85	88	—	90(89~92)	88	78	88(85~92)
91(87~94)	92(91~95)	88(87~90)	92(89~95)	89(85~95)	92(90~95)	91(89~95)
74	82(80~84)	80(79~82)	84	74(71~76)	70	78(76~79)
89(84~92)	90(86~94)	85(78~89)	86(82~89)	85(78~89)	88	86(80~89)
93(92~94)	93(91~95)	86(82~93)	91(89~92)	91(89~93)	92(89~93)	88(86~90)
58(46~68)	65(57~74)	—	77(71~81)	61(51~75)	—	66(58~76)
68(64~80)	74(65~78)	85(80~92)	83(75~95)	79(74~81)	76(70~86)	84(79~87)
77(64~85)	87	81(75~82)	81(80~84)	75	69	77(74~82)
75(72~78)	86(84~88)	79(76~84)	81(78~84)	74(70~76)	80	74(70~77)
86(84~89)	89(85~95)	89(86~92)	93(92~94)	88(84~91)	—	89(86~91)
85(82~87)	86(84~88)	88(86~92)	93	86(82~91)	—	88(85~91)
82(80~83)	89	80(79~81)	85(83~86)	82(78~84)	—	81(77~82)
83(81~84)	88(86~89)	80(79~81)	83(80~85)	81(79~83)	—	79(76~81)
93(92~95)	94(92~98)	89(85~96)	93(91~96)	94(92~98)	90	93(91~96)
94(88~98)	96(95~99)	91(88~95)	93(89~97)	94((90~98)	94	91(87~95)
65(64~66)	76(73~78)	73	83(80~85)	81	60	81(77~83)
55(52~59)	59(55~62)	55	68(62~74)	60(54~67)	—	67(64~72)
83	85	64(59~70)	83	82	78	81

ICS 65.020.30
B 43

NY

中华人民共和国农业行业标准

NY/T 815—2004

肉牛饲养标准

Feeding standard of beef cattle

2004-08-25发布　　2004-09-01实施

中华人民共和国农业部　发布

前　　言

本标准由中华人民共和国农业部提出并归口。

本标准主要起草单位:中国农业科学院畜牧研究所、中国农业大学。

本标准主要起草人:冯仰廉、王加启、杨红建、莫放、魏宏阳、黄应祥、冯定远、王中华、龚月生、李树聪。

肉 牛 饲 养 标 准

1 范围

本标准规定了肉牛对日粮干物质进食量、净能、小肠可消化粗蛋白质、矿物质元素、维生素需要量标准。

本标准适用于生长肥育牛、生长母牛、妊娠母牛、泌乳母牛。

2 术语和定义

下列术语和定义适用于本标准。

2.1

日干物质进食量 daily dry matter intake

动物24小时内对所给饲饲料干物质的进食数量，英文简写为DMI，单位以kg/d表示。

2.2

总能 gross energy

饲料总能(GE)为单位千克饲料在测热仪中完全氧化燃烧后所产生的热量，又称燃烧热，单位为kJ/kg。具体测算如式(1)：

$$GE = 239.3 \times CP + 397.5 \times EE + 200.4 \times CF + 168.6 \times NFE \quad \cdots\cdots (1)$$

式中：

GE——饲料总能，单位为千焦每千克(kJ/kg)；

CP——饲料中粗蛋白质含量，单位为百分率(%)；

EE——饲料中粗脂肪含量，单位为百分率(%)；

CF——饲料中粗纤维含量，单位为百分率(%)；

NFE——饲料中无氮浸出物含量，单位为百分率(%)。

2.3

消化能 digestive energy

消化能(DE)为饲料总能(GE)扣除粪能量损失(FE)后的差值，单位为kJ/kg。测算按式(2)计算，式(2)中能量消化率按式(3)或式(4)计算：

$$DE = GE \times 能量消化率 \quad \cdots\cdots (2)$$

$$能量消化率 = 91.6694 - 91.3359 \times (ADF\_OM) \quad \cdots\cdots (3)$$

$$能量消化率 = 94.2808 - 61.5370 \times (NDF\_OM) \quad \cdots\cdots (4)$$

式(2)、式(3)、式(4)中：

DE——消化能，单位为千焦每千克(kJ/kg)；

GE——饲料总能，单位为千焦每千克(kJ/kg)；

ADF_OM——饲料有机物中酸性洗涤纤维含量，单位为百分率(%)；

NDF_OM——饲料有机物中中性洗涤纤维含量，单位为百分率(%)。

2.4

净能 net energy

从动物食入饲料消化能中扣除尿能和被进食饲料在体内消化代谢过程中的体增热(HI)即为饲料净能值，英文简写为NE，也是单位进食饲料能量在体内的沉积量。

2.5

维持净能　net energy for maintenance

饲料维持净能的评定是根据饲料消化能乘以饲料消化能转化为维持净能的效率(Km)计算得到的，测算公式为式(5)，式(5)中 Km 测算公式为式(6)：

$$NEm = DE \times Km \quad (5)$$

$$Km = 0.1875 \times (DE/GE) + 0.4579 \quad (6)$$

式(5)和式(6)中：

NEm——维持净能，单位为千焦每千克(kJ/kg)；

DE——饲料消化能，单位为千焦每千克(kJ/kg)；

Km——消化能转化为维持净能的效率；

GE——饲料总能，单位为千焦每千克(kJ/kg)。

2.6

增重净能　net energy for gain

饲料增重净能的评定是根据饲料消化能乘以饲料消化能转化为增重净能的效率(Kf)计算得到的，具体测算公式为式(7)和式(8)：

$$NEg = DE \times K_f \quad (7)$$

$$K_f = 0.523 \times (DE/GE) + 0.00589, n = 15, r = 0.999 \quad (8)$$

式(7)和式(8)中：

NEg——增重净能，单位为千焦每千克(kJ/kg)；

DE——饲料消化能，单位为千焦每千克(kJ/kg)；

K_f——消化能转化为增重净能的效率；

GE——饲料总能，单位为千焦每千克(kJ/kg)。

2.7

综合净能　combined net energy

饲料消化能同时转化为维持净能和增重净能的综合效率(Kmf)因日粮饲养水平不同而存在很大的差异。饲料综合净能(NEmf)的评定是根据饲料消化能乘以饲料消化能转化为净能的综合效率(Kmf)计算得到的，测算公式为式(9)和式(10)：

$$NEmf = DE \times Kmf \quad (9)$$

$$Kmf = Km \times Kf \times 1.5 / (Kf + 0.5 \times Km) \quad (10)$$

式(9)和式(10)中：

Kmf——消化能转化为净能的效率；

DE——饲料消化能，单位为千焦每千克(kJ/kg)；

1.5——饲养水平值；

Km——消化能转化为维持净能的效率；

Kf——消化能转化为增重净能的效率。

2.8

肉牛能量单位　beef energy unit

本标准采用相当于1kg中等玉米(二级饲料用玉米，干物质88.5%、粗蛋白8.6%、粗纤维2.0%、粗灰分1.4%、消化能16.40MJ/kgDM，$Km = 0.6214$，$Kf = 0.4619$，$Kmf = 0.5573$，$NEmf = 9.13$MJ/kgDM)，所含的综合净能值8.08MJ(1.93Mcal)为一个“肉牛能量单位”(RND)。

2.9

小肠可消化粗蛋白质　Intestinal digestible crude protein

进入到反刍家畜小肠消化道并在小肠中被消化的粗蛋白质为小肠可消化粗蛋白质，英语简称为IDCP，由饲料瘤胃非降解蛋白质、瘤胃微生物蛋白质(MCP)及小肠内源性粗蛋白质组成，单位为克。在具体测算中，小肠内源性粗蛋白质可以忽略不计，测算公式为式(11)：

$$IDCP = UDP \times Idg1 + MCP \times 0.7 \quad \cdots\cdots (11)$$

式(11)中：

IDCP——小肠可消化粗蛋白质，单位为克(g)；

UDP——饲料瘤胃非降解粗蛋白质，单位为克(g)；

MCP——饲料微生物粗蛋白质产生量，单位为克(g)；

$Idg1$——UDP 在小肠中的消化率；

0.7——MCP 在小肠中的消化率。

鉴于国内对饲料成分表中各单一饲料小肠消化率参数缺乏，对精饲料 $Idg1$ 暂且建议取 0.65，对青粗饲料建议 $Idg1$ 取 0.60，对秸秆则忽略不计，$Idg1$ 取 0。

在计算日粮总小肠可消化粗蛋白质供给量时，瘤胃微生物蛋白质部分参与计算数值取用 MN/RDN 估测 MCP(用 MCPp 表示)和用 MCP/FOM 估测的 MCP(用 MCPf 表示)中最小的一个值。

2.10

瘤胃有效降解粗蛋白质　Rumen effective degradable protein

饲料粗蛋白质在瘤胃中被降解的部分，又称饲料瘤胃有效降解粗蛋白质，英文简称为 ERDP，单位为克。具体测算公式为式(12)和式(13)：

$$dg_t = a + b \times (1 - e^{-ct}) \quad \cdots\cdots (12)$$

$$RDP = CP \times [a + b \times c/(c + kp)] \quad \cdots\cdots (13)$$

式(12)和式(13)中：

dg_t——饲料粗蛋白质在瘤胃 t 时间点的动态降解率，单位为百分率(%)；

a——可迅速降解的可溶性粗蛋白质或非蛋白氮部分，单位为百分率(%)；

b——具有一定降解速率的非可溶性可降解粗蛋白质部分，单位为百分率(%)；

c——b 的单位小时降解速率；

CP——饲料粗蛋白质，单位为克(g)；

kp——瘤胃食糜向后段消化道外流速度。

kp 的具体计算公式如式(14)：

$$kp = -0.024 + 0.179 \times (-e^{-0.278 \times L}) \quad \cdots\cdots (14)$$

式中：

L——饲养水平，由给饲动物日粮中总代谢能需要量除以维持代谢能需要量计算而得。

2.11

饲料瘤胃微生物蛋白质　MCP

饲料在瘤胃发酵所产生并进入小肠的微生物粗蛋白，即为饲料瘤胃微生物蛋白质。具体测算公式为式(15)和式(16)：

$$MCP = RDP \times (MN\_RDN) \quad \cdots\cdots (15)$$

$$MN\_RDN = 3.6259 - 0.8457 \times \ln(RDN\_FOM) \quad \cdots\cdots (16)$$

式(15)和式(16)中：

MCP——饲料瘤胃微生物蛋白质，单位为克(g)；

MN_RDN——饲料瘤胃降解氮转化微生物氮的效率；

RDN_FOM——千克饲料瘤胃可发酵有机物中饲料瘤胃降解氮的含量，单位为克每千克(g/kg)。

为应用和计算方便，对单个饲料建议 MN_取中间值 0.9，MCP_OM 取 136。

3　肉牛营养需要量

3.1　干物质采食量

3.1.1 生长肥育牛干物质采食量

根据国内生长肥育牛的饲养试验总结资料，日粮能量浓度在 8.37～10.46 MJ/kg DM 的干物质进食量的参考计算公式为式(17)：

$$DMI=0.062\times LBW^{0.75}+(1.5296+0.0037\times LBW)\times ADG \quad \cdots\cdots (17)$$

式中：

DMI——干物质采食量，单位为千克每天(kg/d)；

LBW——活重，单位为千克(kg)；

ADG——平均日增重，单位为千克每天(kg/d)。

3.1.2 繁殖母牛干物质采食量

根据国内繁殖母牛饲养试验结果，妊娠母牛的干物质采食量参考公式为式(18)：

$$DMI=0.062\times LBW^{0.75}+(0.790+0.05587\times t) \quad \cdots\cdots (18)$$

式中：

DMI——干物质采食量，单位为千克每天(kg/d)；

LBW——活重，单位为千克/(kg)；

t——妊娠天数。

3.1.3 哺乳母牛干物质采食量

干物质进食量参考计算公式为式(19)和式(20)：

$$DMI=0.062\times LBW^{0.75}+0.45\times FCM \quad \cdots\cdots (19)$$

$$FCM=0.4\times M+15\times MF \quad \cdots\cdots (20)$$

式(19)和式(20)中：

LBW——活重，单位为千克(kg)；

FCM——4%乳脂率标准乳，单位为千克(kg)；

M——每日产奶量，单位为千克每天(kg/d)；

MF——乳脂肪含量，单位为千克(kg)；

3.2 净能需要量

肉牛净能需要量详见表 3～表 6，有关计算公式见下文。

3.2.1 生长肥育牛净能需要量

3.2.1.1 维持净能需要量

根据国内所做绝食呼吸测热试验和饲养试验的平均结果，生长肥育牛在全舍饲条件下，维持净能需要为 322kJ/kgW$^{0.75}$(或 77kcal)，即式(21)：

$$NEm=322\times LBW^{0.75} \quad \cdots\cdots (21)$$

式中：

NEm——维持净能，单位为千焦每天(kJ/d)；

LBW——活重，单位为千克(kg)；

式(21)中 NEm 值适合在中立温度、舍饲、有轻微活动和无应激的环境条件下应用。

当气温低于 12℃时，每降低 1℃，维持能量需要增加 1%。

3.2.1.2 增重净能需要量

肉牛的能量沉积(RE)就是增重净能。增重的能量沉积用式(22)计算：

$$NEg=(2092+25.1\times LBW)\times\frac{ADG}{1-0.3\times ADG} \quad \cdots\cdots (22)$$

式中：

NEg——增重净能，单位为千焦每天(kJ/d)；

LBW——活重，单位为千克(kg)；

ADG——平均日增重，单位为千克每天(kg/d)。

3.2.1.3 综合净能需要量

肉牛综合净能需要量计算公式如式(23)：

$$NEmf=\left\{322LBW^{0.75}+\left[(2\,092+25.1\times LBW)\times\frac{ADG}{1-0.3\times ADG}\right]\right\}\times F \quad\cdots\cdots(23)$$

式中：

NEmf——综合净能，单位为千焦每天(kJ/d)；

LBW——活重，单位为千克(kg)；

ADG——平均日增重，单位为千克每天(kg/d)；

F——综合净能校正系数，具体见表1。

表1 不同体重和日增重的肉牛综合净能需要的校正系数(F)

体重,kg	日 增 重,kg/d											
	0	0.3	0.4	0.5	0.6	0.7	0.8	0.9	1	1.1	1.2	1.3
150~200	0.850	0.960	0.965	0.970	0.975	0.978	0.988	1.000	1.020	1.040	0.060	0.080
225	0.864	0.974	0.979	0.984	0.989	0.992	1.002	1.014	1.034	1.054	1.074	1.094
250	0.877	0.987	0.992	0.997	1.002	1.005	1.015	1.027	1.047	1.067	1.087	1.107
275	0.891	1.001	1.006	1.011	1.016	1.019	1.029	1.041	1.061	1.081	1.101	1.121
300	0.904	1.014	1.002	1.024	1.029	1.032	1.042	1.054	1.074	1.094	1.114	1.134
325	0.910	1.020	1.025	1.030	1.035	1.038	1.048	1.060	1.080	1.100	1.120	1.140
350	0.915	1.025	1.030	1.035	1.040	1.043	1.053	1.065	1.085	1.105	1.125	1.145
375	0.921	1.031	1.036	1.041	1.046	1.049	1.059	1.071	1.091	1.111	1.131	1.151
400	0.927	1.037	1.042	1.047	1.052	1.055	1.065	1.077	1.097	1.117	1.137	1.157
425	0.930	1.040	1.045	1.050	1.055	1.058	1.680	1.408	1.100	1.120	1.140	1.160
450	0.932	1.042	1.047	1.052	1.057	1.060	1.070	1.082	1.102	1.122	1.142	1.162
475	0.935	1.045	1.050	1.055	1.060	1.063	1.073	1.085	1.105	1.125	1.145	1.165
500	0.937	1.047	1.052	1.057	1.062	1.065	1.075	1.087	1.107	1.127	1.147	1.167

3.2.2 生长母牛净能需要量

3.2.2.1 维持净能需要量 NEm

同3.2.1.1中式(21)。

3.2.2.2 增重净能需要量 NEg

生长母牛增重净能按生长肥育牛增重净能的110%计算。具体计算如式(24)：

$$NEg=\frac{110}{100}\times(2\,092+25.1\times LBW)\times\frac{ADG}{1-0.3\times ADG} \quad\cdots\cdots(24)$$

式中：

LBW——活重，单位为千克(kg)；

ADG——平均日增重，单位为千克每天(kg/d)。

3.2.2.3 综合净能需要量

肉牛综合净能需要量计算公式同3.2.1.3中式(23)，其中，增重净能需要量部分按式(24)。

3.2.3 妊娠母牛净能需要量

3.2.3.1 维持净能需要量 NEm

同3.2.1.1中式(21)。

3.2.3.2 妊娠净能需要量 NEc

繁殖母牛妊娠净能校正为维持净能的计算公式如式(25)：

$$NEc=Gw\times(0.197\,69\times t-11.761\,22) \quad\cdots\cdots(25)$$

式中：

NEc——妊娠净能需要量，单位为兆焦每天（MJ/d）；

Gw——胎日增重，单位为千克每天（kg/d）；

t——妊娠天数。

不同妊娠天数（t）、不同体重母牛的胎日增重（Gw）计算公式为式（26）：

$$Gw=(0.00879\times t-0.8545)\times(0.1439+0.0003558\times LBW) \qquad (26)$$

式中：

GW——胎日增重，单位为千克（kg）；

LBW——活重，单位为千克（kg）；

t——妊娠天数。

3.2.3.3 综合净能需要量 NEmf

妊娠综合净能需要量计算如式（27）：

$$NEmf=(NEm+NEc)\times 0.82 \qquad (27)$$

式中：

NEmf——妊娠综合净能需要量，单位为千焦每天（kJ/d）；

NEm——维持净能需要量，单位为千焦每天（kJ/d）；

NEc——妊娠净能需要量，单位为千焦每天（kJ/d）。

3.2.4 泌乳母牛净能需要量

3.2.4.1 维持净能需要量 NEm

同 3.2.1.1 中式（21）。

3.2.4.2 泌乳净能需要量 NEL

泌乳净能需要量的计算公式如式（28）或式（29）：

$$NEL=M\times 3.138\times FCM \qquad (28)$$

或

$$NEL=M\times 4.184\times(0.092\times MF+0.049\times SNF+0.0569) \qquad (29)$$

式（28）和式（29）中：

NEL——泌乳净能，单位为千焦每天（kJ/d）；

M——每日产奶量，单位为千克每天（kg/d）；

FCM——4%乳脂率标准乳，具体计算公式同式（20），单位为千克（kg）；

MF——乳脂肪含量，单位为百分率（%）；

SNF——乳非脂肪固形物含量，单位为百分率（%）。

由于代谢能用于维持和用于产奶的效率相似，故泌乳母牛的饲料产奶净能供给量可以用维持净能来计算。

3.2.4.3 泌乳综合净能需要量

泌乳综合净能需要量的计算公式如式（30）：

$$泌乳母牛综合净能=(维持净能+泌乳净能)\times 校正系数 \qquad (30)$$

3.3 小肠可消化粗蛋白质需要量 IDCP

肉牛小肠可消化蛋白质需要量等于用于维持、增重、妊娠、泌乳的小肠可消化粗蛋白质的总和。肉牛小肠可消化粗蛋白质需要表详见表 3～表 8。有关计算公式见下文。

3.3.1 维持小肠可消化粗蛋白质需要量 IDCPm

根据国内的最新氮平衡试验结果，在本标准中建议肉牛维持的粗蛋白质需要量（g/d）为 $5.43LBW^{0.75}$。肉牛小肠可消化粗蛋白质的需要量计算公式如式（31）：

$$IDCPm=3.69\times LBW^{0.75} \qquad (31)$$

式中：

IDCPm——维持小肠可消化粗蛋白质需要量，单位为克每天(g/d)；

LBW——活重，单位为千克(kg)。

3.3.2 增重小肠可消化粗蛋白质需要量 IDCPg

肉牛增重的净蛋白质需要量(NPg)为动物体组织中每天蛋白质沉积量，它是根据从单位千克增重中蛋白质含量和每天活增重计算而得到的。增重蛋白质沉积量也随动物活重、生长阶段、性别、增重率变化而变化。以肉牛育肥上市期望体重 500 kg，体脂肪含量为 27%作为参考，增重的小肠可消化蛋白质需要量计算如式(32)、式(33)和式(34)：

$$\mathrm{NPg}=\mathrm{ADG}\times[268-7.026\times(\mathrm{NEg}/\mathrm{ADG})] \quad \cdots\cdots (32)$$

当 LBW≤330 时，

$$\mathrm{IDCPg}=\mathrm{NPg}/(0.834-0.000\,9\times\mathrm{LBW}) \quad \cdots\cdots (33)$$

当 LBW>330 时，

$$\mathrm{IDCPg}=\mathrm{NPg}/0.492 \quad \cdots\cdots (34)$$

式(32)、式(33)、式(34)中：

NPg——净蛋白质需要量，单位为克每天(g/d)；

IDCPg——增重小肠可消化粗蛋白质需要量，单位为克每天(g/d)；

LBW——活重，单位为千克(kg)；

ADG——日增重，单位为千克每天(kg/d)；

0.492——小肠可消化粗蛋白质转化为增重净蛋白质的效率；

NEg——增重净能，单位为兆焦每天(MJ/d)。

3.3.3 妊娠小肠可消化粗蛋白质需要量 IDCPc

小肠可消化蛋白质用于妊娠肉用母牛胎儿发育的净蛋白质需要量用 NPc 来表示的，具体根据犊牛出生重量(CBW)和妊娠天数计算。其模型建立数据是以海福特青年母牛妊娠子宫及胎儿测定结果为基础(Ferrell 等，1967)，计算公式如式(35)和式(36)。

$$\mathrm{NPc}=6.25\times\mathrm{CBW}\times[0.001\,669-(0.000\,002\,11\times t)]\times e^{(0.027\,8-0.000\,017\,6\times t)\times t} \quad \cdots\cdots (35)$$

$$\mathrm{IDCPc}=\mathrm{NPc}/0.65 \quad \cdots\cdots (36)$$

式(35)和式(36)中：

NPc——妊娠小肠可消化粗蛋白质需要量，单位为克每天(g/d)；

t——妊娠天数；

0.65——妊娠小肠消化粗蛋白质转化为妊娠净蛋白质的效率；

CBW——犊牛出生重，单位为千克(kg)。具体计算如式(37)：

$$\mathrm{CBW}=15.201+0.037\,6\times\mathrm{LBW} \quad \cdots\cdots (37)$$

式中：

CBW——犊牛出生重，单位为千克(kg)；

LBW——妊娠母牛活重。

3.3.4 泌乳小肠可消化粗蛋白质需要量 IDCPL

产奶的蛋白质需要量根据牛奶中的蛋白质含量实测值计算。

粗蛋白质用于奶蛋白的平均效率为 0.6，小肠可消化粗蛋白质用于奶蛋白质合成的效率为 0.70，式公式如式(38)：

$$\text{产奶小肠可消化粗蛋白质需要量}=\frac{X}{0.70} \quad \cdots\cdots (38)$$

式中：

X——每日乳蛋白质产量，单位为克每天(g/d)；

0.70——小肠可消化粗蛋白质转化为产奶净蛋白质的效率。

3.4 肉牛小肠可吸收氨基酸需要量

3.4.1 小肠理想氨基酸模式

根据国内采用安装有瘤胃、十二指肠前端和回肠末端瘘管的阉牛进行的消化代谢试验研究结果，经反复验证后，肉牛小肠理想氨基酸模式如表2所示。

表2 小肠可消化粗蛋白质中各种必需氨基酸的理想化学分数

氨 基 酸	体蛋白质，g/100g IDCP	理想模式，%
赖氨酸(Lys)	6.4	100
蛋氨酸(Met)	2.2	34
精氨酸(Arg)	3.3	52
组氨酸(His)	2.5	39
亮氨酸(Leu)	6.7	105
异亮氨酸(Ile)	2.8	44
苯丙氨酸(Phe)	3.5	55
苏氨酸(Thr)	3.9	61
缬氨酸(Val)	4.0	63

3.4.2 小肠可吸收赖氨酸和蛋氨酸维持需要量

根据国内采用安装有瘤胃、十二指肠前端和回肠末端瘘管的阉牛进行的消化代谢试验研究成果，在饲喂氨化稻草—玉米—棉粕型日粮条件下，生长阉牛维持的小肠表观可吸收赖氨酸和蛋氨酸需要量分别为0.112 7和0.038 4 g/kg $W^{0.75}$，对体表皮屑和毛发损失加以考虑后，维持的小肠表观可吸收赖氨酸和蛋氨酸需要量分别为0.120 6和0.041 0 g/kg $W^{0.75}$。小肠表观可吸收赖氨酸与蛋氨酸需要量之比为2.94∶1，而体蛋白中的赖氨酸与蛋氨酸含量之比为3.23∶1。

3.5 肉牛对矿物元素需要量

3.5.1 肉牛对钙和磷需要量

肉牛对钙和磷需要量见表3～表6。

3.5.2 肉牛对钠和氯需要量

钠和氯一般用食盐补充，根据牛对钠的需要量占日粮干物质的0.06%～0.10%计算，日粮含食盐0.15%～0.25%即可满足钠和氯的需要。

3.5.3 肉牛对微量元素需要量

肉牛对微量元素需要量见表8。

3.6 肉牛对维生素需要量

3.6.1 维生素A需要量

肉用牛的维生素A需要量按照每千克饲料干物质计算：

生长肥育牛为2 200 IU，相当于5.5 mg β-胡萝卜素；

妊娠母牛为2 800 IU，相当于7.0 mg β-胡萝卜素；

泌乳母牛为3 900 IU，相当于9.75 mg β-胡萝卜素；

1mg β-胡萝卜素相当于400IU维生素A。

3.6.2 维生素D需要量

肉牛的维生素D需要量为275 IU/kg干物质日粮。1IU维生素D的效价相当于0.025 μg胆钙化醇。麦角钙化醇(维生素D_2)对牛也具有活性。水生动物肝脏中储存着大量的维生素D，而包括反刍动物在内的陆生哺乳动物体内没有维生素D储存。但是，肉牛受阳光照射可以合成维生素D，采食经阳光辐射的粗饲料也可获得维生素D。因此，这些动物极少需要补充维生素D。

3.6.3 维生素E需要量

肉牛对维生素E适宜需要量：幼年犊牛需要量为15 IU/kg干物质～60 IU/kg干物质。对于青年母牛，在产前1个月日粮添加维生素E协同硒制剂注射，有助于减少繁殖疾病(难产、胎衣不下等)的发生。经产犊4胎的母牛的生长、繁殖和泌乳不受低维生素E的影响。对生长肥育阉牛最适维生素E需要量为每日在日粮中添加50 IU～100 IU的维生素E。

4 肉牛常用饲料成分与营养价值

4.1 青绿饲料类饲料成分与营养价值

青绿饲料类饲料成分与营养价值详见表9。

4.2 块根块茎瓜果类饲料成分与营养价值

块根、块茎、瓜果类饲料成分与营养价值详见表10。

4.3 干草类饲料成分与营养价值

干草类饲料成分与营养价值详见表11。

4.4 农副产品类饲料成分与营养价值

农副产品类饲料成分与营养价值详见表12。

4.5 谷实类饲料成分与营养价值

谷实类饲料成分与营养价值详见表13。

4.6 糠麸类饲料成分与营养价值

糠麸类饲料成分与营养价值详见表14。

4.7 饼粕类饲料成分与营养价值

饼粕类饲料成分与营养价值详见表15。

4.8 糟渣类饲料成分与营养价值

糟渣类饲料成分与营养价值详见表16。

4.9 矿物质类饲料成分与营养价值

矿物质类饲料成分与营养价值详见表17。

表3 生长肥育牛的每日营养需要量

LBW kg	ADG kg/d	DMI kg/d	NEm MJ/d	NEg MJ/d	RND	NEmf MJ/d	CP g/d	IDCPm g/d	IDCPg g/d	IDCP g/d	钙 g/d	磷 g/d
150	0	2.66	13.80	0.00	1.46	11.76	236	158	0	158	5	5
	0.3	3.29	13.80	1.24	1.87	15.10	377	158	103	261	14	8
	0.4	3.49	13.80	1.71	1.97	15.90	421	158	136	294	17	9
	0.5	3.70	13.80	2.22	2.07	16.74	465	158	169	328	19	10
	0.6	3.91	13.80	2.76	2.19	17.66	507	158	202	360	22	11
	0.7	4.12	13.80	3.34	2.30	18.58	548	158	235	393	25	12
	0.8	4.33	13.80	3.97	2.45	19.75	589	158	267	425	28	13
	0.9	4.54	13.80	4.64	2.61	21.05	627	158	298	457	31	14
	1.0	4.75	13.80	5.38	2.80	22.64	665	158	329	487	34	15
	1.1	4.95	13.80	6.18	3.02	20.35	704	158	360	518	37	16
	1.2	5.16	13.80	7.06	3.25	26.28	739	158	389	547	40	16
175	0	2.98	15.49	0.00	1.63	13.18	265	178	0	178	6	6
	0.3	3.63	15.49	1.45	2.09	16.90	403	178	104	281	14	9
	0.4	3.85	15.49	2.00	2.20	17.78	447	178	138	315	17	9
	0.5	4.07	15.49	2.59	2.32	18.70	489	178	171	349	20	10
	0.6	4.29	15.49	3.22	2.44	19.71	530	178	204	382	23	11
	0.7	4.51	15.49	3.89	2.57	20.75	571	178	237	414	26	12
	0.8	4.72	15.49	4.63	2.79	22.05	609	178	269	446	28	13
	0.9	4.94	15.49	5.42	2.91	23.47	650	178	300	478	31	14
	1.0	5.16	15.49	6.28	3.12	25.23	686	178	331	508	34	15
	1.1	5.38	15.49	7.22	3.37	27.20	724	178	361	538	37	16
	1.2	5.59	15.49	8.24	3.63	29.29	759	178	390	567	40	17

表3（续）

LBW kg	ADG kg/d	DMI kg/d	NEm MJ/d	NEg MJ/d	RND	NEmf MJ/d	CP g/d	IDCPm g/d	IDCPg g/d	IDCP g/d	钙 g/d	磷 g/d
200	0	3.30	17.12	0.00	1.80	14.56	293	196	0	196	7	7
	0.3	3.98	17.12	1.66	2.32	18.70	428	196	105	301	15	9
	0.4	4.21	17.12	2.28	2.43	19.62	472	196	139	336	17	10
	0.5	4.44	17.12	2.95	2.56	20.67	514	196	173	369	20	11
	0.6	4.66	17.12	3.67	2.69	21.76	555	196	206	403	23	12
	0.7	4.89	17.12	4.45	2.83	22.47	593	196	239	435	26	13
	0.8	5.12	17.12	5.29	3.01	24.31	631	196	271	467	29	14
	0.9	5.34	17.12	6.19	3.21	25.90	669	196	302	499	31	15
	1.0	5.57	17.12	7.17	3.45	27.82	708	196	333	529	34	16
	1.1	5.80	17.12	8.25	3.71	29.96	743	196	362	558	37	17
	1.2	6.03	17.12	9.42	4.00	32.30	778	196	391	587	40	17
225	0	3.60	18.71	0.00	1.87	15.10	320	214	0	214	7	7
	0.3	4.31	18.71	1.86	2.56	20.71	452	214	107	321	15	10
	0.4	4.55	18.71	2.57	2.69	21.76	494	214	141	356	18	11
	0.5	4.78	18.71	3.32	2.83	22.89	535	214	175	390	20	12
	0.6	5.02	18.71	4.13	2.98	24.10	576	214	209	423	23	13
	0.7	5.26	18.71	5.01	3.14	25.36	614	214	241	456	26	14
	0.8	5.49	18.71	5.95	3.33	26.90	652	214	273	488	29	14
	0.9	5.73	18.71	6.97	3.55	28.66	691	214	304	519	31	15
	1.0	5.96	18.71	8.07	3.81	30.79	726	214	335	549	34	16
	1.1	6.20	18.71	9.28	4.10	33.10	761	214	364	578	37	17
	1.2	6.44	18.71	10.59	4.42	35.69	796	214	391	606	39	18
250	0	3.90	20.24	0.00	2.20	17.78	346	232	0	232	8	8
	0.3	4.64	20.24	2.07	2.81	22.72	475	232	108	340	16	11
	0.4	4.88	20.24	2.85	2.95	23.85	517	232	143	375	18	12
	0.5	5.13	20.24	3.69	3.11	25.10	558	232	177	409	21	12
	0.6	5.37	20.24	4.59	3.27	26.44	599	232	211	443	23	13
	0.7	5.62	20.24	5.56	3.45	27.82	637	232	244	475.9	26	14
	0.8	5.87	20.24	6.61	3.65	29.50	672	232	276	507.8	29	15
	0.9	6.11	20.24	7.74	3.89	31.38	711	232	307	538.8	31	16
	1.0	6.36	20.24	8.97	4.18	33.72	746	232	337	568.6	34	17
	1.1	6.60	20.24	10.31	4.49	36.28	781	232	365	597.2	36	18
	1.2	6.85	20.24	11.77	4.84	39.06	814	232	392	624.3	39	18
275	0	4.19	21.74	0.00	2.40	19.37	372	249	0	249.2	9	9
	0.3	4.96	21.74	2.28	3.07	24.77	501	249	110	359	16	12
	0.4	5.21	21.74	3.14	3.22	25.98	543	249	145	394.4	19	12
	0.5	5.47	21.74	4.06	3.39	27.36	581	249	180	429	21	13
	0.6	5.72	21.74	5.05	3.57	28.79	619	249	214	462.8	24	14
	0.7	5.98	21.74	6.12	3.75	30.29	657	249	247	495.8	26	15
	0.8	6.23	21.74	7.27	3.98	32.13	696	249	278	527.7	29	16
	0.9	6.49	21.74	8.51	4.23	34.18	731	249	309	558.5	31	16
	1.0	6.74	21.74	9.86	4.55	36.74	766	249	339	588	34	17
	1.1	7.00	21.74	11.34	4.89	39.50	798	249	367	616	36	18
	1.2	7.25	21.74	12.95	5.60	42.51	834	249	393	642.4	39	19
300	0	4.46	23.21	0.00	2.60	21.00	397	266	0	266	10	10
	0.3	5.26	23.21	2.48	3.32	26.78	523	266	112	377.6	17	12
	0.4	5.53	23.21	3.42	3.48	28.12	565	266	147	413.4	19	13
	0.5	5.79	23.21	4.43	3.66	29.58	603	266	182	448.4	21	14

表3（续）

LBW kg	ADG kg/d	DMI kg/d	NEm MJ/d	NEg MJ/d	RND	NEmf MJ/d	CP g/d	IDCPm g/d	IDCPg g/d	IDCP g/d	钙 g/d	磷 g/d
300	0.6	6.06	23.21	5.51	3.86	31.13	641	266	216	482.4	24	15
	0.7	6.32	23.21	6.67	4.06	32.76	679	266	249	515.5	26	15
	0.8	6.58	23.21	7.93	4.31	34.77	715	266	281	547.4	29	16
	0.9	6.85	23.21	9.29	4.58	36.99	750	266	312	578	31	17
	1.0	7.11	23.21	10.76	4.92	39.71	785	266	341	607.1	34	18
	1.1	7.38	23.21	12.37	5.29	42.68	818	266	369	634.6	36	19
	1.2	7.64	23.21	14.12	5.69	45.98	850	266	394	660.3	38	19
325	0	4.75	24.65	0.00	2.78	22.43	421	282	0	282.4	11	11
	0.3	5.57	24.65	2.69	3.54	28.58	547	282	114	396	17	13
	0.4	5.84	24.65	3.71	3.72	30.04	586	282	150	432.3	19	14
	0.5	6.12	24.65	4.80	3.91	31.59	624	282	185	467.6	22	14
	0.6	6.39	24.65	5.97	4.12	33.26	662	282	219	501.9	24	15
	0.7	6.66	24.65	7.23	4.36	35.02	700	282	253	535.1	26	16
	0.8	6.94	24.65	8.59	4.60	37.15	736	282	284	566.9	29	17
	0.9	7.21	24.65	10.06	4.90	39.54	771	282	315	597.3	31	18
	1.0	7.49	24.65	11.66	5.25	42.43	803	282	344	626.1	33	18
	1.1	7.76	24.65	13.40	5.65	45.61	839	282	371	653	36	19
	1.2	8.03	24.65	15.30	6.08	49.12	868	282	395	677.8	38	20
350	0	5.02	26.06	0.00	2.95	23.85	445	299	0	298.6	12	12
	0.3	5.87	26.06	2.90	3.76	30.38	569	299	122	420.6	18	14
	0.4	6.15	26.06	3.99	3.95	31.92	607	299	161	459.4	20	14
	0.5	6.43	26.06	5.17	4.16	33.60	645	299	199	497.1	22	15
	0.6	6.72	26.06	6.43	4.38	35.40	683	299	235	533.6	24	16
	0.7	7.00	26.06	7.79	4.61	37.24	719	299	270	568.7	27	17
	0.8	7.28	26.06	9.25	4.89	39.50	757	299	304	602.3	29	17
	0.9	7.57	26.06	10.83	5.21	42.05	789	299	336	634.1	31	18
	1.0	7.85	26.06	12.55	5.59	45.15	824	299	365	664	33	19
	1.1	8.13	26.06	14.43	6.01	48.53	857	299	393	691.7	36	20
	1.2	8.41	26.06	16.48	6.47	52.26	889	299	418	716.9	38	20
375	0	5.28	27.44	0.00	3.13	25.27	469	314	0	314.4	12	12
	0.3	6.16	27.44	3.10	3.99	32.22	593	314	119	433.5	18	14
	0.4	6.45	27.44	4.28	4.19	33.85	631	314	157	471.2	20	15
	0.5	6.74	27.44	5.54	4.41	35.61	669	314	193	507.7	22	16
	0.6	7.03	27.44	6.89	4.65	37.53	704	314	228	542.9	25	17
	0.7	7.32	27.44	8.34	4.89	39.50	743	314	262	576.6	27	17
	0.8	7.62	27.44	9.91	5.19	41.88	778	314	294	608.7	29	18
	0.9	7.91	27.44	11.61	5.52	44.60	810	314	324	638.9	31	19
	1.0	8.20	27.44	13.45	5.93	47.87	845	314	353	667.1	33	19
	1.1	8.49	27.44	15.46	6.26	50.54	878	314	378	692.9	35	20
	1.2	8.79	27.44	17.65	6.75	54.48	907	314	402	716	38	20
400	0	5.55	28.80	0.00	3.31	26.74	492	330	0	330	13	13
	0.3	6.45	28.80	3.31	4.22	34.06	613	330	116	446.2	19	15
	0.4	6.76	28.80	4.56	4.43	35.77	651	330	153	482.7	21	16
	0.5	7.06	28.80	5.91	4.66	37.66	689	330	188	518	23	17
	0.6	7.36	28.80	7.35	4.91	39.66	727	330	222	551.9	25	17
	0.7	7.66	28.80	8.90	5.17	41.76	763	330	254	584.3	27	18
	0.8	7.96	28.80	10.57	5.49	44.31	798	330	285	614.8	29	19
	0.9	8.26	28.80	12.38	5.64	47.15	830	330	313	643.5	31	19

表3（续）

LBW kg	ADG kg/d	DMI kg/d	NEm MJ/d	NEg MJ/d	RND	NEmf MJ/d	CP g/d	IDCPm g/d	IDCPg g/d	IDCP g/d	钙 g/d	磷 g/d
400	1.0	8.56	28.80	14.35	6.27	50.63	866	330	340	669.9	33	20
	1.1	8.87	28.80	16.49	6.74	54.43	895	330	364	693.8	35	21
	1.2	9.17	28.80	18.83	7.26	58.66	927	330	385	714.8	37	21
425	0	5.80	30.14	0.00	3.48	28.08	515	345	0	345.4	14	14
	0.3	6.73	30.14	3.52	4.43	35.77	636	345	113	458.6	19	16
	0.4	7.04	30.14	4.85	4.65	37.57	674	345	149	494	21	17
	0.5	7.35	30.14	6.28	4.90	39.54	712	345	183	528.1	23	17
	0.6	7.66	30.14	7.81	5.16	41.67	747	345	215	560.7	25	18
	0.7	7.97	30.14	9.45	5.44	43.89	783	345	246	591.7	27	18
	0.8	8.29	30.14	11.23	5.77	46.57	818	345	275	620.8	29	19
	0.9	8.60	30.14	13.15	6.14	49.58	850	345	302	647.8	31	20
	1.0	8.91	30.14	15.24	6.59	53.22	886	345	327	672.4	33	20
	1.1	9.22	30.14	17.52	7.09	57.24	918	345	349	694.4	35	21
	1.2	9.53	30.14	20.01	7.64	61.67	947	345	368	713.3	37	22
450	0	6.06	31.46	0.00	3.63	29.33	538	361	0	360.5	15	15
	0.3	7.02	31.46	3.72	4.63	37.41	659	361	110	470.7	20	17
	0.4	7.34	31.46	5.14	4.87	39.33	697	361	145	505.1	21	17
	0.5	7.66	31.46	6.65	5.12	41.38	732	361	177	538	23	18
	0.6	7.98	31.46	8.27	5.40	43.60	770	361	209	569.3	25	19
	0.7	8.30	31.46	10.01	5.69	45.94	806	361	238	598.9	27	19
	0.8	8.62	31.46	11.89	6.03	48.74	841	361	266	626.5	29	20
	0.9	8.94	31.46	13.93	6.43	51.92	873	361	291	651.8	31	20
	1.0	9.26	31.46	16.14	6.90	55.77	906	361	314	674.7	33	21
	1.1	9.58	31.46	18.55	7.42	59.96	938	361	334	694.8	35	22
	1.2	9.90	31.46	21.18	8.00	64.60	967	361	351	711.7	37	22
475	0	6.31	32.76	0.00	3.79	30.63	560	375	0	375.4	16	16
	0.3	7.30	32.76	3.93	4.84	39.08	681	375	107	482.7	20	17
	0.4	7.63	32.76	5.42	5.09	41.09	719	375	140	515.9	22	18
	0.5	7.96	32.76	7.01	5.35	43.26	754	375	172	547.6	24	19
	0.6	8.29	32.76	8.73	5.64	45.61	789	375	202	577.7	25	19
	0.7	8.61	32.76	10.57	5.94	48.03	825	375	230	605.8	27	20
	0.8	8.94	32.76	12.55	6.31	51.00	860	375	257	631.9	29	20
	0.9	9.27	32.76	14.70	6.72	54.31	892	375	280	655.7	31	21
	1.0	9.60	32.76	17.04	7.22	58.32	928	375	301	676.9	33	21
	1.1	9.93	32.76	19.58	7.77	62.76	957	375	320	695	35	22
	1.2	10.26	32.76	22.36	8.37	67.61	989	375	334	709.8	36	23
500	0	6.56	34.05	0.00	3.95	31.92	582	390	0	390.2	16	16
	0.3	7.58	34.05	4.14	5.04	40.71	700	390	104	494.5	21	18
	0.4	7.91	34.05	5.71	5.30	42.84	738	390	136	526.6	22	19
	0.5	8.25	34.05	7.38	5.58	45.10	776	390	167	557.1	24	19
	0.6	8.59	34.05	9.18	5.88	47.53	811	390	196	585.8	26	20
	0.7	8.93	34.05	11.12	6.20	50.08	847	390	222	612.6	27	20
	0.8	9.27	34.05	13.21	6.58	53.18	882	390	247	637.2	29	21
	0.9	9.61	34.05	15.48	7.01	56.65	912	390	269	659.4	31	21
	1.0	9.94	34.05	17.93	7.53	60.88	947	390	289	678.8	33	22
	1.1	10.28	34.05	20.61	8.10	65.48	979	390	305	695	34	23
	1.2	10.62	34.05	23.54	8.73	70.54	1 011	390	318	707.7	36	23

表 4　生长母牛的每日营养需要量

LBW kg	ADG kg/d	DMI kg/d	NEm MJ/d	NEg MJ/d	RND	NEmf MJ/d	CP g/d	IDCPm g/d	IDCPg g/d	IDCP g/d	钙 g/d	磷 g/d
150	0	2.66	13.80	0.00	1.46	11.76	236	158	0	158	5	5
	0.3	3.29	13.80	1.37	1.90	15.31	377	158	101	259	13	8
	0.4	3.49	13.80	1.88	2.00	16.15	421	158	134	293	16	9
	0.5	3.70	13.80	2.44	2.11	17.07	465	158	167	325	19	10
	0.6	3.91	13.80	3.03	2.24	18.07	507	158	200	358	22	11
	0.7	4.12	13.80	3.67	2.36	19.08	548	158	231	390	25	11
	0.8	4.33	13.80	4.36	2.52	20.33	589	158	263	421	28	12
	0.9	4.54	13.80	5.11	2.69	21.76	627	158	294	452	31	13
	1.0	4.75	13.80	5.92	2.91	23.47	665	158	324	482	34	14
175	0	2.98	15.49	0.00	1.63	13.18	265	178	0	178	6	6
	0.3	3.63	15.49	1.59	2.12	17.15	403	178	102	280	14	8
	0.4	3.85	15.49	2.20	2.24	18.07	447	178	136	313	17	9
	0.5	4.07	15.49	2.84	2.37	19.12	489	178	169	346	19	10
	0.6	4.29	15.49	3.54	2.50	20.21	530	178	201	378	22	11
	0.7	4.51	15.49	4.28	2.64	21.34	571	178	233	410	25	12
	0.8	4.72	15.49	5.09	2.81	22.72	609	178	264	442	28	13
	0.9	4.94	15.49	5.96	3.01	24.31	650	178	295	472	30	14
	1.0	5.16	15.49	6.91	3.24	26.19	686	178	324	502	33	15
200	0	3.30	17.12	0.00	1.80	14.56	293	196	0	196	7	7
	0.3	3.98	17.12	1.82	2.34	18.92	428	196	103	300	14	9
	0.4	4.21	17.12	2.51	2.47	19.46	472	196	137	333	17	10
	0.5	4.44	17.12	3.25	2.61	21.09	514	196	170	366	19	11
	0.6	4.66	17.12	4.04	2.76	22.30	555	196	202	399	22	12
	0.7	4.89	17.12	4.89	2.92	23.43	593	196	234	431	25	13
	0.8	5.12	17.12	5.82	3.10	25.06	631	196	265	462	28	14
	0.9	5.34	17.12	6.81	3.32	26.78	669	196	296	492	30	14
	1.0	5.57	17.12	7.89	3.58	28.87	708	196	325	521	33	15
225	0	3.60	18.71	0.00	1.87	15.10	320	214	0	214	7	7
	0.3	4.31	18.71	2.05	2.60	20.71	452	214	105	319	15	10
	0.4	4.55	18.71	2.82	2.74	21.76	494	214	138	353	17	11
	0.5	4.78	18.71	3.66	2.89	22.89	535	214	172	386	20	12
	0.6	5.02	18.71	4.55	3.06	24.10	576	214	204	418	23	112
	0.7	5.26	18.71	5.51	3.22	25.36	614	214	236	450	25	13
	0.8	5.49	18.71	6.54	3.44	26.90	652	214	267	481	28	14
	0.9	5.73	18.71	7.66	3.67	29.62	691	214	297	511	30	15
	1.0	5.96	18.71	8.88	3.95	31.92	726	214	326	540	33	16
250	0	3.90	20.24	0.00	2.20	17.78	346	232	0	232	8	8
	0.3	4.64	20.24	2.28	2.84	22.97	475	232	106	338	15	11
	0.4	4.88	20.24	3.14	3.00	24.23	517	232	140	372	18	11
	0.5	5.13	20.24	4.06	3.17	25.01	558	232	173	405	20	12
	0.6	5.37	20.24	5.05	3.35	27.03	599	232	206	438	23	13
	0.7	5.62	20.24	6.12	3.53	28.53	637	232	237	469	25	14
	0.8	5.87	20.24	7.27	3.76	30.38	672	232	268	500	28	15
	0.9	6.11	20.24	8.51	4.02	32.47	711	232	298	530	30	15
	1.0	6.36	20.24	9.86	4.33	34.98	746	232	326	558	33	17
275	0	4.19	21.74	0.00	2.40	19.37	372	249	0	249	9	9
	0.3	4.96	21.74	2.50	3.10	25.06	501	249	107	356	16	11
	0.4	5.21	21.74	3.45	3.27	26.40	543	249	141	391	18	12

表4（续）

LBW kg	ADG kg/d	DMI kg/d	NEm MJ/d	NEg MJ/d	RND	NEmf MJ/d	CP g/d	IDCPm g/d	IDCPg g/d	IDCP g/d	钙 g/d	磷 g/d
275	0.5	5.47	21.74	4.47	3.45	27.87	581	249	175	424	20	13
	0.6	5.72	21.74	5.56	3.65	29.46	619	249	208	457	23	14
	0.7	5.98	21.74	6.73	3.85	31.09	657	249	239	488	25	14
	0.8	6.23	21.74	7.99	4.10	33.10	696	249	270	519	28	15
	0.9	6.49	21.74	9.36	4.38	35.35	731	249	299	548	30	16
	1.0	6.74	21.74	10.85	4.72	38.07	766	249	327	576	32	17
300	0	4.46	23.21	0.00	2.60	21.00	397	266	0	266	10	10
	0.3	5.26	23.21	2.73	3.35	27.07	523	266	109	375	16	12
	0.4	5.53	23.21	3.77	3.54	28.58	565	266	143	409	18	13
	0.5	5.79	23.21	4.87	3.74	30.17	603	266	177	443	21	14
	0.6	6.06	23.21	6.06	3.95	31.88	641	266	210	476	23	14
	0.7	6.32	23.21	7.34	4.17	33.64	679	266	241	507	25	15
	0.8	6.58	23.21	8.72	4.44	35.82	715	266	271	537	28	16
	0.9	6.85	23.21	10.21	4.74	38.24	750	266	300	566	30	17
	1.0	7.11	23.21	11.84	5.10	41.17	785	266	328	594	32	17
325	0	4.75	24.65	0.00	2.78	22.43	421	282	0	282	11	11
	0.3	5.57	24.65	2.96	3.59	28.95	547	282	110	393	17	13
	0.4	5.84	24.65	4.08	3.78	30.54	586	282	145	427	19	14
	0.5	6.12	24.65	5.28	3.99	32.22	624	282	179	461	21	14
	0.6	6.39	24.65	6.57	4.22	34.06	662	282	212	494	23	15
	0.7	6.66	24.65	7.95	4.46	35.98	700	282	243	526	25	16
	0.8	6.94	24.65	9.45	4.74	38.28	736	282	273	556	28	16
	0.9	7.21	24.65	11.07	5.06	40.88	771	282	302	584	30	17
	1.0	7.49	24.65	12.82	5.45	44.02	803	282	329	611	32	18
350	0	5.02	26.06	0.00	2.95	23.85	445	299	0	299	12	12
	0.3	5.87	26.06	3.19	3.81	30.75	569	299	118	416	17	14
	0.4	6.15	26.06	4.39	4.02	32.47	607	299	155	454	19	14
	0.5	6.43	26.06	5.69	4.24	34.27	645	299	191	490	21	15
	0.6	6.72	26.06	7.07	4.49	36.23	683	299	226	524	23	16
	0.7	7.00	26.06	8.56	4.74	38.24	719	299	259	558	25	16
	0.8	7.28	26.06	10.17	5.04	40.71	757	299	290	589	28	17
	0.9	7.57	26.06	11.92	5.38	43.47	789	299	320	619	30	18
	1.0	7.85	26.06	13.81	5.80	46.82	824	299	348	646	32	18
375	0	5.28	27.44	0.00	3.13	25.27	469	314	0	314	12	12
	0.3	6.16	27.44	3.41	4.04	32.59	593	314	115	429	18	14
	0.4	6.45	27.44	4.71	4.26	34.39	631	314	151	465	20	15
	0.5	6.74	27.44	6.09	4.50	36.32	669	314	185	500	22	16
	0.6	7.03	27.44	7.58	4.76	38.41	704	314	219	533	24	17
	0.7	7.32	27.44	9.18	5.03	40.58	743	314	250	565	26	17
	0.8	7.62	27.44	10.90	5.35	43.18	778	314	280	595	28	18
	0.9	7.91	27.44	12.77	5.71	46.11	810	314	308	622	30	19
	1.0	8.20	27.44	14.79	6.15	49.66	845	314	333	648	32	19
400	0	5.55	28.80	0.00	3.31	26.74	492	330	0	330	13	13
	0.3	6.45	28.80	3.64	4.26	34.43	613	330	111	441	18	15
	0.4	6.76	28.80	5.02	4.50	36.36	651	330	146	476	20	16
	0.5	7.06	28.80	6.50	4.76	38.41	689	330	180	510	22	16
	0.6	7.36	28.80	8.08	5.03	40.58	727	330	211	541	24	17
	0.7	7.66	28.80	9.79	5.31	42.89	763	330	242	572	26	17

表 4 （续）

LBW kg	ADG kg/d	DMI kg/d	NEm MJ/d	NEg MJ/d	RND	NEmf MJ/d	CP g/d	IDCPm g/d	IDCPg g/d	IDCP g/d	钙 g/d	磷 g/d
400	0.8	7.96	28.80	11.63	5.65	45.65	798	330	270	600	28	18
	0.9	8.26	28.80	13.62	6.04	48.74	830	330	296	626	29	19
	1.0	8.56	28.80	15.78	6.50	52.51	866	330	319	649	31	19
450	0	6.06	31.46	0.00	3.89	31.46	537	361	0	361	12	12
	0.3	7.02	31.46	4.10	4.40	35.56	625	361	105	465	18	14
	0.4	7.34	31.46	5.65	4.59	37.11	653	361	137	498	20	15
	0.5	7.65	31.46	7.31	4.80	38.77	681	361	168	528	22	16
	0.6	7.97	31.46	9.09	5.02	40.55	708	361	197	557	24	17
	0.7	8.29	31.46	11.01	5.26	42.47	734	361	224	585	26	17
	0.8	8.61	31.46	13.08	5.51	44.54	759	361	249	609	28	18
	0.9	8.93	31.46	15.32	5.79	46.78	784	361	271	632	30	19
	1.0	9.25	31.46	17.75	6.09	49.21	808	361	291	652	32	19
500	0	6.56	34.05	0.00	4.21	34.05	582	390	0	390	13	13
	0.3	7.57	34.05	4.55	4.78	38.60	662	390	98	489	18	15
	0.4	7.91	34.05	6.28	4.99	40.32	687	390	128	518	20	16
	0.5	8.25	34.05	8.12	5.22	42.17	712	390	156	547	22	16
	0.6	8.58	34.05	10.10	5.46	44.15	736	390	183	573	24	17
	0.7	8.92	34.05	12.23	5.73	46.28	760	390	207	597	26	17
	0.8	9.26	34.05	14.53	6.01	48.58	783	390	228	618	28	18
	0.9	9.60	34.05	17.02	6.32	51.07	805	390	247	637	29	19
	1.0	9.93	34.05	19.72	6.65	53.77	827	390	263	653	31	19

表 5　妊娠母牛的每日营养需要量

体重 kg	妊娠月份	DMI kg/d	NEm MJ/d	NEc MJ/d	RND	NEmf MJ/d	CP g/d	IDCPm g/d	IDCPc g/d	IDCP g/d	钙 g/d	磷 g/d
300	6	6.32	23.21	4.32	2.80	22.60	409	266	28	294	14	12
	7	6.43	23.21	7.36	3.11	25.12	477	266	49	315	16	12
	8	6.60	23.21	11.17	3.50	28.26	587	266	85	351	18	13
	9	6.77	23.21	15.77	3.97	32.05	735	266	141	407	20	13
350	6	6.86	26.06	4.63	3.12	25.19	449	299	30	328	16	13
	7	6.98	26.06	7.88	3.45	28.87	517	299	53	351	18	14
	8	7.15	26.06	11.97	3.87	31.24	627	299	91	389	20	15
	9	7.32	26.06	16.89	4.37	35.30	775	299	151	450	22	15
400	6	7.39	28.80	4.94	3.43	27.69	488	330	32	362	18	15
	7	7.51	28.80	8.40	3.78	30.56	556	330	56	386	20	16
	8	7.68	28.80	12.76	4.23	34.13	666	330	97	427	22	16
	9	7.84	28.80	18.01	4.76	38.47	814	330	161	491	24	17
450	6	7.90	31.46	5.24	3.73	30.12	526	361	34	394	20	17
	7	8.02	31.46	8.92	4.11	33.15	594	361	60	420	22	18
	8	8.19	31.46	13.55	4.58	36.99	704	361	103	463	24	18
	9	8.36	31.46	19.13	5.15	41.58	852	361	171	532	27	19
500	6	8.40	34.05	5.55	4.03	32.51	563	390	36	426	22	19
	7	8.52	34.05	9.45	4.43	35.72	631	390	63	453	24	19
	8	8.69	34.05	14.35	4.92	39.76	741	390	109	499	26	20
	9	8.86	34.05	20.25	5.53	44.62	889	390	181	571	29	21
550	6	8.89	36.57	5.86	4.31	34.83	599	419	37	457	24	20
	7	9.00	36.57	9.97	4.73	38.23	667	419	67	486	26	21
	8	9.17	36.57	15.14	5.26	42.47	777	419	115	534	29	22
	9	9.34	36.57	21.37	5.90	47.62	925	419	191	610	31	23

表 6　哺乳母牛的每日营养需要量

体重 kg	DMI kg/d	FCM kg/d	NEm MJ/d	NEL MJ/d	RND	NEmf MJ/d	CP g/d	IDCPm g/d	IDCPL g/d	IDCP g/d	钙 g/d	磷 g/d
300	4.47	0	23.21	0.00	3.50	28.31	332	266	0	266	10	10
	5.82	3	23.21	9.41	4.92	39.79	587	266	142	408	24	14
	6.27	4	23.21	12.55	5.40	43.61	672	266	190	456	29	15
	6.72	5	23.21	15.69	5.87	47.44	757	266	237	503	34	17
	7.17	6	23.21	18.83	6.34	51.27	842	266	285	551	39	18
	7.62	7	23.21	21.97	6.82	55.09	927	266	332	598	44	19
	8.07	8	23.21	25.10	7.29	58.92	1 012	266	379	645	48	21
	8.52	9	23.21	28.24	7.77	62.75	1 097	266	427	693	53	22
	8.97	10	23.21	31.38	8.24	66.57	1 182	266	474	740	58	23
350	5.02	0	26.06	0.00	3.93	31.78	372	299	0	299	12	12
	6.37	3	26.06	9.41	5.35	43.26	627	299	142	441	27	16
	6.82	4	26.06	12.55	5.83	47.08	712	299	190	488	32	17
	7.27	5	26.06	15.69	6.30	50.91	797	299	237	536	37	19
	7.72	6	26.06	18.83	6.77	54.74	882	299	285	583	42	20
	8.17	7	26.06	21.97	7.25	58.56	967	299	332	631	46	21
	8.62	8	26.06	25.10	7.72	62.39	1 052	299	379	678	51	23
	9.07	9	26.06	28.24	8.20	66.22	1 137	299	427	725	56	24
	9.52	10	26.06	31.38	8.67	70.04	1 222	299	474	773	61	25
400	5.55	0	28.80	0.00	4.35	35.12	411	330	0	330	13	13
	6.90	3	28.80	9.41	5.77	46.60	666	330	142	472	28	17
	7.35	4	28.80	12.55	6.24	50.43	751	330	190	520	33	18
	7.80	5	28.80	15.69	6.71	54.26	836	330	237	567	38	20
	8.25	6	28.80	18.83	7.19	58.08	921	330	285	615	43	21
	8.70	7	28.80	21.97	7.66	61.91	1 006	330	332	662	47	22
	9.15	8	28.80	25.10	8.14	65.74	1 091	330	379	709	52	24
	9.60	9	28.80	28.24	8.61	69.56	1 176	330	427	757	57	25
	10.05	10	28.80	31.38	9.08	73.39	1 261	330	474	804	62	26
450	6.06	0	31.46	0.00	4.75	38.37	449	361	0	361	15	15
	7.41	3	31.46	9.41	6.17	49.85	704	361	142	503	30	19
	7.86	4	31.46	12.55	6.64	53.67	789	361	190	550	35	20
	8.31	5	31.46	15.69	7.12	57.50	874	361	237	598	40	22
	8.76	6	31.46	18.83	7.59	61.33	959	361	285	645	45	23
	9.21	7	31.46	21.97	8.06	65.15	1 044	361	332	693	49	24
	9.66	8	31.46	25.10	8.54	68.98	1 129	361	379	740	54	26
	10.11	9	31.46	28.24	9.01	72.81	1 214	361	427	787	59	27
	10.56	10	31.46	31.38	9.48	76.63	1 299	361	474	835	64	28
500	6.56	0	34.05	0.00	5.14	41.52	486	390	0	390	16	16
	7.91	3	34.05	9.41	6.56	53.00	741	390	142	532	31	20
	8.36	4	34.05	12.55	7.03	56.83	826	390	190	580	36	21
	8.81	5	34.05	15.69	7.51	60.66	911	390	237	627	41	23
	9.26	6	34.05	18.83	7.98	64.48	996	390	285	675	46	24
	9.71	7	34.05	21.97	8.45	68.31	1 081	390	332	722	50	25
	10.16	8	34.05	25.10	8.93	72.14	1 166	390	379	770	55	27
	10.61	9	34.05	28.24	9.40	75.96	1 251	390	427	817	60	28
	11.06	10	34.05	31.38	9.87	79.79	1 336	390	474	864	65	29
550	7.04	0	36.57	0.00	5.52	44.60	522	419	0	419	18	18
	8.39	3	36.57	9.41	6.94	56.08	777	419	142	561	32	22
	8.84	4	36.57	12.55	7.41	59.91	862	419	190	609	37	23

表 6 （续）

体重 kg	DMI kg/d	FCM kg/d	NEm MJ/d	NEg MJ/d	RND	NEmf MJ/d	CP g/d	IDCPm g/d	IDCPg g/d	IDCP g/d	钙 g/d	磷 g/d
550	9.29	5	36.57	15.69	7.89	63.73	947	419	237	656	42	25
	9.74	6	36.57	18.83	8.36	67.56	1 032	419	285	704	47	26
	10.19	7	36.57	21.97	8.83	71.39	1 117	419	332	751	52	27
	10.64	8	36.57	25.10	9.31	75.21	1 202	419	379	799	56	29
	11.09	9	36.57	28.24	9.78	79.04	1 287	419	427	846	61	30
	11.54	10	36.57	31.38	10.26	82.87	1 372	419	474	893	66	31

表 7　哺乳母牛每千克 4%标准乳中的营养含量

干物质 g	肉牛能量单位 RND	综合净能 MJ	脂肪 g	粗蛋白质 g	钙 g	磷 g
450	0.32	2.57	40	85	2.46	1.12

表 8　肉牛对日粮微量矿物元素需要量

微量元素	单　位	需要量(以日粮干物质计)			最大耐受浓度[1]
		生长和肥育牛	妊娠母牛	泌乳早期母牛	
钴(Co)	mg/kg	0.10	0.10	0.10	10
铜(Cu)	mg/kg	10.00	10.00	10.00	100
碘(I)	mg/kg	0.50	0.50	0.50	50
铁(Fe)	mg/kg	50.00	50.00	50.00	1 000
锰(Mn)	mg/kg	20.00	40.00	40.00	1 000
硒(Se)	mg/kg	0.10	0.10	0.10	2
锌(Zn)	mg/kg	30.00	30.00	30.00	500
注:参照 NRC(1996)。					

表 9　青绿饲料类饲料成分与营养价值表

编 号	饲料名称	样品说明	DM[a] %	CP[b] %	EE[c] %	CF[d] %	NFE[e] %	Ash[f] %	Ca[g] %	P[h] %	DE[i] MJ/kg	NEmf[j] MJ/kg	RND[k] 个/kg
2-01-610	大麦青割	北京， 五月上旬	15.7 100.0	2.0 12.7	0.5 3.2	4.7 29.9	6.9 43.9	1.6 10.2	— —	— —	1.80 11.45	0.86 5.48	0.11 0.68
2-01-072	甘薯藤	11 省市， 15 样平均值	13.0 100.0	2.1 16.2	0.5 3.8	2.5 19.2	6.2 47.7	1.7 13.1	0.20 1.54	0.05 0.38	1.37 10.55	0.63 4.84	0.08 0.60
2-01-632	黑麦草	北京，意大利 黑麦草	18.0 100.0	3.3 18.3	0.6 3.3	4.2 23.3	7.6 42.2	2.3 12.8	0.13 0.72	0.05 0.28	2.22 12.33	1.11 6.17	0.14 0.76
2-01-645	苜　蓿	北京， 盛花期	26.2 100.0	3.8 14.5	0.3 1.1	9.4 35.9	10.8 41.2	1.9 7.3	0.34 1.30	0.01 0.04	2.42 9.22	1.02 3.87	0.13 0.48
2-01-655	沙打旺	北京	14.9 100.0	3.5 23.5	0.5 3.4	2.3 15.4	6.6 44.3	2.0 13.4	0.20 1.34	0.05 0.34	1.75 11.76	0.85 5.68	0.10 0.70
2-01-664	象　草	广东湛江	20.0 100.0	2.0 10.0	0.6 3.0	7.0 35.0	9.4 47.0	1.0 5.0	0.15 0.25	0.02 0.10	2.23 11.13	1.02 5.12	0.13 0.63
2-01-679	野青草	黑龙江	18.9 100.0	3.2 16.9	1.0 5.3	5.7 30.2	7.4 39.2	1.6 8.5	0.24 1.27	0.03 0.16	2.06 10.92	0.93 4.93	0.12 0.61
2-01-677	野青草	北京， 狗尾草为主	25.3 100.0	1.7 6.7	0.7 2.8	7.1 28.1	13.3 52.6	2.5 9.9	— —	0.12 0.47	2.53 10.01	1.14 4.50	0.14 0.56

表 9 （续）

编 号	饲料名称	样品说明	DM[a] %	CP[b] %	EE[c] %	CF[d] %	NFE[e] %	Ash[f] %	Ca[g] %	P[h] %	DE[i] MJ/kg	NEmf[j] MJ/kg	RND[k] 个/kg
3-03-605	玉米青贮	4 省市，5 样品平均值	22.7	1.6	0.6	6.9	11.6	2.0	0.10	0.06	2.25	1.00	0.12
			100.0	7.0	2.6	30.4	51.1	8.8	0.44	0.26	9.90	4.40	0.54
3-03-025	玉米青贮	吉林，收获后黄干贮	25.0	1.4	0.3	8.7	12.5	1.9	0.10	0.02	1.70	0.61	0.08
			100.0	5.6	1.2	35.6	50.0	7.6	0.40	0.08	6.78	2.44	0.30
3-03-606	玉米大豆青贮	北京	21.8	2.1	0.5	6.9	8.1	4.1	0.15	0.06	2.20	1.05	0.13
			100.0	9.6	2.3	31.7	37.6	18.8	0.69	0.28	10.09	4.82	0.60
3-03-601	冬大麦青贮	北京，7 样品平均值	22.2	2.6	0.7	6.6	9.5	2.8	0.05	0.03	2.47	1.18	0.15
			100.0	11.7	3.2	29.7	42.8	12.6	0.23	0.14	11.14	5.33	0.66
3-03-011	胡萝卜叶青贮	青海西宁，起苔	19.7	3.1	1.3	5.7	4.8	4.8	0.35	0.03	2.01	0.95	0.12
			100.0	15.7	6.6	28.9	24.4	24.4	1.78	0.15	10.18	4.81	0.60
3-03-005	苜蓿青贮	青海西宁，盛花期	33.7	5.3	1.4	12.8	10.3	3.9	0.50	0.10	3.13	1.32	0.16
			100.0	15.7	4.2	38.0	30.6	11.6	1.48	0.30	9.29	3.93	0.49
3-03-021	甘薯蔓青贮	上海	18.3	1.7	1.1	4.5	7.3	3.7	—	—	1.53	0.64	0.08
			100.0	9.3	6.0	24.6	39.9	20.2	—	—	8.38	3.52	0.44
3-03-021	甜菜叶青贮	吉林	37.5	4.6	2.4	7.4	14.6	8.5	0.39	0.10	4.26	2.14	0.26
			100.0	12.3	6.4	19.7	38.9	22.7	1.04	0.27	11.36	5.69	0.70

a 表示干物质；b 表示粗蛋白质；c 表示粗脂肪；d 表示粗纤维；e 无氮浸出物；f 表示灰分；g 表示钙；h 表示磷；i 表示消化能；j 表示综合净能；k 表示肉牛能量单位。

表 10　块根、块茎、瓜果类饲料成分与营养价值表

编 号	饲料名称	样品说明	DM %	CP %	EE %	CF %	NFE %	Ash %	Ca %	P %	DE MJ/kg	NEmf MJ/kg	RND 个/kg
4-04-601	甘薯	北京	24.6	1.1	0.2	0.8	21.2	1.3	—	0.07	3.70	2.07	0.26
			100.0	4.5	0.8	3.3	86.2	5.3	—	0.28	15.05	8.43	1.04
4-04-200	甘薯	7 省市，8 样品平均值	25.0	1.0	0.3	0.9	22.0	0.8	0.13	0.05	3.83	2.14	0.26
			100.0	4.0	1.2	3.6	88.0	3.2	0.52	0.20	15.31	8.55	1.06
4-04-603	胡萝卜	张家口	9.3	0.8	0.2	0.8	6.8	0.7	0.05	0.03	1.45	0.82	0.10
			100.0	8.6	2.2	8.6	73.1	7.5	0.54	0.32	15.60	8.87	1.10
4-04-208	胡萝卜	12 省市，13 样品平均值	12.0	1.1	0.3	1.2	8.4	1.0	0.15	0.09	1.85	1.05	0.13
			100.0	9.2	2.5	10.0	70.0	8.3	1.25	0.75	15.44	8.73	1.08
4-04-211	马铃薯	10 省市，10 样品平均值	22.0	1.6	0.1	0.7	18.7	0.9	0.02	0.03	3.29	1.82	0.23
			100.0	7.5	0.5	3.2	85.0	4.1	0.09	0.14	14.97	8.28	1.02
4-04-213	甜菜	8 省市，9 样品平均值	15.0	2.0	0.4	1.7	9.1	1.8	0.06	0.04	1.94	1.01	0.12
			100.0	13.3	2.7	11.3	60.7	12.0	0.40	0.27	12.93	6.71	0.83
4-04-611	甜菜丝干	北京	88.6	7.3	0.6	19.6	56.6	4.5	0.66	0.07	12.25	6.49	0.80
			100.0	8.2	0.7	22.1	63.9	5.1	0.74	0.08	13.82	7.33	0.91
4-04-215	芜菁甘蓝	3 省市，5 样品平均值	10.0	1.0	0.2	1.3	6.7	0.8	0.06	0.02	1.58	0.91	0.11
			100.0	10.0	2.0	13.0	67.0	8.0	0.60	0.20	15.80	9.05	1.12

表 11　干草类饲料成分与营养价值表

编 号	饲料名称	样品说明	DM %	CP %	EE %	CF %	NFE %	Ash %	Ca %	P %	DE MJ/kg	NEmf MJ/kg	RND 个/kg
1-05-645	羊草	黑龙江，4 样品平均值	91.6	7.4	3.6	29.4	46.6	4.6	0.37	0.18	8.78	3.70	0.46
			100.0	8.1	3.9	32.1	50.9	5.0	0.40	0.20	9.59	4.04	0.50
1-05-622	苜蓿干草	北京，苏联苜蓿 2 号	92.4	16.8	1.3	29.5	34.5	10.3	1.95	0.28	9.79	4.51	0.56
			100.0	18.2	1.4	31.9	37.3	11.1	2.11	0.30	10.59	4.89	0.60

表 11 （续）

编 号	饲料名称	样品说明	DM %	CP %	EE %	CF %	NFE %	Ash %	Ca %	P %	DE MJ/kg	NEmf MJ/kg	RND 个/kg
1-05-625	苜蓿干草	北京，下等	88.7	11.6	1.2	43.3	25.0	7.6	1.24	0.39	7.67	3.13	0.39
			100.0	13.1	1.4	48.8	28.2	8.6	1.40	0.44	8.64	3.53	0.44
1-05-646	野干草	北京，秋白草	85.2	6.8	1.1	27.5	40.1	9.6	0.41	0.31	7.86	3.43	0.42
			100.0	8.0	1.3	32.3	47.1	11.4	0.48	0.36	9.22	4.03	0.50
1-05-071	野干草	河北，野草	87.9	9.3	3.9	25.0	44.2	5.5	0.33	—	8.42	3.54	0.44
			100.0	10.6	4.4	28.4	50.3	6.3	0.38	—	9.58	4.03	0.50
1-05-607	黑麦草	吉林	87.8	17.0	4.9	20.4	34.3	11.2	0.39	0.24	10.42	5.00	0.62
			100.0	19.4	5.6	23.2	39.1	12.8	0.44	0.27	11.86	5.70	0.71
1-05-617	碱草	内蒙古，结实期	91.7	7.4	3.1	41.3	32.5	7.4	—	—	6.54	2.37	0.29
			100.0	8.1	3.4	45.0	35.4	8.1	—	—	7.13	2.58	0.32
1-05-606	大米草	江苏，整株	83.2	12.8	2.7	30.3	25.4	12.0	0.42	0.02	7.65	3.29	0.41
			100.0	15.4	3.2	36.4	30.5	14.4	0.50	0.02	9.19	3.95	0.49

表 12　农副产品类饲料成分与营养价值表

编 号	饲料名称	样品说明	DM %	CP %	EE %	CF %	NFE %	Ash %	Ca %	P %	DE MJ/kg	NEmf MJ/kg	RND 个/kg
1-06-062	玉米秸	辽宁，3样品平均值	90.0	5.9	0.9	24.9	50.2	8.1	—	—	5.83	2.53	0.31
			100.0	6.6	1.0	27.7	55.8	9.0	—	—	6.48	2.81	0.35
1-06-622	小麦秸	新疆，墨西哥种	89.6	5.6	1.6	31.9	41.1	9.4	0.05	0.06	5.32	1.96	0.24
			100.0	6.3	1.8	35.6	45.9	10.5	0.06	0.07	5.93	2.18	0.27
1-06-620	小麦秸	北京，冬小麦	43.5	4.4	0.6	15.7	18.1	4.7	—	—	2.54	0.91	0.11
			100.0	10.1	1.4	36.1	41.6	10.8	—	—	5.85	2.10	0.26
1-06-009	稻草	浙江，晚稻	89.4	2.5	1.7	24.1	48.8	12.3	0.07	0.05	4.84	1.92	0.24
			100.0	2.8	1.9	27.0	54.6	13.8	0.08	0.06	5.42	2.16	0.27
1-06-611	稻草	河南	90.3	6.2	1	27.0	37.3	18.6	0.56	0.17	4.64	1.79	0.22
			100.0	6.9	1.3	29.9	41.3	20.6	0.62	0.19	5.17	1.99	0.25
1-06-615	谷草	黑龙江，2样品平均值	90.7	4.5	1.2	32.6	44.2	8.2	0.34	0.03	6.33	2.71	0.34
			100.0	5.0	1.3	35.9	48.7	9.0	0.37	0.03	6.98	2.99	0.37
1-06-100	甘薯蔓	7省市，31样品平均值	88.0	8.1	2.7	28.5	39.0	9.7	1.55	0.11	7.53	3.28	0.41
			100.0	9.2	3.1	32.4	44.3	11.0	1.76	0.13	8.69	3.78	0.47
1-06-617	花生蔓	山东，伏花生	91.3	11.0	1.5	29.6	41.3	7.9	2.46	0.04	9.48	4.31	0.53
			100.0	12.0	1.6	32.4	45.2	8.7	2.69	0.04	10.39	4.72	0.58

表 13　谷实类饲料成分与营养价值表

编 号	饲料名称	样品说明	DM %	CP %	EE %	CF %	NFE %	Ash %	Ca %	P %	DE MJ/kg	NEmf MJ/kg	RND 个/kg
4-07-263	玉米	23省市，120样品平均值	88.4	8.6	3.5	2.0	72.9	1.4	0.08	0.21	14.47	8.06	1.00
			100.0	9.7	4.4	2.3	82.5	1.6	0.09	0.24	16.36	9.12	1.13
4-07-194	玉米	北京，黄玉米	88.0	8.5	4.3	1.3	72.2	1.7	0.02	0.21	14.87	8.40	1.04
			100.0	9.7	4.9	1.5	82.0	1.9	0.02	0.24	16.90	9.55	1.18
4-07-104	高粱	17省市，38样品平均值	89.3	8.7	3.3	2.2	72.9	2.2	0.09	25.28	13.31	7.08	25.88
			100.0	9.7	3.7	2.5	81.6	2.5	0.10	0.31	14.90	7.93	0.98
4-07-605	高粱	北京，红高粱	87.0	8.5	3.6	25.5	71.3	2.1	0.09	25.36	13.09	6.98	25.86
			100.0	9.8	4.1	1.7	82.0	2.4	0.10	0.41	15.04	8.02	0.99
4-07-022	大麦	20省市，49样品平均值	88.8	10.8	2.0	4.7	68.1	3.2	0.12	25.29	13.31	7.19	25.89
			100.0	12.1	2.3	5.3	76.7	3.6	0.14	0.33	14.99	8.10	1.00

表 13 （续）

编 号	饲料名称	样品说明	DM %	CP %	EE %	CF %	NFE %	Ash %	Ca %	P %	DE MJ/kg	NEmf MJ/kg	RND 个/kg
4-07-074	籼稻谷	9 省市,34 样	90.6	8.3	25.5	8.5	67.5	4.8	0.13	25.28	13.00	6.98	25.86
		品平均值	100.0	9.2	1.7	9.4	74.5	5.3	0.14	0.31	14.35	7.71	0.95
4-07-188	燕 麦	11 省市,17 样	90.3	11.6	5.2	8.9	60.7	3.9	0.15	25.33	13.28	6.95	25.86
		品平均值	100.0	12.8	5.8	9.9	67.2	4.3	0.17	0.37	14.70	7.70	0.95
4-07-164	小 麦	15 省市,28 样	91.8	12.1	25.8	2.4	73.2	2.3	0.11	25.36	14.82	8.29	25.03
		品平均值	100.0	13.2	2.0	2.6	79.7	2.5	0.12	0.39	16.14	9.03	1.12

表 14 糠麸类饲料成分和营养价值表

编 号	饲料名称	样品说明	DM %	CP %	EE %	CF %	NFE %	Ash %	Ca %	P %	DE MJ/kg	NEmf MJ/kg	RND 个/kg
4-08-078	小麦麸	全国,115 样	88.6	14.4	3.7	9.2	56.2	5.1	0.2	25.78	11.37	5.86	25.73
		品平均值	100.0	16.3	4.2	10.4	63.4	5.8	0.20	0.88	13.24	6.61	0.82
4-08-049	小麦麸	山东,39 样	89.3	15.0	3.2	10.3	55.4	5.4	0.14	25.54	11.47	5.66	25.70
		品平均值	100.0	16.8	3.6	11.5	62.0	6.0	0.16	0.60	12.84	6.33	0.78
4-08-094	玉米皮	北京	87.9	10.17	4.9	13.8	57.0	2.1	—	—	10.12	4.59	25.57
			100.0	11.5	5.6	15.7	64.8	2.4	—	—	11.51	5.22	0.65
4-08-030	米 糠	4 省市,13 样	90.2	12.1	15.5	9.2	43.3	10.1	0.14	25.04	13.93	7.22	25.89
		品平均值	100.0	13.4	17.2	10.2	48.0	11.2	0.16	1.15	15.44	8.00	0.99
4-08-016	高粱糠	2 省,8 个样品	91.1	9.6	9.1	4.0	63.5	4.9	0.07	25.81	14.02	7.40	25.92
		平均值	100.0	10.5	10.0	4.4	69.7	5.4	0.08	0.89	15.39	8.13	1.01
4-08-603	黄面粉	北京,土面粉	87.2	9.5	25.7	25.3	74.3	25.4	0.08	25.44	14.24	8.08	25.00
			100.0	10.9	0.8	1.5	85.2	1.6	0.09	0.50	16.33	9.26	1.15
4-08-001	大豆皮	北京	91.0	18.8	2.6	25.4	39.4	5.1	—	25.35	11.25	5.40	25.67
			100.0	20.7	2.9	27.6	43.3	5.6	—	0.38	12.36	5.94	0.74

表 15 饼粕类饲料成分和营养价值表

编 号	饲料名称	样品说明	DM %	CP %	EE %	CF %	NFE %	Ash %	Ca %	P %	DE MJ/kg	NEmf MJ/kg	RND 个/kg
5-10-043	豆饼	13 省,42 样	90.6	43.0	5.4	5.7	30.6	5.9	0.32	25.50	14.31	7.41	25.92
	（机榨）	品平均值	100.0	47.5	6.0	6.3	33.8	6.5	0.35	0.55	15.80	8.17	1.01
5-10-602	豆饼	四川,溶剂法	89.0	45.8	25.9	6.0	30.5	5.8	0.32	25.67	13.48	6.97	25.86
			100.0	51.2	1.0	6.7	34.3	6.5	0.36	0.75	15.15	7.83	0.97
5-10-022	菜籽饼	13 省市,21	92.2	36.4	7.8	10.7	29.3	8.0	0.73	25.95	13.52	6.77	25.84
	（机榨）	样品平均值	100.0	39.5	8.5	11.6	31.8	8.7	0.79	1.03	14.66	7.35	0.91
5-10-062	胡麻饼	8 省市,11	92.0	33.1	7.5	9.8	34.0	7.6	0.58	25.77	13.76	7.01	25.87
	（机榨）	样品平均值	100.0	36.0	8.2	10.7	37.0	8.3	0.63	0.84	14.95	7.62	0.94
5-10-075	花生饼	9 省市,34	89.9	46.4	6.6	5.8	25.7	5.4	0.24	25.52	14.44	7.41	25.92
	（机榨）	样品平均值	100.0	51.6	7.3	6.5	28.6	6.0	0.27	0.58	16.06	8.24	1.02
5-10-610	棉籽饼	上海,浸 2	88.3	39.4	2.1	10.4	29.1	7.3	0.23	2.01	12.05	5.95	25.74
	（去壳）	样品平均值	100.0	44.6	2.4	11.8	33.0	8.3	0.26	2.28	13.65	6.74	0.83
5-10-612	棉籽饼（去	4 省市,6 样	89.6	32.5	5.7	10.7	34.5	6.2	0.27	25.81	13.11	6.62	25.82
	壳机榨）	品平均值	100.0	36.3	6.4	11.9	38.5	6.9	0.30	0.90	14.63	7.39	0.92
5-10-110	向日葵饼	北京,去壳浸	92.6	46.1	2.4	11.8	25.5	6.8	0.53	25.35	10.97	4.93	25.61
		提	100.0	49.8	2.6	12.7	27.5	7.4	0.57	0.38	11.84	5.32	0.66

表 16 糟渣类饲料成分和营养价值表

编 号	饲料名称	样品说明	DM %	CP %	EE %	CF %	NFE %	Ash %	Ca %	P %	DE MJ/kg	NEmf MJ/kg	RND 个/kg
5-11-103	酒糟	吉林,高粱酒糟	37.7 100.0	9.3 24.7	4.2 11.1	3.4 9.0	17.6 46.7	3.2 8.5	— —	— —	5.83 15.46	3.03 8.05	25.38 1.00
4-11-092	酒糟	贵州,玉米酒糟	21.0 100.0	4.0 19.0	2.2 10.5	2.3 11.0	11.7 55.7	25.8 3.4	— —	— —	2.69 12.89	25.25 5.94	25.15 0.73
4-11-058	玉米粉渣	6 省,7 样品平均值	15.0 100.0	2.8 12.0	25.7 4.7	25.4 9.3	10.7 71.3	25.4 2.7	0.02 0.13	25.02 0.13	2.41 16.1	25.33 8.86	25.16 1.10
4-11-069	马铃薯粉渣	3 省,3 样品平均值	15.0 100.0	25.0 6.7	25.4 2.7	25.3 8.7	11.7 78.0	25.6 4.0	0.06 0.40	25.04 0.27	25.90 12.67	25.94 6.29	25.12 0.78
5-11-607	啤酒糟	2 省,3 样品平均值	23.4 100.0	6.8 29.1	25.9 8.1	3.9 16.7	9.5 40.6	25.3 5.6	0.09 0.38	25.18 0.77	2.98 12.27	25.38 5.91	25.17 0.73
1-11-609	甜菜渣	黑龙江	8.4 100.0	25.9 10.7	25.1 1.2	2.6 31.0	3.4 40.5	25.4 16.7	0.08 0.95	25.05 0.60	25.00 11.92	25.52 6.17	25.06 0.76
1-11-602	豆腐渣	2 省市,4 样品平均值	11.0 100.0	3.3 30.0	25.8 7.3	2.1 19.1	4.4 40.0	25.4 3.6	0.05 0.45	25.03 0.27	25.77 16.09	25.93 8.49	25.12 1.05
5-11-080	酱油渣	宁夏银川	24.3 100.0	7.1 29.2	4.5 18.5	3.3 13.6	7.9 32.5	25.5 6.2	0.11 0.45	25.03 0.12	3.62 14.89	25.73 7.14	25.21 0.88

表 17 矿物质饲料类饲料成分和营养价值表

编 号	饲料名称	样品说明	干物质 %	钙 %	磷 %
6-14-001	白云石	北京	—	21.16	0
6-14-002	蚌壳粉	东北	99.3	40.82	0
6-14-003	蚌壳粉	东北	99.8	46.46	—
6-14-004	蚌壳粉	安徽	85.7	23.51	—
6-14-006	贝壳粉	吉林榆树	98.9	32.93	0.03
6-14-007	贝壳粉	浙江舟山	98.6	34.76	0.02
6-14-016	蛋壳粉	四川	—	37.00	0.15
6-14-017	蛋壳粉	云南会泽,6.3%CP	96	25.99	0.1
6-14-030	砺粉	北京	99.6	39.23	0.23
6-14-032	碳酸钙	北京，脱氟	—	27.91	14.38
6-14-034	磷酸氢钙	四川	风干	23.20	18.60
6-14-035	碳酸氢钙	云南，脱氟	99.8	21.85	8.64
6-14-037	马芽石	云南昆明	风干	38.38	0
6-14-038	石粉	河南南阳,白色	97.1	39.49	—
6-14-039	石粉	河南大理石,灰色	99.1	32.54	—
6-14-040	石粉	广东	风干	42.21	—
6-14-041	石粉	广东	风干	55.67	0.11
6-14-042	石粉	云南昆明	92.1	33.98	0
6-14-044	石灰石	吉林	99.7	32.0	—
6-14-045	石灰石	吉林九台	99.9	24.48	—
6-14-046	碳酸钙	浙江湖州	99.1	35.19	0.14
6-14-048	蟹壳粉	上海	89.9	23.33	1.59

附 录 A
（资料性附录）
饲料在瘤胃和小肠中的营养价值定

表 A.1 饲料有机物和蛋白质在肉牛瘤胃及小肠的营养价值（以饲料干物质基础计）

饲料名称	饲料来源	FOM/OM	CP %	DP %	RDP %	MCP，g/kg		RENB g	IDCP，g/kg		
						MCPf	MCPp		IDCPMF	IDCPMP	IDCPUDP
豆饼	黑龙江	0.547	45.8	50.75	232	74	209	−135	199	293	499
豆饼	黑龙江	0.546	43.4	50.72	220	74	198	−124	191	278	507
豆饼	黑龙江	0.771	42.4	66.02	280	105	252	−147	167	270	468
豆饼	黑龙江	0.629	44.2	58.43	258	86	232	−146	180	282	482
豆饼	黑龙江	0.621	34.4	57.66	198	84	178	−94	154	220	521
豆饼	黑龙江	0.645	37.8	59.87	226	88	203	−115	160	241	503
豆饼	黑龙江	0.66	40.9	61.23	250	90	225	−135	166	261	488
豆饼	吉林	0.614	41.8	50.07	209	84	188	−104	195	267	514
豆饼	吉林	0.682	48.7	63.23	308	93	277	−184	181	310	450
豆饼	北京	0.525	41.3	48.77	201	71	181	−110	187	265	519
豆饼	北京	0.68	41.2	63.11	260	92	234	−142	163	263	481
豆饼	北京	0.58	40.8	53.83	220	79	198	−119	178	261	507
豆饼	北京	0.475	40.7	44.08	179	65	161	−96	194	261	534
豆粕	北京	0.637	45.9	59.09	271	87	244	−157	183	293	474
豆粕	北京	0.418	47.9	38.77	186	57	167	−110	230	307	529
豆粕	北京	0.403	44.3	37.41	166	55	149	−94	219	284	542
豆粕	北京	0.568	40.8	52.71	215	77	194	−117	179	261	510
豆粕	北京	0.612	41.5	56.85	236	83	212	−129	174	265	497
豆粕	北京	0.599	43.9	55.59	244	81	220	−139	183	281	491
豆粕	黑龙江	0.598	42.5	56.49	240	81	216	−135	177	271	494
豆粕	东北	0.67	44.9	62.24	279	91	251	−160	174	286	469
豆粕	东北	0.525	44.1	48.71	215	71	194	−123	179	283	510
豆粕	河南	0.44	43.3	40.87	177	60	159	−99	208	278	535
豆粕	北京	0.477	41.5	44.29	184	65	166	−101	196	266	530
豆粕(%)	中农大	0.164	48.4	14.7	71	22	64	−42	284	313	604
热处理豆饼	中农大	0.272	45.2	25.28	114	37	103	−66	246	292	576
黄豆粉	中农大	0.731	37.1	67.86	252	99	227	−128	147	236	486
花生饼	河北	0.425	35.4	54.29	192	58	173	−115	146	226	525
花生饼	北京	0.58	40.3	74.28	299	79	269	−190	123	256	456
花生粕	北京	0.546	53.5	54.14	290	74	261	−187	211	342	462
棉仁粕	河北	0.239	33.1	30.15	100	33	90	−57	173	213	585
棉仁粕	河南	0.296	36.3	37.35	136	40	122	−82	176	233	562
棉仁饼	河北	0.258	32.9	32.34	106	35	95	−60	169	211	581
棉仁饼	河北	0.322	41.3	40.66	168	44	151	−107	190	265	541
棉仁饼	河北	0.41	27.3	51.83	141	56	127	−71	125	175	558
棉仁饼	河南	0.305	37.2	38.48	143	41	129	−88	178	239	557
棉籽饼	河北	0.495	28.7	62.49	179	67	161	−94	117	183	534
棉籽饼	河南	0.417	28.6	58.43	167	57	150	−93	117	182	541
棉籽饼	北京	0.214	35.1	27.01	95	29	86	−57	187	227	588
菜籽粕	四川	0.44	33.7	46.17	156	60	140	−80	160	216	549

表 A.1 （续）

饲料名称	饲料来源	FOM/OM	CP %	DP %	RDP %	MCP,g/kg		RENB g	IDCP,g/kg		
						MCPf	MCPp		IDCPMF	IDCPMP	IDCPUDP
菜籽粕	上海	0.29	34.3	30.38	104	39	94	−55	183	221	582
菜籽粕	北京	0.406	37.5	42.62	160	55	144	−89	178	241	546
菜籽饼	河北	0.323	40	25.78	103	44	93	−49	224	258	583
菜籽饼	四川	338	42.8	27.02	116	46	104	−58	235	276	575
菜籽饼	北京	554	24.2	58.03	140	75	126	−51	119	155	559
葵花粕	北京	0.485	32.4	46.13	149	66	134	−68	160	206	553
葵花饼	北京	0.669	27.2	70	190	91	171	−80	117	173	527
葵花饼	内蒙古	0.72	30.2	76.56	231	98	208	−110	115	192	500
胡麻粕	河北	0.573	31	61.95	192	78	173	−95	131	198	525
芝麻饼	河北	449	35.7	46.59	166	61	149	−88	167	228	542
芝麻粕	北京	0.472	41.9	49.05	206	64	185	−121	183	268	516
芝麻渣粉	北京	0.582	42.4	54.79	232	72	209	−137	175	271	499
芝麻渣饼	北京	0.583	40.8	91.45	373	114	336	−222	103	258	408
芝麻饼	北京	0.789	3 535	85.57	304	107	274	−167	108	225	452
酒楂蛋白粉	北京	0.468	29.5	43.84	129	64	116	−52	153	189	566
酒楂蛋白粉	北京	0.415	36.8	34.24	126	56	113	−57	196	236	568
玉米	东北	0.369	9.6	29.73	29	50	26	24	79	62	631
玉米	河北	0.593	7.6	43.44	33	73	30	43	79	49	629
玉米	河南	0.643	8.5	51.89	44	87	40	47	88	55	621
玉米	河南	0.508	8.3	40.94	34	69	31	38	80	54	628
玉米	北京	0.418	8.1	44.46	36	57	32	25	69	52	627
玉米	北京	0.618	8.4	49.82	42	84	38	46	86	54	623
玉米	北京	0.485	8.3	39.12	32	66	29	37	79	53	629
次粉	北京	0.786	16	80.34	129	107	116	−9	95	101	566
麸皮	北京	0.687	14.9	83.36	124	93	112	−19	81	95	569
麸皮	河北	740	15.9	85.11	135	101	122	−21	86	101	562
麸皮	河北	0.625	14.1	75.6	107	85	96	−11	82	89	580
碎米	河北	0.654	6.5	65.41	43	89	39	50	77	42	622
碎米	河北	0.639	7	63.92	45	87	41	46	77	45	621
米糠	河北	0.587	10.9	88.67	97	80	87	−7	64	69	587
米糠	北京	0.656	14.3	76.78	110	89	99	−10	84	91	579
豆腐渣	北京	0.548	21.8	60.2	131	75	118	−43	109	139	565
豆腐渣	北京	0.541	19.7	59.64	117	74	105	−31	104	126	574
豆腐渣	北京	0.743	19.4	80.02	155	101	140	−39	96	123	549
玉米胚芽饼	北京	0.543	14.2	54.28	77	74	69	5	94	91	600
饴糖糟	北京	0.365	6	36.47	22	50	19	31	58	36	636
玉米渣	北京	0.444	10.1	50.19	51	60	43	17	72	60	617
淀粉渣	北京	0.345	7.9	35.25	28	47	24	23	64	47	632
酱油渣	北京	0.619	26.1	64.26	168	84	143	−59	115	156	541
啤酒糟	北京	0.538	23.6	56.62	134	73	114	−41	112	141	563
啤酒糟	北京	0.354	25.2	37.24	94	48	80	−32	128	151	589
啤酒糟	北京	0.333	29.5	35.07	103	45	88	−43	147	177	583
啤酒糟	北京	0.458	20.4	48.18	98	62	83	−21	107	122	586
羊草	东北	0.384	6.7	52.73	35	52	30	22	56	40	579
羊草	东北	0.384	6.9	44.87	31	52	26	26	59	41	581
羊草	东北	0.384	6.1	51.89	32	52	27	25	54	36	581
羊草	东北	0.384	6.2	51.56	32	52	27	25	54	37	581

表 A.1 （续）

饲料名称	饲料来源	FOM/OM	CP %	DP %	RDP %	MCP,g/kg		RENB g	IDCP,g/kg		
						MCPf	MCPp		IDCPMF	IDCPMP	IDCPUDP
羊草	东北	0.384	5	57.79	29	52	25	27	49	30	583
羊草	东北	0.384	8.8	59.26	52	52	44	8	58	52	569
羊草	东北	0.384	5.4	63.32	34	52	29	23	48	32	580
羊草	东北	0.384	7.9	74.33	59	52	50	2	48	47	565
玉米青贮	北京	0.331	5.4	49.78	27	45	23	22	48	32	584
玉米青贮	北京	0.447	8.8	60.53	53	61	45	16	64	53	568
大麦青贮	北京	0.333	8.9	36.36	32	45	27	18	66	53	581
大麦青贮	北京	0.456	7.9	61.8	49	62	42	20	61	47	571
高粱青贮	北京	0.365	7.3	39.66	29	50	25	25	61	44	583
高粱青贮	北京	0.365	8.1	70.12	57	50	48	2	49	48	566
高粱青贮	北京	0.338	9.2	48.42	45	46	38	8	60	55	573
高粱青贮	北京	0.447	10.8	60.51	65	61	55	6	69	64	561
高粱青贮	北京	0.447	7.8	66.47	52	61	44	17	58	46	569
高粱青贮	北京	0.447	11.4	64.91	74	61	63	−2	67	68	556
稻草	北京	0.273	3.8	39.91	15	37	13	24	26	9	0
稻草	北京	0.273	4.8	38.58	19	37	16	21	26	11	0
稻草	北京	0.273	3.1	37.76	12	37	10	27	26	7	0
复合处理稻草	中农大	0.4	7.7	68.48	53	54	45	9	38	32	0
玉米秸	河北	0.299	5.4	42.89	23	41	20	21	29	14	0
小麦秸	河北	0.281	4.4	29.9	13	38	11	27	27	8	0
黍秸	河北	0.281	4.3	43.23	19	38	16	22	27	11	589
亚麻秸	河北	0.281	4.5	43.01	19	38	16	22	27	11	589
干苜蓿秆	北京	0.444	13.2	61.1	81	60	69	−9	42	48	551
鲜苜蓿	北京	0.505	18.9	79.91	151	69	128	−59	71	112	509
羊茅	北京	0.482	11.2	70.29	79	66	67	−1	66	67	553
无芒雀麦	北京	0.553	11.1	65.99	73	75	62	13	75	66	556
红三叶	北京	0.658	21.9	80.6	177	89	150	−61	88	130	494
鲜青草	北京	0.536	18.7	73.61	138	73	117	−44	81	111	517

[a] 瘤胃有机物发酵率(FOM/OM)是根据实测或抽样测定估算；

[b] 瘤胃蛋白质降解率(DP)是根据牛瘤胃尼龙袋法实测；降解蛋白(RDP)＝DP(%)×粗蛋白(%)/10；

[c] 按供给的能量估测瘤胃微生物产生量 MCPf(g)＝FOM(kg)×136；

[d] 按供给的降解蛋白质(RDP)估测瘤胃微生物蛋白质 MCPp(g)，对精饲料采用 0.90，对青粗饲料为 0.85；

[e] 瘤胃能氮平衡(RENB)为 MCPf－MCPp，瘤胃微生物蛋白质小肠的表观消化率为 0.70；

[f] 饲料非降解蛋白质(UDP)的小肠表观消化率对精饲料采用 0.65，对青粗饲料采用 0.60，对秸秆类则忽略不计；

[g] 小肠可消化蛋白质(IDCP)是根据微生物蛋白质产生量(MCP)和非降解蛋白质(UDP)估测；

[h] IDCPMF 表示 IDCP 中的微生物蛋白质由 FOM 估测，IDCPMP 表示 IDCP 中的微生物蛋白质由 RDP 估测；

[i] IDCPUDP 表示小肠可消化瘤胃非降解蛋白质。

附　录　B
（资料性附录）
常用饲料中中性洗涤纤维和酸性洗涤纤维的含量

表 B.1　常用饲料风干物质中的中性洗涤纤维（NDF）和酸性洗涤纤维（ADF）含量

饲料名称	DM，%	NDF，%	ADF，%
豆粕	87.93	15.61	9.89
豆粕	88.73	13.97	6.31
玉米	87.33	14.01	6.55
大米	86.17	17.44	0.53
玉米淀粉渣	87.26	59.71	
米糠	89.67	46.13	23.73
苜蓿		51.51	29.73
豆秸		75.26	46.14
羊草		72.68	40.58
羊草	15	67.24	41.21
羊草	92.09	67.02	40.99
羊草	92.51	71.99	30.73
稻草		75.93	46.32
麦秸		81.23	48.39
玉米秸（叶）		67.93	38.97
玉米秸（茎）		74.44	43.16

表 B.2　常用饲料干物质中的中性洗涤纤维（NDF）和酸性洗涤纤维（ADF）含量

饲料名称	DM，%	NDF，%	ADF，%
玉米淀粉渣	93.47	81.96	28.02
麦芽根	90.64	64.8	17.33
麸皮	88.54	40.1	11.62
整株玉米	17	61.3	34.86
青贮玉米	15.73	67.24	40.98
鲜大麦	30.33	65.7	39.46
青贮大麦	29.8	76.35	46.24
高粱青贮	93.65	67.63	43.71
高粱青贮	32.78	73.13	46.88
大麦青贮	93.99	77.79	53.05
啤酒糟	93.66	77.69	25.77
酱油渣	93.07	65.62	35.75

表 B.2 (续)

饲料名称	DM, %	NDF, %	ADF, %
酱油渣	94.08	54.73	33.47
白酒糟	94.5	73.48	50.64
白酒糟	93.2	73.24	52.49
羊草	92.96	70.74	42.64
稻草	93.15	74.79	50.3
氨化稻草	93.92	74.15	55.28
苜蓿	91.46	60.34	44.66
玉米秸	91.64	79.48	53.24
小麦秸	94.45	78.03	72.63
氨化麦秸	88.96	78.37	54.62
谷草	90.66	74.81	50.78
氨化谷草	91.94	76.82	50.49
复合处理谷草	91.06	76.31	48.58
稻草	92.08	86.71	54.58
氨化稻草	92.33	83.19	49.59
复合处理稻草	91.68	77.95	50.59
玉米秸	91.85	83.98	66.57
氨化玉米秸	91.15	84.82	63.92
复合处理玉米秸	92.37	81.64	57.32
糜黍秸	91.59	78.32	45.38
氨化糜黍秸	91.43	75.88	46.04
复合氨化糜黍秸	92.19	72.16	42.02
莜麦秸	92.39	76.65	50.33
氨化莜麦秸	91.47	75.27	51.87
复合处理莜麦秸	92.04	79.91	49.36
麦秸	92.13	89.53	69.22
氨化麦秸	89.64	86.54	63.54
复合处理麦秸	91.93	82.75	61.53
荞麦秸	93.81	52.73	33.99
氨化荞麦秸	92.62	54.85	35.48
复合处理荞麦秸	93.19	55.16	33.4
麦壳	91.98	83.5	52.22
氨化麦壳	92.61	84.44	54.16
复合处理麦壳	92.42	84.94	53.29
白薯蔓	91.49	55.54	45.5
氨化白薯蔓	91.88	61.25	45.83

表 B.2 （续）

饲料名称	DM，%	NDF，%	ADF，%
复合处理白薯蔓	92.45	59.24	47
苜蓿秸	91.89	75.27	57.7
氨化苜蓿秸	90.78	77.91	58.02
复合处理苜蓿秸	92.51	72.85	53.48
花生壳	91.9	88.74	71.99
氨化花生壳	91.86	88.78	72.44
复合处理花生壳	92.24	86.29	74.75
豆荚	91.48	71.1	52.81
氨化豆荚	91.6	70.52	56.14
复合处理豆荚	92.17	66.7	54.32

ICS 65.020.30
B 43

NY

中华人民共和国农业行业标准

NY/T 816—2004

肉羊饲养标准

Feeding standard of meat-producing sheep and goats

2004-08-25发布 2004-09-01实施

中华人民共和国农业部 发布

前　言

本标准的附录A为资料性附录。

本标准由中华人民共和国农业部提出并归口。

本标准起草单位:中国农业科学院畜牧研究所、内蒙古畜牧科学院。

本标准主要起草人:王加启、卢德勋、杨红建、杨在宾、雒秋江、杨玉福、王洪荣、熊本海、张力、曲绪仙、郑中朝、毛杨毅。

肉羊饲养标准

1 范围

本标准规定了肉用绵羊和山羊对日粮干物质进食量、消化能、代谢能、粗蛋白质、维生素、矿物质元素每日需要量值。

本标准适用于以产肉为主，产毛、绒为辅而饲养的绵羊和山羊品种。

2 规范性引用文件

下列文件中的条款通过本标准的引用而成为本标准的条款。凡是注日期的引用文件，其随后所有的修改单（不包括勘误的内容）或修订版均不适用于本标准，然而，鼓励根据本标准达成协议的各方研究已经是否可使用这些文件的最新版本。凡是不注日期的引用文件，其最新版本适用于本标准。

GB 5461 食用盐

GB/T6432 饲料中粗蛋白质测定方法

GB/T6433 饲料中粗脂肪测定方法

GB/T6434 饲料中粗纤维测定方法

GB/T6436 饲料中钙的测定

GB/T6437 饲料中总磷的测定 分光光度法

GB/T6439 饲料中水溶性氯化物的测定 硝酸镁法

GB/T17776 饲料中硫的测定 硝酸镁法

GB/T17812 饲料中维生素E的测定 高效液相色谱法

GB/T17817 饲料中维生素A的测定 高效液相色谱法

GB/T17818 饲料中维生素 D_3 的测定 高效液相色谱法

《关于在我国统一实行计量单位的命令》（中华人民共和国国务院发布）

《贯彻中华人民共和国计量单位的命令的通知》（文化部出版局、国家计量局发布）

3 术语和定义

下列术语和定义适用于本标准。

3.1

日粮干物质进食量 dietary dry matter intake

动物24h内对所给饲日粮干物质的进食量，英文简写为DMI，单位以kg/d表示。

3.2

总能 gross energy

饲料总能为每千克饲料在氧弹测热仪中完全氧化燃烧后所产生的热量（MJ），又称燃烧热，英文缩写为GE。在无实测数据时，可参考式（1）计算：

$$GE = 100 \times (23.93 \times CP + 39.75 \times EE + 20.04 \times CF + 16.86 \times NFE) \quad \cdots\cdots\cdots\cdots (1)$$

式中：

GE——总能，单位为兆焦每千克（MJ/kg）；

CP——饲料中粗蛋白质含量，单位为百分率（%）；

EE——饲料中粗脂肪含量，单位为百分率（%）；

CF——饲料中粗纤维含量，单位为百分率（%）；

NFE——饲料中无氮浸出物含量,单位为百分率(%)。

3.3

消化能 digestive energy

消化能为饲料总能扣除粪能量损失后的差值,亦称"表观消化能",英文简写为DE。在无实测数据时,可参考式(2)计算:

$$DE=(2.385\times DCP+3.933\times DEE+1.757\times DCF+1.674\times DNFE)/1\,000 \quad\cdots\cdots\cdots\cdots (2)$$

式中:

DE ——消化能,单位为兆焦每千克(MJ/kg);

DCP ——饲料中可消化粗蛋白质含量,单位为百分率(%);

DEE ——饲料中可消化粗脂肪含量,单位为百分率(%);

DCF ——饲料中可消化粗纤维含量,单位为百分率(%);

DNFE——饲料中可消化无氮浸出物含量,单位为百分率(%)。

3.4

代谢能 metabolizable energy

食入饲料的总能减去粪、尿排泄物中的总能及呼出气体中甲烷气体能量即为代谢能。由于排泄物中包括来自宿主身体的内源性能量,亦称"表观代谢能",英文简写为ME,单位为MJ/kg。在无实测数据时,代谢能可参考消化能乘以0.82估算。

3.5

粗蛋白质 crude protein

以凯氏定氮法测定的饲料含氮量,乘以6.25即为粗蛋白质,英文简写为CP,浓度用%表示。

4 肉用绵羊营养需要量

各生产阶段肉用绵羊对干物质进食量和消化能、代谢能、粗蛋白质、钙、磷、食用盐每日营养需要量见表1~表6,对硫、维生素A、维生素D、维生素E的每日营养添加量推荐值见表7。

4.1 生长肥育羔羊每日营养需要量

4 kg~20 kg体重阶段生长肥育绵羊羔羊不同日增重下日粮干物质进食量和消化能、代谢能、粗蛋白质、钙、总磷、食用盐每日营养需要量见表1,对硫、维生素A、维生素D、维生素E、微量矿物质元素的日粮添加量见表7。

表1 生长肥育绵羊羔羊每日营养需要量表

体重 kg	日增重 kg/d	DMI kg/d	DE MJ/d	ME MJ/d	粗蛋白质 g/d	钙 g/d	总磷 g/d	食用盐 g/d
4	0.1	0.12	1.92	1.88	35	0.9	0.5	0.6
4	0.2	0.12	2.8	2.72	62	0.9	0.5	0.6
4	0.3	0.12	3.68	3.56	90	0.9	0.5	0.6
6	0.1	0.13	2.55	2.47	36	1.0	0.5	0.6
6	0.2	0.13	3.43	3.36	62	1.0	0.5	0.6
6	0.3	0.13	4.18	3.77	88	1.0	0.5	0.6
8	0.1	0.16	3.10	3.01	36	1.3	0.7	0.7
8	0.2	0.16	4.06	3.93	62	1.3	0.7	0.7
8	0.3	0.16	5.02	4.60	88	1.3	0.7	0.7
10	0.1	0.24	3.97	3.60	54	1.4	0.75	1.1
10	0.2	0.24	5.02	4.60	87	1.4	0.75	1.1

表 1 （续）

体重 kg	日增重 kg/d	DMI kg/d	DE MJ/d	ME MJ/d	粗蛋白质 g/d	钙 g/d	总磷 g/d	食用盐 g/d
10	0.3	0.24	8.28	5.86	121	1.4	0.75	1.1
12	0.1	0.32	4.60	4.14	56	1.5	0.8	1.3
12	0.2	0.32	5.44	5.02	90	1.5	0.8	1.3
12	0.3	0.32	7.11	8.28	122	1.5	0.8	1.3
14	0.1	0.4	5.02	4.60	59	1.8	1.2	1.7
14	0.2	0.4	8.28	5.86	91	1.8	1.2	1.7
14	0.3	0.4	7.53	6.69	123	1.8	1.2	1.7
16	0.1	0.48	5.44	5.02	60	2.2	1.5	2.0
16	0.2	0.48	7.11	8.28	92	2.2	1.5	2.0
16	0.3	0.48	8.37	7.53	124	2.2	1.5	2.0
18	0.1	0.56	8.28	5.86	63	2.5	1.7	2.3
18	0.2	0.56	7.95	7.11	95	2.5	1.7	2.3
18	0.3	0.56	8.79	7.95	127	2.5	1.7	2.3
20	0.1	0.64	7.11	8.28	65	2.9	1.9	2.6
20	0.2	0.64	8.37	7.53	96	2.9	1.9	2.6
20	0.3	0.64	9.62	8.79	128	2.9	1.9	2.6

注 1：表中日粮干物质进食量(DMI)、消化能(DE)、代谢能(ME)、粗蛋白质(CP)、钙、总磷、食用盐每日需要量推荐数值参考自内蒙古自治区地方标准《细毛羊饲养标准》(DB 15/T 30—92)。

注 2：日粮中添加的食用盐应符合 GB 5461 中的规定。

4.2 育成母羊每日营养需要量

25 kg～50 kg 体重阶段绵羊育成母羊日粮干物质进食量和消化能、代谢能、粗蛋白质、钙、磷、食用盐每日营养需要量见表 2，对硫、维生素 A、维生素 D、维生素 E、微量矿物质元素的日粮添加量见表 7。

表 2 育成母绵羊每日营养需要量表

体重 kg	日增重 kg/d	DMI kg/d	DE MJ/d	ME MJ/d	粗蛋白质 g/d	钙 g/d	总磷 g/d	食用盐 g/d
25	0	0.8	5.86	4.60	47	3.6	1.8	3.3
25	0.03	0.8	6.70	5.44	69	3.6	1.8	3.3
25	0.06	0.8	7.11	5.86	90	3.6	1.8	3.3
25	0.09	0.8	8.37	6.69	112	3.6	1.8	3.3
30	0	1.0	6.70	5.44	54	4.0	2.0	4.1
30	0.03	1.0	7.95	6.28	75	4.0	2.0	4.1
30	0.06	1.0	8.79	7.11	96	4.0	2.0	4.1
30	0.09	1.0	9.20	7.53	117	4.0	2.0	4.1
35	0	1.2	7.95	6.28	61	4.5	2.3	5.0
35	0.03	1.2	8.79	7.11	82	4.5	2.3	5.0
35	0.06	1.2	9.62	7.95	103	4.5	2.3	5.0
35	0.09	1.2	10.88	8.79	123	4.5	2.3	5.0
40	0	1.4	8.37	6.69	67	4.5	2.3	5.8
40	0.03	1.4	9.62	7.95	88	4.5	2.3	5.8
40	0.06	1.4	10.88	8.79	108	4.5	2.3	5.8
40	0.09	1.4	12.55	10.04	129	4.5	2.3	5.8

表 2 （续）

体重 kg	日增重 kg/d	DMI kg/d	DE MJ/d	ME MJ/d	粗蛋白质 g/d	钙 g/d	总磷 g/d	食用盐 g/d
45	0	1.5	9.20	8.79	94	5.0	2.5	6.2
45	0.03	1.5	10.88	9.62	114	5.0	2.5	6.2
45	0.06	1.5	11.71	10.88	135	5.0	2.5	6.2
45	0.09	1.5	13.39	12.10	80	5.0	2.5	6.2
50	0	1.6	9.62	7.95	80	5.0	2.5	6.6
50	0.03	1.6	11.30	9.20	100	5.0	2.5	6.6
50	0.06	1.6	13.39	10.88	120	5.0	2.5	6.6
50	0.09	1.6	15.06	12.13	140	5.0	2.5	6.6

注 1：表中日粮干物质进食量(DMI)、消化能(DE)、代谢能(ME)、粗蛋白质(CP)、钙、总磷、食用盐每日需要量推荐数值参考自内蒙古自治区地方标准《细毛羊饲养标准》(DB 15/T30—92)。

注 2：日粮中添加的食用盐应符合 GB 5461 中的规定。

4.3 育成公羊每日营养需要量

20 kg～70 kg 体重阶段绵羊育成母羊日粮干物质进食量和消化能、代谢能、粗蛋白质、钙、总磷、食用盐每日营养需要量见表 3，对硫、维生素 A、维生素 D、维生素 E、微量矿物质元素的日粮添加量见表 7。

表 3　育成公绵羊营养需要量表

体重 kg	日增重 kg/d	DMI kg/d	DE MJ/d	ME MJ/d	粗蛋白质 g/d	钙 g/d	总磷 g/d	食用盐 g/d
20	0.05	0.9	8.17	6.70	95	2.4	1.1	7.6
20	0.10	0.9	9.76	8.00	114	3.3	1.5	7.6
20	0.15	1.0	12.20	10.00	132	4.3	2.0	7.6
25	0.05	1.0	8.78	7.20	105	2.8	1.3	7.6
25	0.10	1.0	10.98	9.00	123	3.7	1.7	7.6
25	0.15	1.1	13.54	11.10	142	4.6	2.1	7.6
30	0.05	1.1	10.37	8.50	114	3.2	1.4	8.6
30	0.10	1.1	12.20	10.00	132	4.1	1.9	8.6
30	0.15	1.2	14.76	12.10	150	5.0	2.3	8.6
35	0.05	1.2	11.34	9.30	122	3.5	1.6	8.6
35	0.10	1.2	13.29	10.90	140	4.5	2.0	8.6
35	0.15	1.3	16.10	13.20	159	5.4	2.5	8.6
40	0.05	1.3	12.44	10.20	130	3.9	1.8	9.6
40	0.10	1.3	14.39	11.80	149	4.8	2.2	9.6
40	0.15	1.3	17.32	14.20	167	5.8	2.6	9.6
45	0.05	1.3	13.54	11.10	138	4.3	1.9	9.6
45	0.10	1.3	15.49	12.70	156	5.2	2.9	9.6
45	0.15	1.4	18.66	15.30	175	6.1	2.8	9.6
50	0.05	1.4	14.39	11.80	146	4.7	2.1	11.0

表 3 （续）

体重 kg	日增重 kg/d	DMI kg/d	DE MJ/d	ME MJ/d	粗蛋白质 g/d	钙 g/d	总磷 g/d	食用盐 g/d
50	0.10	1.4	16.59	13.60	165	5.6	2.5	11.0
50	0.15	1.5	19.76	16.20	182	6.5	3.0	11.0
55	0.05	1.5	15.37	12.60	153	5.0	2.3	11.0
55	0.10	1.5	17.68	14.50	172	6.0	2.7	11.0
55	0.15	1.6	20.98	17.20	190	6.9	3.1	11.0
60	0.05	1.6	16.34	13.40	161	5.4	2.4	12.0
60	0.10	1.6	18.78	15.40	179	6.3	2.9	12.0
60	0.15	1.7	22.20	18.20	198	7.3	3.3	12.0
65	0.05	1.7	17.32	14.20	168	5.7	2.6	12.0
65	0.10	1.7	19.88	16.30	187	6.7	3.0	12.0
65	0.15	1.8	23.54	19.30	205	7.6	3.4	12.0
70	0.05	1.8	18.29	15.00	175	6.2	2.8	12.0
70	0.10	1.8	20.85	17.10	194	7.1	3.2	12.0
70	0.15	1.9	24.76	20.30	212	8.0	3.6	12.0

注 1：表中日粮干物质进食量(DMI)、消化能(DE)、代谢能(ME)、粗蛋白质(CP)、钙、总磷、食用盐每日需要量推荐数值参考自内蒙古自治区地方标准《细毛羊饲养标准》(DB 15/T 30—92)。

注 2：日粮中添加的食用盐应符合 GB 5461 中的规定。

4.4 育肥羊每日营养需要量

20 kg～45 kg 体重阶段舍饲育肥羊日粮干物质进食量和消化能、代谢能、粗蛋白质、钙、总磷、食用盐每日营养需要量见表 4，对硫、维生素 A、维生素 D、维生素 E、微量矿物质元素的日粮添加量见表 7。

表 4 育肥羊每日营养需要量

体重 kg	日增重 kg/d	DMI kg/d	DE MJ/d	ME MJ/d	粗蛋白质 g/d	钙 g/d	总磷 g/d	食用盐 g/d
20	0.10	0.8	9.00	8.40	111	1.9	1.8	7.6
20	0.20	0.9	11.30	9.30	158	2.8	2.4	7.6
20	0.30	1.0	13.60	11.20	183	3.8	3.1	7.6
20	0.45	1.0	15.01	11.82	210	4.6	3.7	7.6
25	0.10	0.9	10.50	8.60	121	2.2	2	7.6
25	0.20	1.0	13.20	10.80	168	3.2	2.7	7.6
25	0.30	1.1	15.80	13.00	191	4.3	3.4	7.6
25	0.45	1.1	17.45	14.35	218	5.4	4.2	7.6
30	0.10	1.0	12.00	9.80	132	2.5	2.2	8.6
30	0.20	1.1	15.00	12.30	178	3.6	3	8.6
30	0.30	1.2	18.10	14.80	200	4.8	3.8	8.6
30	0.45	1.2	19.95	16.34	351	6.0	4.6	8.6
35	0.10	1.2	13.40	11.10	141	2.8	2.5	8.6
35	0.20	1.3	16.90	13.80	187	4.0	3.3	8.6

表4（续）

体重 kg	日增重 kg/d	DMI kg/d	DE MJ/d	ME MJ/d	粗蛋白质 g/d	钙 g/d	总磷 g/d	食用盐 g/d
35	0.30	1.3	18.20	16.60	207	5.2	4.1	8.6
35	0.45	1.3	20.19	18.26	233	6.4	5.0	8.6
40	0.10	1.3	14.90	12.20	143	3.1	2.7	9.6
40	0.20	1.3	18.80	15.30	183	4.4	3.6	9.6
40	0.30	1.4	22.60	18.40	204	5.7	4.5	9.6
40	0.45	1.4	24.99	20.30	227	7.0	5.4	9.6
45	0.10	1.4	16.40	13.40	152	3.4	2.9	9.6
45	0.20	1.4	20.60	16.80	192	4.8	3.9	9.6
45	0.30	1.5	24.80	20.30	210	6.2	4.9	9.6
45	0.45	1.5	27.38	22.39	233	7.4	6.0	9.6
50	0.10	1.5	17.90	14.60	159	3.7	3.2	11.0
50	0.20	1.6	22.50	18.30	198	5.2	4.2	11.0
50	0.30	1.6	27.20	22.10	215	6.7	5.2	11.0
50	0.45	1.6	30.03	24.38	237	8.5	6.5	11.0

注1：表中日粮干物质进食量（DMI）、消化能（DE）、代谢能（ME）、粗蛋白质（CP）、钙、总磷、食用盐每日需要量推荐数值参考自新疆维吾尔自治区企业标准《新疆细毛羔舍饲肥育标准》（1985）。

注2：日粮中添加的食用盐应符合GB 5461中的规定。

4.5 妊娠母羊每日营养需要量

不同妊娠阶段妊娠母羊日粮干物质进食量和消化能、代谢能、粗蛋白质、钙、总磷、食用盐每日营养需要量见表5，对硫、维生素A、维生素D、维生素E、微量矿物质元素的日粮添加量见表7。

表5 妊娠母绵羊每日营养需要量

妊娠阶段	体重 kg	DMI kg/d	DE MJ/d	ME MJ/d	粗蛋白质 g/d	钙 g/d	总磷 g/d	食用盐 g/d
前期[a]	40	1.6	12.55	10.46	116	3.0	2.0	6.6
	50	1.8	15.06	12.55	124	3.2	2.5	7.5
	60	2.0	15.90	13.39	132	4.0	3.0	8.3
	70	2.2	16.74	14.23	141	4.5	3.5	9.1
后期[b]	40	1.8	15.06	12.55	146	6.0	3.5	7.5
	45	1.9	15.90	13.39	152	6.5	3.7	7.9
	50	2.0	16.74	14.23	159	7.0	3.9	8.3
	55	2.1	17.99	15.06	165	7.5	4.1	8.7
	60	2.2	18.83	15.90	172	8.0	4.3	9.1
	65	2.3	19.66	16.74	180	8.5	4.5	9.5
	70	2.4	20.92	17.57	187	9.0	4.7	9.9
后期[c]	40	1.8	16.74	14.23	167	7.0	4.0	7.9
	45	1.9	17.99	15.06	176	7.5	4.3	8.3
	50	2.0	19.25	16.32	184	8.0	4.6	8.7

表5（续）

妊娠阶段	体重 kg	DMI kg/d	DE MJ/d	ME MJ/d	粗蛋白质 g/d	钙 g/d	总磷 g/d	食用盐 g/d
后期[c]	55	2.1	20.50	17.15	193	8.5	5.0	9.1
	60	2.2	21.76	18.41	203	9.0	5.3	9.5
	65	2.3	22.59	19.25	214	9.5	5.4	9.9
	70	2.4	24.27	20.50	226	10.0	5.6	11.0

注1：表中日粮干物质进食量(DMI)、消化能(DE)、代谢能(ME)、粗蛋白质(CP)、钙、总磷、食用盐每日需要量推荐数值参考自内蒙古自治区地方标准《细毛羊饲养标准》(DB 15/T 30-92)。

注2：日粮中添加的食用盐应符合GB 5461中的规定。

[a] 指妊娠期的第1个月至第3个月。

[b] 指母羊怀单羔妊娠期的第4个月至第5个月。

[c] 指母羊怀双羔妊娠期的第4个月至第5个月。

4.6 泌乳母羊每日营养需要量

40 kg～70 kg泌乳母羊的日粮干物质进食量和消化能、代谢能、粗蛋白质、钙、总磷、食用盐每日营养需要量见表6，对硫、维生素A、维生素D、维生素E、微量矿物质元素的日粮添加量见表7。

表6 泌乳母绵羊每日营养需要量

体重 kg	日泌乳量 kg/d	DMI kg/d	DE MJ/d	ME MJ/d	粗蛋白质 g/d	钙 g/d	总磷 g/d	食用盐 g/d
40	0.2	2.0	12.97	10.46	119	7.0	4.3	8.3
40	0.4	2.0	15.48	12.55	139	7.0	4.3	8.3
40	0.6	2.0	17.99	14.64	157	7.0	4.3	8.3
40	0.8	2.0	20.5	16.74	176	7.0	4.3	8.3
40	1.0	2.0	23.01	18.83	196	7.0	4.3	8.3
40	1.2	2.0	25.94	20.92	216	7.0	4.3	8.3
40	1.4	2.0	28.45	23.01	236	7.0	4.3	8.3
40	1.6	2.0	30.96	25.10	254	7.0	4.3	8.3
40	1.8	2.0	33.47	27.20	274	7.0	4.3	8.3
50	0.2	2.2	15.06	12.13	122	7.5	4.7	9.1
50	0.4	2.2	17.57	14.23	142	7.5	4.7	9.1
50	0.6	2.2	20.08	16.32	162	7.5	4.7	9.1
50	0.8	2.2	22.59	18.41	180	7.5	4.7	9.1
50	1.0	2.2	25.10	20.50	200	7.5	4.7	9.1
50	1.2	2.2	28.03	22.59	219	7.5	4.7	9.1
50	1.4	2.2	30.54	24.69	239	7.5	4.7	9.1
50	1.6	2.2	33.05	26.78	257	7.5	4.7	9.1
50	1.8	2.2	35.56	28.87	277	7.5	4.7	9.1
60	0.2	2.4	16.32	13.39	125	8.0	5.1	9.9
60	0.4	2.4	19.25	15.48	145	8.0	5.1	9.9
60	0.6	2.4	21.76	17.57	165	8.0	5.1	9.9
60	0.8	2.4	24.27	19.66	183	8.0	5.1	9.9

表6 (续)

体重 kg	日泌乳量 kg/d	DMI kg/d	DE MJ/d	ME MJ/d	粗蛋白质 g/d	钙 g/d	总磷 g/d	食用盐 g/d
60	1.0	2.4	26.78	21.76	203	8.0	5.1	9.9
60	1.2	2.4	29.29	23.85	223	8.0	5.1	9.9
60	1.4	2.4	31.8	25.94	241	8.0	5.1	9.9
60	1.6	2.4	34.73	28.03	261	8.0	5.1	9.9
60	1.8	2.4	37.24	30.12	275	8.0	5.1	9.9
70	0.2	2.6	17.99	14.64	129	8.5	5.6	11.0
70	0.4	2.6	20.50	16.70	148	8.5	5.6	11.0
70	0.6	2.6	23.01	18.83	166	8.5	5.6	11.0
70	0.8	2.6	25.94	20.92	186	8.5	5.6	11.0
70	1.0	2.6	28.45	23.01	206	8.5	5.6	11.0
70	1.2	2.6	30.96	25.10	226	8.5	5.6	11.0
70	1.4	2.6	33.89	27.61	244	8.5	5.6	11.0
70	1.6	2.6	36.40	29.71	264	8.5	5.6	11.0
70	1.8	2.6	39.33	31.80	284	8.5	5.6	11.0

注1:表中日粮干物质进食量(DMI)、消化能(DE)、代谢能(ME)、粗蛋白质(CP)、钙、总磷、食用盐每日需要量推荐数值参考自内蒙古自治区地方标准《细毛羊饲养标准》(DB 15/T30—92)。

注2:日粮中添加的食用盐应符合GB 5461中的规定。

表7 肉用绵羊对日粮硫、维生素、微量矿物质元素需要量(以干物质为基础)

体重阶段	生长羔羊	育成母羊	育成公羊	育肥羊	妊娠母羊	泌乳母羊	最大耐受浓度[b]
	4kg~20kg	25kg~50kg	20kg~70kg	20kg~50kg	40kg~70kg	40kg~70kg	
硫,g/d	0.24~1.2	1.4~2.9	2.8~3.5	2.8~3.5	2.0~3.0	2.5~3.7	—
维生素A,IU/d	188~940	1 175~2 350	940~3 290	940~2 350	1 880~3 948	1 880~3 434	—
维生素D,IU/d	26~132	137~275	111~389	111~278	222~440	222~380	—
维生素E,IU/d	2.4~12.8	12~24	12~29	12~23	18~35	26~34	—
钴,mg/kg	0.018~0.096	0.12~0.24	0.21~0.33	0.2~0.35	0.27~0.36	0.3~0.39	10
铜[a],mg/kg	0.97~5.2	6.5~13	11~18	11~19	16~22	13~18	25
碘,mg/kg	0.08~0.46	0.58~1.2	1.0~1.6	0.94~1.7	1.3~1.7	1.4~1.9	50
铁,mg/kg	4.3~23	29~58	50~79	47~83	65~86	72~94	500
锰,mg/kg	2.2~12	14~29	25~40	23~41	32~44	36~47	1 000
硒,mg/kg	0.016~0.086	0.11~0.22	0.19~0.30	0.18~0.31	0.24~0.31	0.27~0.35	2
锌,mg/kg	2.7~14	18~36	50~79	29~52	53~71	59~77	750

注:表中维生素A、维生素D、维生素E每日需要量数据参考自NRC(1985),维生素A最低需要量:47 IU/kg体重,1 mgβ-胡萝卜素效价相当于681 IU维生素A。维生素D需要量:早期断奶羔羊最低需要量为5.55 IU/kg体重;其他生产阶段绵羊对维生素D的最低需要量为6.66 IU/kg体重,1 IU维生素D相当于0.025 μg胆钙化醇。维生素E需要量:体重低于20 kg的羔羊对维生素E的最低需要量为20 IU/kg干物质进食量;体重大于20 kg的各生产阶段绵羊对维生素E的最低需要量为15 IU/kg干物质进食量,1 IU维生素E效价相当于1 mg D,L-α-生育酚醋酸酯。

[a] 当日粮中钼含量大于3.0 mg/kg时,铜的添加量要在表中推荐值基础上增加1倍。

[b] 参考自NRC(1985)提供的估计数据。

5 肉用山羊每日营养需要量

5.1 生长育肥山羊羔羊每日营养需要量

生长育肥山羊羔羊每日营养需要量见表8。

表8 生长育肥山羊羔羊每日营养需要量

体重 kg	日增重 kg/d	DMI kg/d	DE MJ/d	ME MJ/d	粗蛋白质 g/d	钙 g/d	总磷 g/d	食用盐 g/d
1	0	0.12	0.55	0.46	3	0.1	0.0	0.6
1	0.02	0.12	0.71	0.60	9	0.8	0.5	0.6
1	0.04	0.12	0.89	0.75	14	1.5	1.0	0.6
2	0	0.13	0.90	0.76	5	0.1	0.1	0.7
2	0.02	0.13	1.08	0.91	11	0.8	0.6	0.7
2	0.04	0.13	1.26	1.06	16	1.6	1.0	0.7
2	0.06	0.13	1.43	1.20	22	2.3	1.5	0.7
4	0	0.18	1.64	1.38	9	0.3	0.2	0.9
4	0.02	0.18	1.93	1.62	16	1.0	0.7	0.9
4	0.04	0.18	2.20	1.85	22	1.7	1.1	0.9
4	0.06	0.18	2.48	2.08	29	2.4	1.6	0.9
4	0.08	0.18	2.76	2.32	35	3.1	2.1	0.9
6	0	0.27	2.29	1.88	11	0.4	0.3	1.3
6	0.02	0.27	2.32	1.90	22	1.1	0.7	1.3
6	0.04	0.27	3.06	2.51	33	1.8	1.2	1.3
6	0.06	0.27	3.79	3.11	44	2.5	1.7	1.3
6	0.08	0.27	4.54	3.72	55	3.3	2.2	1.3
6	0.10	0.27	5.27	4.32	67	4.0	2.6	1.3
8	0	0.33	1.96	1.61	13	0.5	0.4	1.7
8	0.02	0.33	3.05	2.5	24	1.2	0.8	1.7
8	0.04	0.33	4.11	3.37	36	2.0	1.3	1.7
8	0.06	0.33	5.18	4.25	47	2.7	1.8	1.7
8	0.08	0.33	6.26	5.13	58	3.4	2.3	1.7
8	0.10	0.33	7.33	6.01	69	4.1	2.7	1.7
10	0	0.46	2.33	1.91	16	0.7	0.4	2.3
10	0.02	0.48	3.73	3.06	27	1.4	0.9	2.4
10	0.04	0.50	5.15	4.22	38	2.1	1.4	2.5
10	0.06	0.52	6.55	5.37	49	2.8	1.9	2.6
10	0.08	0.54	7.96	6.53	60	3.5	2.3	2.7
10	0.10	0.56	9.38	7.69	72	4.2	2.8	2.8
12	0	0.48	2.67	2.19	18	0.8	0.5	2.4
12	0.02	0.50	4.41	3.62	29	1.5	1.0	2.5
12	0.04	0.52	6.16	5.05	40	2.2	1.5	2.6
12	0.06	0.54	7.90	6.48	52	2.9	2.0	2.7

表 8 （续）

体重 kg	日增重 kg/d	DMI kg/d	DE MJ/d	ME MJ/d	粗蛋白质 g/d	钙 g/d	总磷 g/d	食用盐 g/d
12	0.08	0.56	9.65	7.91	63	3.7	2.4	2.8
12	0.10	0.58	11.40	9.35	74	4.4	2.9	2.9
14	0	0.50	2.99	2.45	20	0.9	0.6	2.5
14	0.02	0.52	5.07	4.16	31	1.6	1.1	2.6
14	0.04	0.54	7.16	5.87	43	2.4	1.6	2.7
14	0.06	0.56	9.24	7.58	54	3.1	2.0	2.8
14	0.08	0.58	11.33	9.29	65	3.8	2.5	2.9
14	0.10	0.60	13.40	10.99	76	4.5	3.0	3.0
16	0	0.52	3.30	2.71	22	1.1	0.7	2.6
16	0.02	0.54	5.73	4.70	34	1.8	1.2	2.7
16	0.04	0.56	8.15	6.68	45	2.5	1.7	2.8
16	0.06	0.58	10.56	8.66	56	3.2	2.1	2.9
16	0.08	0.60	12.99	10.65	67	3.9	2.6	3.0
16	0.10	0.62	15.43	12.65	78	4.6	3.1	3.1

注 1：表中 0～8 kg 体重阶段肉用绵羊羔羊日粮干物质进食量（DMI）按每千克代谢体重 0.07 kg 估算；体重大于 10 kg 时，按中国农业科学院畜牧研究所 2003 年提供的如下公式计算获得：

$$DMI = (26.45 \times W^{0.75} + 0.99 \times ADG) / 1\,000$$

式中：

DMI——干物质进食量，单位为千克每天（kg/d）；

W——体重，单位为千克（kg）；

ADG——日增重，单位为克每天（g/d）。

注 2：表中代谢能（ME）、粗蛋白质（CP）数值参考自杨在宾等（1997）对青山羊数据资料。

注 3：表中消化能（DE）需要量数值根据 ME/0.82 估算。

注 4：表中钙需要量按表 14 中提供参数估算得到，总磷需要量根据钙磷为 1.5：1 估算获得。

注 5：日粮中添加的食用盐应符合 GB 5461 中的规定。

15 kg～30 kg 体重阶段育肥山羊消化能、代谢能、粗蛋白质、钙、总磷、食用盐每日营养需要量见表 9。

表 9　育肥山羊每日营养需要量

体重 kg	日增重 kg/d	DMI kg/d	DE MJ/d	ME MJ/d	粗蛋白质 g/d	钙 g/d	总磷 g/d	食用盐 g/d
15	0	0.51	5.36	4.40	43	1.0	0.7	2.6
15	0.05	0.56	5.83	4.78	54	2.8	1.9	2.8
15	0.10	0.61	6.29	5.15	64	4.6	3.0	3.1
15	0.15	0.66	6.75	5.54	74	6.4	4.2	3.3
15	0.20	0.71	7.21	5.91	84	8.1	5.4	3.6
20	0	0.56	6.44	5.28	47	1.3	0.9	2.8
20	0.05	0.61	6.91	5.66	57	3.1	2.1	3.1
20	0.10	0.66	7.37	6.04	67	4.9	3.3	3.3

表 9（续）

体重 kg	日增重 kg/d	DMI kg/d	DE MJ/d	ME MJ/d	粗蛋白质 g/d	钙 g/d	总磷 g/d	食用盐 g/d
20	0.15	0.71	7.83	6.42	77	6.7	4.5	3.6
20	0.20	0.76	8.29	6.80	87	8.5	5.6	3.8
25	0	0.61	7.46	6.12	50	1.7	1.1	3.0
25	0.05	0.66	7.92	6.49	60	3.5	2.3	3.3
25	0.10	0.71	8.38	6.87	70	5.2	3.5	3.5
25	0.15	0.76	8.84	7.25	81	7.0	4.7	3.8
25	0.20	0.81	9.31	7.63	91	8.8	5.9	4.0
30	0	0.65	8.42	6.90	53	2.0	1.3	3.3
30	0.05	0.70	8.88	7.28	63	3.8	2.5	3.5
30	0.10	0.75	9.35	7.66	74	5.6	3.7	3.8
30	0.15	0.80	9.81	8.04	84	7.4	4.9	4.0
30	0.20	0.85	10.27	8.42	94	9.1	6.1	4.2

注 1：表中干物质进食量（DMI）、消化能（DE）、代谢能（ME）、粗蛋白质（CP）数值来源于中国农业科学院畜牧所（2003），具体的计算公式如下：

DMI，kg/d＝(26.45×$W^{0.75}$＋0.99×ADG)/1 000

DE，MJ/d＝4.184×(140.61×$LBW^{0.75}$＋2.21×ADG＋210.3)/1 000

ME，MJ/d＝4.184×(0.475×ADG＋95.19)×$LBW^{0.75}$/1 000

CP，g/d＝28.86＋1.905×$LBW^{0.75}$＋0.202 4×ADG

以上式中：

DMI——干物质进食量，单位为千克每天（kg/d）；

DE——消化能，单位为兆焦每天（MJ/d）；

ME——代谢能，单位为兆焦每天（MJ/d）；

CP——粗蛋白质，单位为克每天（g/d）；

LBW——活体重，单位为千克（kg）；

ADG——平均日增重，单位为克每天（g/d）。

注 2：表中钙、总磷每日需要量来源见表 8 中注 4。

注 3：日粮中添加的食用盐应符合 GB 5461 中的规定。

5.2 后备公山羊每日营养需要量

后备公山羊每日营养需要量见表 10。

表 10 后备公山羊每日营养需要量

体重 kg	日增重 kg/d	DMI kg/d	DE MJ/d	ME MJ/d	粗蛋白质 g/d	钙 g/d	总磷 g/d	食用盐 g/d
12	0	0.48	3.78	3.10	24	0.8	0.5	2.4
12	0.02	0.50	4.10	3.36	32	1.5	1.0	2.5
12	0.04	0.52	4.43	3.63	40	2.2	1.5	2.6
12	0.06	0.54	4.74	3.89	49	2.9	2.0	2.7
12	0.08	0.56	5.06	4.15	57	3.7	2.4	2.8

表 10 （续）

体重 kg	日增重 kg/d	DMI kg/d	DE MJ/d	ME MJ/d	粗蛋白质 g/d	钙 g/d	总磷 g/d	食用盐 g/d
12	0.10	0.58	5.38	4.41	66	4.4	2.9	2.9
15	0	0.51	4.48	3.67	28	1.0	0.7	2.6
15	0.02	0.53	5.28	4.33	36	1.7	1.1	2.7
15	0.04	0.55	6.10	5.00	45	2.4	1.6	2.8
15	0.06	0.57	5.70	4.67	53	3.1	2.1	2.9
15	0.08	0.59	7.72	6.33	61	3.9	2.6	3.0
15	0.10	0.61	8.54	7.00	70	4.6	3.0	3.1
18	0	0.54	5.12	4.20	32	1.2	0.8	2.7
18	0.02	0.56	6.44	5.28	40	1.9	1.3	2.8
18	0.04	0.58	7.74	6.35	49	2.6	1.8	2.9
18	0.06	0.60	9.05	7.42	57	3.3	2.2	3.0
18	0.08	0.62	10.35	8.49	66	4.1	2.7	3.1
18	0.10	0.64	11.66	9.56	74	4.8	3.2	3.2
21	0	0.57	5.76	4.72	36	1.4	0.9	2.9
21	0.02	0.59	7.56	6.20	44	2.1	1.4	3.0
21	0.04	0.61	9.35	7.67	53	2.8	1.9	3.1
21	0.06	0.63	11.16	9.15	61	3.5	2.4	3.2
21	0.08	0.65	12.96	10.63	70	4.3	2.8	3.3
21	0.10	0.67	14.76	12.10	78	5.0	3.3	3.4
24	0	0.60	6.37	5.22	40	1.6	1.1	3.0
24	0.02	0.62	8.66	7.10	48	2.3	1.5	3.1
24	0.04	0.64	10.95	8.98	56	3.0	2.0	3.2
24	0.06	0.66	13.27	10.88	65	3.7	2.5	3.3
24	0.08	0.68	15.54	12.74	73	4.5	3.0	3.4
24	0.10	0.70	17.83	14.62	82	5.2	3.4	3.5
注：日粮中添加的食用盐应符合 GB 5461 中的规定。								

5.3 妊娠期母山羊每日营养需要量

妊娠期母山羊每日营养需要量见表 11。

表 11 妊娠期母山羊每日营养需要量

妊娠 阶段	体重 kg	DMI kg/d	DE MJ/d	ME MJ/d	粗蛋白质 g/d	钙 g/d	总磷 g/d	食用盐 g/d
空怀期	10	0.39	3.37	2.76	34	4.5	3.0	2.0
	15	0.53	4.54	3.72	43	4.8	3.2	2.7
	20	0.66	5.62	4.61	52	5.2	3.4	3.3
	25	0.78	6.63	5.44	60	5.5	3.7	3.9
	30	0.90	7.59	6.22	67	5.8	3.9	4.5

表 11 （续）

妊娠 阶段	体重 kg	DMI kg/d	DE MJ/d	ME MJ/d	粗蛋白质 g/d	钙 g/d	总磷 g/d	食用盐 g/d
1d～90d	10	0.39	4.80	3.94	55	4.5	3.0	2.0
	15	0.53	6.82	5.59	65	4.8	3.2	2.7
	20	0.66	8.72	7.15	73	5.2	3.4	3.3
	25	0.78	10.56	8.66	81	5.5	3.7	3.9
	30	0.90	12.34	10.12	89	5.8	3.9	4.5
91d～120d	15	0.53	7.55	6.19	97	4.8	3.2	2.7
	20	0.66	9.51	7.8	105	5.2	3.4	3.3
	25	0.78	11.39	9.34	113	5.5	3.7	3.9
	30	0.90	13.20	10.82	121	5.8	3.9	4.5
120d以上	15	0.53	8.54	7.00	124	4.8	3.2	2.7
	20	0.66	10.54	8.64	132	5.2	3.4	3.3
	25	0.78	12.43	10.19	140	5.5	3.7	3.9
	30	0.90	14.27	11.7	148	5.8	3.9	4.5
注：日粮中添加的食用盐应符合 GB 5461 中的规定。								

5.4 泌乳期母山羊每日营养需要量

泌乳前期母山羊每日营养需要量见表 12。

表 12 泌乳前期母山羊每日营养需要量

体重 kg	泌乳量 kg/d	DMI kg/d	DE MJ/d	ME MJ/d	粗蛋白质 g/d	钙 g/d	总磷 g/d	食用盐 g/d
10	0	0.39	3.12	2.56	24	0.7	0.4	2.0
10	0.50	0.39	5.73	4.70	73	2.8	1.8	2.0
10	0.75	0.39	7.04	5.77	97	3.8	2.5	2.0
10	1.00	0.39	8.34	6.84	122	4.8	3.2	2.0
10	1.25	0.39	9.65	7.91	146	5.9	3.9	2.0
10	1.50	0.39	10.95	8.98	170	6.9	4.6	2.0
15	0	0.53	4.24	3.48	33	1.0	0.7	2.7
15	0.50	0.53	6.84	5.61	31	3.1	2.1	2.7
15	0.75	0.53	8.15	6.68	106	4.1	2.8	2.7
15	1.00	0.53	9.45	7.75	130	5.2	3.4	2.7
15	1.25	0.53	10.76	8.82	154	6.2	4.1	2.7
15	1.50	0.53	12.06	9.89	179	7.3	4.8	2.7
20	0	0.66	5.26	4.31	40	1.3	0.9	3.3
20	0.50	0.66	7.87	6.45	89	3.4	2.3	3.3
20	0.75	0.66	9.17	7.52	114	4.5	3.0	3.3
20	1.00	0.66	10.48	8.59	138	5.5	3.7	3.3

表 12（续）

体重 kg	泌乳量 kg/d	DMI kg/d	DE MJ/d	ME MJ/d	粗蛋白质 g/d	钙 g/d	总磷 g/d	食用盐 g/d
20	1.25	0.66	11.78	9.66	162	6.5	4.4	3.3
20	1.50	0.66	13.09	10.73	187	7.6	5.1	3.3
25	0	0.78	6.22	5.10	48	1.7	1.1	3.9
25	0.50	0.78	8.83	7.24	97	3.8	2.5	3.9
25	0.75	0.78	10.13	8.31	121	4.8	3.2	3.9
25	1.00	0.78	11.44	9.38	145	5.8	3.9	3.9
25	1.25	0.78	12.73	10.44	170	6.9	4.6	3.9
25	1.50	0.78	14.04	11.51	194	7.9	5.3	3.9
30	0	0.90	6.70	5.49	55	2.0	1.3	4.5
30	0.50	0.90	9.73	7.98	104	4.1	2.7	4.5
30	0.75	0.90	11.04	9.05	128	5.1	3.4	4.5
30	1.00	0.90	12.34	10.12	152	6.2	4.1	4.5
30	1.25	0.90	13.65	11.19	177	7.2	4.8	4.5
30	1.50	0.90	14.95	12.26	201	8.3	5.5	4.5

注 1：泌乳前期指泌乳第 1 天～第 30 天。
注 2：日粮中添加的食用盐应符合 GB 5461 中的规定。

泌乳后期母山羊每日营养需要量见表 13。

表 13　泌乳后期母山羊每日营养需要量

LBW kg	泌乳量 kg/d	DMI kg/d	DE MJ/d	ME MJ/d	粗蛋白质 g/d	钙 g/d	磷 g/d	食用盐 g/d
10	0	0.39	3.71	3.04	22	0.7	0.4	2.0
10	0.15	0.39	4.67	3.83	48	1.3	0.9	2.0
10	0.25	0.39	5.30	4.35	65	1.7	1.1	2.0
10	0.50	0.39	6.90	5.66	108	2.8	1.8	2.0
10	0.75	0.39	8.50	6.97	151	3.8	2.5	2.0
10	1.00	0.39	10.10	8.28	194	4.8	3.2	2.0
15	0	0.53	5.02	4.12	30	1.0	0.7	2.7
15	0.15	0.53	5.99	4.91	55	1.6	1.1	2.7
15	0.25	0.53	6.62	5.43	73	2.0	1.4	2.7
15	0.50	0.53	8.22	6.74	116	3.1	2.1	2.7
15	0.75	0.53	9.82	8.05	159	4.1	2.8	2.7
15	1.00	0.53	11.41	9.36	201	5.2	3.4	2.7
20	0	0.66	6.24	5.12	37	1.3	0.9	3.3
20	0.15	0.66	7.20	5.9	63	2.0	1.3	3.3
20	0.25	0.66	7.84	6.43	80	2.4	1.6	3.3
20	0.50	0.66	9.44	7.74	123	3.4	2.3	3.3
20	0.75	0.66	11.04	9.05	166	4.5	3.0	3.3
20	1.00	0.66	12.63	10.36	209	5.5	3.7	3.3

表 13 （续）

LBW kg	泌乳量 kg/d	DMI kg/d	DE MJ/d	ME MJ/d	粗蛋白质 g/d	钙 g/d	磷 g/d	食用盐 g/d
25	0	0.78	7.38	6.05	44	1.7	1.1	3.9
25	0.15	0.78	8.34	6.84	69	2.3	1.5	3.9
25	0.25	0.78	8.98	7.36	87	2.7	1.8	3.9
25	0.5	0.78	10.57	8.67	129	3.8	2.5	3.9
25	0.75	0.78	12.17	9.98	172	4.8	3.2	3.9
25	1.00	0.78	13.77	11.29	215	5.8	3.9	3.9
30	0	0.90	8.46	6.94	50	2.0	1.3	4.5
30	0.15	0.90	9.41	7.72	76	2.6	1.8	4.5
30	0.25	0.90	10.06	8.25	93	3.0	2.0	4.5
30	0.50	0.90	11.66	9.56	136	4.1	2.7	4.5
30	0.75	0.90	13.24	10.86	179	5.1	3.4	4.5
30	1.00	0.90	14.85	12.18	222	6.2	4.1	4.5

注 1：泌乳后期指泌乳第 31 天～第 70 天。
注 2：日粮中添加的食用盐应符合 GB 5461 中的规定。

表 14　山羊对常量矿物质元素每日营养需要量参数

常量元素	维持 mg/kg 体重	妊娠 g/kg 胎儿	泌乳 g/kg 产奶	生长 g/kg	吸收率 %
钙 Ca	20	11.5	1.25	10.7	30
总磷 P	30	6.6	1.0	6.0	65
镁 Mg	3.5	0.3	0.14	0.4	20
钾 K	50	2.1	2.1	2.4	90
钠 Na	15	1.7	0.4	1.6	80
硫 S	0.16%～0.32%（以进食日粮干物质为基础）				—

注 1：表中参数参考自 Kessler(1991)和 Haenlein(1987)资料信息。
注 2：表中“—”表示暂无此项数据。

表 15　山羊对微量矿物质元素需要量(以进食日粮干物质为基础)

微量元素	推荐量，mg/kg
铁 Fe	30～40
铜 Cu	10～20
钴 Co	0.11～0.2
碘 I	0.15～2.0
锰 Mn	60～120
锌 Zn	50～80
硒 Se	0.05

注：表中推荐数值参考自 AFRC(1998)，以进食日粮干物质为基础。

6　肉羊常用饲料成分与营养价值表

肉羊常用饲料成分与营养价值见表 16 和表 17，有关表 16 的制订说明如下：

a）本表是在《中国饲料成分及营养价值表 2002 年第 13 版》的基础上，通过补充经常饲喂的禾本科牧草、豆科牧草和一些农副产品、糠麸类等肉用绵羊和山羊饲料原料成分与营养价值修订而成的。

b）根据《关于在我国统一实行计量单位的命令》和《贯彻中华人民共和国计量单位的命令的联合通知》，本表中有关常规饲料能量浓度采用兆焦（MJ）表示。鉴于饲料羊代谢能实测数据不全，本表中饲料代谢能值，暂建议通过消化能值乘以 0.82 估算。

c）本表饲料中粗蛋白质、粗脂肪、粗纤维、钙、总磷的测定方法分别按 GB/T 6432、GB/T 6433、GB/T 6434、GB/T 6436、GB/T 6437 中规定的方法执行；饲料中硫、维生素 A、维生素 D、维生素 E 的测定方法分别按 GB/T 17776、GB/T 17817、GB/T 17818、GB/T 17812 中规定的方法执行；饲料中水溶性氯化物的测定按 GB/T 6439 中规定的方法执行。

d）表 16 中，从第 1 序号饲料“玉米皮”开始至第 17 序号是粗饲料，因地域、品种、收获季节、茎叶比例和加工制作的方法不同，而很难给出适合于不同原料背景条件下对应的饲料养分值。同时，因篇幅问题也不能列出所有状态下的样本值。因此，用户在使用这些数据时，要有针对性，尽可能使用实测的成分含量，有效能值则可参考表中建议的数值，按养分评定的基本折算原理做适当的修正。

表 16 中国羊常用饲料成分及营养价值表

序号	中国饲料号 CFN	饲料名称 Feed Name	饲料描述 Description	干物质 DM,%	消化能 MJ/kg	代谢能 MJ/kg	粗蛋白 CP,%	粗脂肪 EE,%	粗纤维 CF,%	无氮浸出物 NFE,%	中洗纤维 NDF,%	酸洗纤维 ADF,%	钙 Ca,%	总磷 P,%
1	1-05-0024	苜蓿干草 alfalfa hay	等外品	88.7	7.67	6.29	11.6	1.2	43.3	25.0	53.5	39.6	1.24	0.39
2	1-05-0064	沙打旺 erecT milkvetch	盛花期,晒制	92.4	10.46	8.58	15.7	2.5	25.8	41.1	—	—	0.36	0.18
3	1-05-0607	黑麦草 ryegrass	冬黑麦	87.8	10.42	8.54	17.0	4.9	20.4	34.3	—	—	0.39	0.24
4	1-05-0615	谷草 straw grass	粟茎叶,晒制	90.7	6.33	5.19	4.5	1.2	32.6	44.2	67.8	46.1	0.34	0.03
5	1-05-0622	苜蓿干草 alfalfa hay	中苜蓿 2 号	92.4	9.79	8.03	16.8	1.3	29.5	34.5	47.1	38.3	1.95	0.28
6	1-05-0644	羊草 Chinese wildrye hay	以禾本科为主,晒制	92.0	9.56	7.84	7.3	3.6	—	—	57.5	32.8	0.22	0.14
7	1-05-0645	羊草 chinese wildrye hay	以禾本科为主,晒制	91.6	8.78	7.20	7.4	3.6	29.4	46.6	56.9	34.5	0.37	0.18
8	1-06-0009	稻草 rice straw	晚稻,成熟	89.4	4.84	3.97	2.5	1.7	24.1	48.8	77.5	48.8	0.07	0.05
9	1-06-0802	稻草 rice straw	晒干,成熟	90.3	4.64	3.80	6.2	1.0	27.0	37.3	67.5	45.4	0.56	0.17
10	1-06-0062	玉米秸 corn straw	收获后茎叶	90.0	5.83	4.78	5.9	0.9	24.9	50.2	59.5	36.3	—	-
11	1-06-0100	甘薯蔓 sweeT potato vine	成熟期,以 80%茎为主	88.0	7.53	6.17	8.1	2.7	28.5	39.0	—	—	1.55	0.11
12	1-06-0622	小麦秸 wheaT straw	春小麦	89.6	4.28	3.51	2.6	1.6	31.9	41.1	72.6	52.0	0.05	0.06
13	1-06-0631	大豆秸 soy straw	枯黄期,老叶	85.9	8.49	6.96	11.3	2.4	28.8	36.9	—	—	1.31	0.22
14	1-06-0636	花生蔓 peanuT vine	成熟期,伏花生	91.3	9.48	7.77	11.0	1.5	29.6	41.3	—	—	2.46	0.04
15	1-08-0800	大豆皮 soya bean hull	晒干,成熟	91.0	11.25	9.23	18.8	2.6	25.4	39.4	—	—	—	0.35
16	1-10-0031	向日葵仁饼 sunflower meal(exp.)	壳仁比为 35∶65,NY/T 3 级	88.0	8.79	7.21	29.0	2.9	20.4	31.0	41.4	29.6	0.24	0.87
17	3-03-0029	玉米青贮	乳熟期,全株	23.0	2.21	1.81	2.8	0.4	8.0	9.0	—	—	0.18	0.05
18	4-07-0278	玉米 corn grain	成熟,高蛋白,优质	86.0	14.23	11.67	9.4	3.1	1.2	71.1	—	—	0.02	0.27
19	4-07-0279	玉米 corn grain	成熟,GB/T 17890—1999 1 级	86.0	14.27	11.70	8.7	3.6	1.6	70.7	9.3	2.7	0.02	0.27
20	4-07-0280	玉米 corn grain	成熟,GB/T 17890—1999 2 级	86.0	14.14	11.59	7.8	3.5	1.6	71.8	8.2	2.9	0.02	0.27
21	4-07-0272	高粱 sorghum grain	成熟,NY/T 1 级	86.0	13.05	10.70	9.0	3.4	1.4	70.4	17.4	8.0	0.13	0.36
22	4-07-0270	小麦 wheaT grain	混合小麦,成熟 NY/T 2 级	87.0	14.23	11.67	13.9	1.7	1.9	67.6	13.3	3.9	0.17	0.41

表 16（续）

序号	中国饲料号 CFN	饲料名称 Feed Name	饲料描述 Description	干物质 DM，%	消化能 MJ/kg	代谢能 MJ/kg	粗蛋白 CP，%	粗脂肪 EE，%	粗纤维 CF，%	无氮浸出物 NFE，%	中洗纤维 NDF，%	酸洗纤维 ADF，%	钙 Ca，%	总磷 P，%
23	4-07-0274	大麦(裸)naked barley grain	裸大麦，成熟 NY/T 2 级	87.0	13.43	11.01	13.0	2.1	2.0	67.7	10.0	2.2	0.04	0.39
24	4-07-0277	大麦(皮)barley grain	皮大麦，成熟 NY/T 1 级	87.0	13.22	10.84	11.0	1.7	4.8	67.1	18.4	6.8	0.09	0.33
25	4-07-0281	黑麦 rye	籽粒，进口	88.0	14.18	11.63	11.0	1.5	2.2	71.5	12.3	4.6	0.05	0.30
26	4-07-0273	稻谷 paddy	成熟，晒干 NY/T 2 级	86.0	12.64	10.36	7.8	1.6	8.2	63.8	27.4	28.7	0.03	0.36
27	4-07-0276	糙米 rough rice	良，成熟，未去米糠	87.0	14.27	11.70	8.8	2.0	0.7	74.2	13.9	—	0.03	0.35
28	4-07-0275	碎米 broken rice	良，加工精米后的副产品	88.0	14.35	11.77	10.4	2.2	1.1	72.7	1.6	—	0.06	0.35
29	4-07-0479	粟(谷子)milleT grain	合格，带壳，成熟	86.5	12.55	10.29	9.7	2.3	6.8	65.0	15.2	13.3	0.12	0.30
30	4-04-0067	木薯干 cassava tuber flake	木薯干片，晒干 NY/T 合格	87.0	12.51	10.26	2.5	0.7	2.5	79.4	8.4	6.4	0.27	0.09
31	4-04-0068	甘薯干 sweeT potato tuber flake	甘薯干片，晒干 NY/T 合格	87.0	13.68	11.22	4.0	0.8	2.8	76.4	—	—	0.19	0.02
32	4-08-0003	高粱糠 sorghum grain bran	籽粒加工后的壳副产品	91.1	14.02	11.50	9.6	9.1	4.0	63.5	—	—	0.07	0.81
33	4-08-0104	次粉 wheaT middling and reddog	黑面，黄粉，下面 NY/T 1 级	88.0	13.89	11.39	15.4	2.2	1.5	67.1	18.7	4.3	0.08	0.48
34	4-08-0105	次粉 wheaT middling and reddog	黑面，黄粉，下面 NY/T 2 级	87.0	13.60	11.15	13.6	2.1	2.8	66.7	31.9	10.5	0.08	0.48
35	4-08-0069	小麦麸 wheaT bran	传统制粉工艺 NY/T 1 级	87.0	12.18	9.99	15.7	3.9	6.5	56.0	37.0	13.0	0.11	0.92
36	4-08-0070	小麦麸 wheaT bran	传统制粉工艺 NY/T 2 级	87.0	12.10	9.92	14.3	4.0	6.8	57.1	—	—	0.10	0.93
37	4-08-0070	玉米皮 corn hull	籽粒加工后的壳副产品	87.9	10.12	8.30	10.2	4.9	13.8	57.0	44.8	14.9	—	—
38	4-08-0041	米糠 rice bran	新鲜，不脱脂 NY/T 2 级	87.0	13.77	11.29	12.8	16.5	5.7	44.5	22.9	13.4	0.07	1.43
39	5-09-0127	大豆 soybean	黄大豆，成熟 NY/T 2 级	87.0	16.36	13.42	35.5	17.3	4.3	25.7	7.9	7.3	0.27	0.48
40	5-09-0128	全脂大豆 full-faT soybean	湿法膨化，生大豆为 NY/T 2 级	88.0	16.99	13.93	35.5	18.7	4.6	25.2	17.2	11.5	0.32	0.40
41	4-10-0018	米糠粕 rice bran meal(sol.)	浸提或预压浸提，NY/T 1 级	87.0	10.00	8.20	15.1	2.0	7.5	53.6	—	—	0.15	1.82
42	4-10-0025	米糠饼 rice bran meal(exp.)	未脱脂，机榨 NY/T 1 级	88.0	11.92	9.77	14.7	9.0	7.4	48.2	27.7	11.6	0.14	1.69
43	4-10-0026	玉米胚芽饼 corn germ meal(exp.)	玉米湿磨后的胚芽，机榨	90.0	12.45	10.21	16.7	9.6	6.3	50.8	—	—	0.04	1.45
44	4-10-0244	玉米胚芽粕 corn germ meal(sol.)	玉米湿磨后的胚芽，浸提	90.0	11.56	9.48	20.8	2.0	6.5	54.8	—	—	0.06	1.23
45	4-11-0612	糖蜜 molasses	糖用甜菜	75	15.97	13.10	11.8	0.4	—	—	0.08	0.08	—	—
46	5-10-0241	大豆饼 soybean meal(exp.)	机榨 NY/T 2 级	89.0	14.10	11.56	41.8	5.8	4.8	30.7	18.1	15.5	0.31	0.50

表 16（续）

序号	中国饲料号 CFN	饲料名称 Feed Name	饲料描述 Description	干物质 DM,%	消化能 MJ/kg	代谢能 MJ/kg	粗蛋白 CP,%	粗脂肪 EE,%	粗纤维 CF,%	无氮浸出物 NFE,%	中洗纤维 NDF,%	酸洗纤维 ADF,%	钙 Ca,%	总磷 P,%
47	5-10-0103	大豆粕 soybean meal(sol.)	去皮,浸提或预压浸提 NY/T 1级	89.0	14.31	11.73	47.9	1.0	4.0	31.2	8.8	5.3	0.34	065
48	5-10-0102	大豆粕 soybean meal(sol.)	浸提或预压浸提 NY/T 2级	89.0	14.27	11.70	44.0	1.9	5.2	31.8	13.6	9.6	0.33	0.62
49	5-10-0118	棉籽饼 cottonseed meal(exp.)	机榨 NY/T 2级	88.0	13.22	10.84	36.3	7.4	12.5	26.1	32.1	22.9	0.21	0.83
50	5-10-0119	棉籽粕 cottonseed meal(sol.)	浸提或预压浸提 NY/T 1级	90.0	13.05	10.70	47.0	0.5	10.2	26.3	—	—	0.25	1.10
51	5-10-0117	棉籽粕 cottonseed meal(sol.)	浸提或预压浸提 NY/T 2级	90.0	12.47	10.23	43.5	0.5	10.5	28.9	28.4	19.4	0.28	1.04
52	5-10-0183	菜籽饼 rapeseed meal(exp.)	机榨 NY/T 2级	88.0	13.14	10.77	35.7	7.4	11.4	26.3	33.3	26.0	0.59	0.96
53	5-10-0121	菜籽粕 rapeseed meal(sol.)	浸提或预压浸提 NY/T 2级	88.0	12.05	9.88	38.6	1.4	11.8	28.9	20.7	16.8	0.65	1.02
54	5-10-0116	花生仁饼 peanut meal (exp.)	机榨 NY/T 2级	88.0	14.39	11.80	44.7	7.2	5.9	25.1	14.0	8.7	0.25	0.53
55	5-10-0115	花生仁粕 peanut meal(sol.)	浸提或预压浸提 NY/T 2级	88.0	13.56	11.12	47.8	1.4	6.2	27.2	15.5	11.7	0.27	0.56
56	5-10-0242	向日葵仁粕 sunflower meal(sol.)	壳仁比为 16：84,NY/T 2级	88.0	10.63	8.72	36.5	1.0	10.5	34.4	14.9	13.6	0.27	1.13
57	5-10-0243	向日葵仁粕 sunflower meal(sol.)	壳仁比为 24：76,NY/T 2级	88.0	8.54	7.00	33.6	1.0	14.8	38.8	32.8	23.5	0.26	1.03
58	5-10-0119	亚麻仁饼 linseed meal(exp.)	机榨 NY/T 2级	88.0	13.39	10.98	32.2	7.8	7.8	34.0	29.7	27.1	0.39	0.88
59	5-10-0120	亚麻仁粕 linseed meal(sol.)	浸提或预压浸提 NY/T 2级	88.0	12.51	10.26	34.8	1.8	8.2	36.6	21.6	14.4	0.42	0.95
60	5-10-0246	芝麻饼 sesame meal(exp.)	机榨,CP 40%	92.0	14.69	12.05	39.2	10.3	7.2	24.9	18.0	13.2	2.24	1.19
61	5-11-0001	玉米蛋白粉 corn gluten meal	玉米去胚芽,淀粉后的面筋部分 CP 60%	90.1	18.37	15.06	63.5	5.4	1.0	19.2	8.7	4.6	0.07	0.44
62	5-11-0002	玉米蛋白粉 corn gluten meal	同上,中等蛋白产品,CP 50%	91.2	15.86	13.01	51.3	7.8	2.1	28.0	10.1	7.5	0.06	0.42
63	5-11-0003	玉米蛋白饲料 corn gluten feed	玉米去胚芽、淀粉后的含皮残渣	88.0	13.39	10.98	19.3	7.5	7.8	48.0	33.6	10.5	0.15	0.70
64	5-11-0004	麦芽根 barley malt sprouts	大麦芽副产品,干燥	89.7	11.42	9.36	28.3	1.4	12.5	41.4	—	—	0.22	0.73
65	5-11-0005	啤酒糟 brewers dried grain	大麦酿造副产品	88.0	—	—	24.3	5.3	13.4	40.8	39.4	24.6	0.32	0.42
66	5-11-0007	DDGS corn distiller's grains with soluble	玉米啤酒糟及可溶物，脱水	90.0	14.64	12.00	28.3	13.7	7.1	36.8	—	—	0.20	0.74
67	5-11-0008	玉米蛋白粉 corn gluten meal	同上,中等蛋白产品,CP40%	89.9	15.19	12.46	44.3	6.0	1.6	37.1	33.3	—	—	—
68	5-11-0009	蚕豆粉浆蛋白粉 broad bean gluten meal	蚕豆去皮制粉丝后的浆液，脱水	88.0	—	—	66.3	4.7	4.1	10.3	—	—	—	0.59
69	7-15-0001	啤酒酵母 brewers dried yeast	啤酒酵母菌粉,QB/T 1940-94	91.7	13.43	11.01	52.4	0.4	0.6	33.6	—	—	0.16	1.02
70	8-16-0099	尿素 urea		95.0	0	0	267	—	—	—	—	—	—	—

注 1:“—”表示数据不详或暂无此测定数据。

注 2:表中代谢能值是根据消化能乘以 0.82 估算。

表 17 常用矿物质饲料中矿物元素的含量(以饲喂状态为基础)

序号	中国饲料号 CFN	饲料名称 Feed Name	化学分子式 Chemical formula	钙 Ca[a] %	磷 P %	磷利用率[b] %	钠 Na %	氯 Cl %	钾 K %	镁 Mg %	硫 S %	铁 Fe %	锰 Mn %
1	6-14-0001	碳酸钙,饲料级轻质 calcium carbonate	$CaCO_3$	38.42	0.02	—	0.08	0.02	0.08	1.610	0.08	0.06	0.02
2	6-14-0002	磷酸氢钙,无水 calcium phosphate(dibasic),anhydrous	$CaHPO_4$	29.60	22.77	95~100	0.18	0.47	0.15	0.800	0.80	0.79	0.14
3	6-14-0003	磷酸氢钙,2 个结晶水 calcium phosphate(dibasic),dehydrate	$CaHPO_4 \cdot 2H_2O$	23.29	18.00	95~100	—	—	—	—	—	—	—
4	6-14-0004	磷酸二氢钙 calcium phosphate(monobasic)monohydrate	$Ca(H_2PO_4)_2 \cdot H_2O$	15.90	24.58	100	0.20	—	0.16	0.900	0.80	0.75	0.01
5	6-14-0005	磷酸三钙(磷酸钙)calcium phosphate(tribasic)	$Ca_3(PO_4)_2$	38.76	20.0	—	—	—	—	—	—	—	—
6	6-14-0006	石粉 c、石灰石、方解石等 limestone、calcite		35.84	0.01	—	0.06	0.02	0.11	2.060	0.04	0.35	0.02
7	6-14-0010	磷酸氢铵 ammonium phosphate(dibasic)	$(NH_4)_2HPO_4$	0.35	23.48	100	0.20	—	0.16	0.750	1.50	0.41	0.01
8	6-14-0011	磷酸二氢铵 ammonium phosphate (monobasic)	$NH_4H_2PO_4$	—	26.93	100	—	—	—	—	—	—	—
9	6-14-0012	磷酸氢二钠 sodium phosphate (dibasic)	Na_2HPO_4	0.09	21.82	100	31.04	—	—	—	—	—	—
10	6-14-0013	磷酸二氢钠 sodium phosphate (monobasic)	NaH_2PO_4	—	25.81	100	19.17	0.02	0.01	0.010	—	—	—
11	6-14-0015	碳酸氢钠 sodium bicarbonate	$NaHCO_3$	0.01	—	—	27.00	—	0.01	—	—	—	—
12	6-14-0016	氯化钠 sodium chloride	NaCl	0.30	—	—	39.50	59.00	—	0.005	0.20	0.01	—
13	6-14-0017	氯化镁 magnesium chloride hexahydrate	$MgCl_2 \cdot 6H_2O$	—	—	—	—	—	—	11.950	—	—	—
14	6-14-0018	碳酸镁 magnesium carbonate	$MgCO_3 \cdot MgOH_2$	0.02	—	—	—	—	—	34.000	—	—	0.01
15	6-14-0019	氧化镁 magnesium oxide	MgO	1.69	—	—	—	—	0.02	55.000	0.10	1.06	—
16	6-14-0020	硫酸镁,7 个结晶水 magnesium sulfate heptahydrate	$MgSO_4 \cdot 7H_2O$	0.02	—	—	—	0.01	—	9.860	13.01	—	—
17	6-14-0021	氯化钾 potassium chloride	KCl	0.05	—	—	1.00	47.56	52.44	0.230	0.32	0.06	0.001
18	6-14-0022	硫酸钾 potassium sulfate	K_2SO_4	0.15	—	—	0.09	1.50	44.87	0.600	18.40	0.07	0.001

注 1:数据来源:《中国饲料学》(2000,张子仪主编)。

注 2:饲料中使用的矿物质添加剂一般不是化学纯化合物,其组成成分的变异较大。如果能得到,一般应采用原料供给商的分析结果。例如,饲料级的磷酸氢钙原料中往往含有一些磷酸二氢钙,而磷酸二氢钙中含有一些磷酸氢钙。

[a] 在大多数来源的磷酸氢钙、磷酸二氢钙、磷酸三钙、脱氟磷酸钙、碳酸钙、硫酸钙和方解石石粉中,估计钙的生物学利用率为 90%~100%,在高镁含量的石粉或白云石石粉中钙的生物学效价较低,为 50%~80%。

[b] 生物学效价估计值通常以相当于磷酸氢钠或磷酸氢钙中磷的生物学效价表示。

[c] 大多数方解石石粉中含有 38%或高于表中所示的钙和低于表中所示的镁。

附　录　A
（资料性附录）
新蛋白质营养体系下肉用绵羊营养需要量

A.1　范围

本附录A适用于以产肉为主要生产目的而饲养的绵羊品种。

本附录规定了新蛋白质营养体系下肉用绵羊对日粮干物质进食量、代谢能、小肠可消化粗蛋白质需要量推荐值。

A.2　饲料小肠可消化粗蛋白质评定

A.2.1　小肠可消化粗蛋白质　intestinal digestible crude protein

进入到反刍家畜小肠消化道并在小肠中被消化的粗蛋白质为小肠可消化粗蛋白质，英语简写为IDCP，由饲料瘤胃非降解蛋白质（UDP）、瘤胃微生物粗蛋白质（MCP）及小肠内源性粗蛋白质组成，单位为g，在具体测算中，小肠内源性粗蛋白质可暂忽略不计。IDCP具体按式（A.1）计算：

$$\mathrm{IDCP} = \mathrm{UDP} \times Idgl + \mathrm{MCP} \times 0.7 \qquad \text{(A.1)}$$

式中：

UDP——饲料瘤胃非降解粗蛋白质量，单位为克（g）；

MCP——瘤胃微生物粗蛋白质产生量，单位为克（g）；

$Idgl$——饲料瘤胃非降解蛋白质在小肠的平均消化率，暂建议取值为0.68；

0.7——瘤胃微生物粗蛋白质在小肠的平均消化率建议值。

A.2.2　瘤胃有效降解粗蛋白质　rumen effective degradable protein

饲料粗蛋白质在瘤胃中被降解的部分，又称饲料瘤胃有效降解粗蛋白质，英文简称为ERDP，采用瘤胃尼龙袋培养法测定。具体按式（A.2）和式（A.3）测算：

$$dg_t = a + b \times (1 - e^{-c \times t}) \qquad \text{(A.2)}$$

$$\mathrm{ERDP} = \mathrm{CP} \times [a + b \times c/(c + kp)] \qquad \text{(A.3)}$$

式（A.2）和式（A.3）中：

dg_t——饲料粗蛋白质在瘤胃中第t时间点的动态消失率；

t——饲料粗蛋白质在瘤胃中的停留时间，单位为小时（h）；

a——可迅速降解的可溶性粗蛋白质和非蛋白氮部分；

b——具有一定降解速率的非可溶性可降解粗蛋白质部分；

c——b部分降解速率（h^{-1}），也可以用k_d表示；

CP——饲料粗蛋白质，单位为克（g）；

kp——瘤胃食糜向后段消化道的外流速度，具体按式（A.4）计算（AFRC，1993）。

$$kp = -0.024 + 0.179 \times (1 - e^{-0.278 \times L}) \qquad \text{(A.4)}$$

式（A.4）中：

kp——瘤胃食糜向后段消化道的外流速度，单位为h^{-1}；

L——饲养水平，由给饲动物日粮中总代谢能需要量除以维持代谢能需要量计算而得。

A.2.3　瘤胃微生物粗蛋白质 MCP

在瘤胃发酵过程中产生并进入小肠的瘤胃微生物来源粗蛋白质，即为瘤胃微生物蛋白质，按式

(A.5)计算(NRC,1985):

$$MCP = (423.43 \times DEI - 1.29) \times 6.25 \quad \cdots\cdots (A.5)$$

式(A.5)中:

MCP ——瘤胃微生物粗蛋白质,单位为克每天(g/d);

DEI ——每日饲料消化能进食量,单位为兆焦每天(MJ/d)。

A.3 肉用绵羊营养需要量

肉用绵羊日干物质采食量、代谢能、小肠可消化粗蛋白质需要量见表A.1～A.6。

A.3.1 肉用绵羊干物质采食量

粗料型日粮 指日粮中粗饲料比例大于55%时,按式(A.6)计算干物质采食量:

$$DMI = (1 + F \times 17.51) \times (104.7 \times q_m - 0.307 \times LBW - 15.0) \times LBW^{0.75} \quad \cdots (A.6)$$

精料型日粮 指日粮中粗饲料比例小于55%时,按式(A.7)计算干物质采食量:

$$DMI = (1 + F \times 17.51) \times (150.3 - 78 \times q_m - 0.408 \times LBW) \times LBW^{0.75} \quad \cdots\cdots (A.7)$$

式(A.6)和式(A.7)中:

DMI ——干物质采食量,单位为千克每天(kg/d);

LBW—— 动物活体重,单位为千克(kg);

q_m —— 维持饲养水平条件下总能代谢率,根据日粮代谢能除以总能计算得到;

F —— 校正系数,按式(A.8)计算。

$$F = -0.038 + 0.076 \times ME - 0.015 \times ME^2 \quad \cdots\cdots (A.8)$$

式(A.8)中:

F ——校正系数;

ME —— 给饲日粮干物质中代谢能浓度,单位为兆焦每千克(MJ/kg)。

A.3.2 肉用绵羊代谢能需要量

肉羊代谢能需要量评定是在消化代谢试验、呼吸测热等试验的基础上,采用析因法得到不同生产水平下进食代谢能转化为维持净能(NEm)、增重净能(NEg)、妊娠净能(NEc)、产奶净能(NE_L)产毛净能(NEw)的量和效率(k)后推算获得。计算如式(A.9)所列:

$$ME(MJ/d) = NEm/km + NEg/kf + NEc/kc + NE_L/kl + NEw/kw \quad \cdots (A.9)$$

式(A.9)中,km、kf、kc、kl、kw分别为代谢能转化为NEm、NEg、NEc、NE_L、NEw的沉积效率,具体测算公式如下(AFRC,1993):

$$km = 0.35 \times q_m + 0.503 \quad \cdots\cdots (A.10)$$

$$kf = 0.78 \times q_m + 0.006 \quad \cdots\cdots (A.11)$$

$$kc = 0.133 \quad \cdots\cdots (A.12)$$

$$kl = 0.35 \times q_m + 0.420 \quad \cdots\cdots (A.13)$$

$$kw = 0.18 \quad \cdots\cdots (A.14)$$

式(A.10)～式(A.14)中:

q_m—— 维持饲养水平条件下总能代谢率,根据日粮代谢能除以总能计算得到。

式(A.9)中,NEm、NEg、NEc、NE_L、NEw具体计算公式(AFRC,1993)如下:

$$NEm(MJ/d) = (4.185 \times 56 \times LBW^{0.75} + A)/1\,000 \quad \cdots\cdots (A.15)$$

生长肥育羔羊和育成公羊:$NEg(MJ/d) = ADG \times (2.5 + 0.35 \times LBW) \quad \cdots (A.16)$

育成母羊:$NEg(MJ/d) = ADG \times (2.1 + 0.45 \times LBW) \quad \cdots\cdots (A.17)$

羯羊:$NEg(MJ/d) = ADG \times (4.4 + 0.32 \times LBW) \quad \cdots\cdots (A.18)$

$$\log(Et) = 3.322 - 4.979 \times e^{-0.00643 \times t} \quad \cdots\cdots (A.19)$$

$$NEc(MJ/d) = 0.25 \times Wo \times Et \times 0.07372 \times e^{-0.00643 \times t} \quad \cdots\cdots (A.20)$$

$$NE_L(MJ/d) = Y \times (41.94 \times MF + 15.85 \times P + 21.41 \times ML)/1\,000 \quad \cdots\cdots (A.21)$$

$$NEw(MJ/d) = 23 \times FL/1\,000 \quad \cdots\cdots (A.22)$$

式(A.15)～式(A.22)中：

LBW —— 动物活体重，单位为千克(kg)；

ADG —— 平均日增重，单位为千克每天(kg/d)；

FL —— 每日产毛量，单位为克每天(g/d)；

A —— 动物随意活动净能需要量，舍饲羔羊 *A* 取 6.7kJ/d，放牧饲养羔羊 *A* 取 10.6kJ，对舍饲妊娠母羊而言，*A*＝9.6×LBW，对泌乳母羊而言，*A*＝5.4×LBW；

t —— 妊娠天数；

Et —— 妊娠第 *t* 天胎儿的燃烧热值，单位为兆焦(MJ)；

Wo ——羔羊出生重，对绵羊出生重取 4.0kg；

Y —— 每日产奶量，单位为千克每天(kg/d)；

MF —— 乳脂肪含量，单位为克每千克(g/kg)；

P —— 乳蛋白质含量，单位为克每千克(g/kg)；

ML —— 乳糖含量，单位为克每千克(g/kg)；

q_m —— 维持饲养水平条件下总能代谢率，根据日粮代谢能除以总能计算得到。

A.3.3 肉用绵羊小肠可消化粗蛋白质需要量

肉羊小肠可消化粗蛋白质需要量评定是在消化代谢试验、比较屠宰等试验的基础上，采用析因法得到不同生产水平下日粮小肠可消化粗蛋白质供给量转化为维持净蛋白质(NPm)、增重净蛋白质(NPg)、妊娠净蛋白质(NPc)、产奶净蛋白质(NP_L)、产毛净蛋白质(NPw)的量和效率(*kn*)后推算获得。肉用绵羊不同生产阶段小肠可消化粗蛋白质每日需要量见表 A.1～表 A.6。计算如式(A.23)：

$$IDCP(g/d) = NPm/knl + NPg/knf + NPc/knc + NP_L/knl + NPw/knw \cdots\cdots (A.23)$$

式(A.23)中，knm、knf、knc、knl、knw 分别为小肠可消化粗蛋白质分别转化为 NPm、NPg、NPc、NP_L、NPw 的效率，数值分别为 1.0、0.59、0.85、0.85、0.26。NPm、NPg、NPw 表示，NPm、NPg、NPc、NP_L、NPw 具体计算公式(AFRC，1993)如式(A.24)：

$$NPm(g/d) = 2.187 \times LBW^{0.75} \quad \cdots\cdots (A.24)$$

公羔、羯羔、育成公羊增重净蛋白质需要量：

$$NPg(g/d) = ADG \times (160.4 - 1.22 \times LBW + 0.010\,5 \times LBW^2) \quad \cdots\cdots (A.25)$$

母羔增重净蛋白质需要量：

$$NPg(g/d) = ADG \times (156.1 - 1.94 \times LBW + 0.017\,3 \times LBW^2) \quad \cdots\cdots (A.26)$$

育成母羊增重净蛋白质需要量：

$$NEg(MJ/d) = ADG \times (2.1 + 0.45 \times LBW) \quad \cdots\cdots (A.27)$$

妊娠净蛋白质需要量：

$$NPc(g/d) = TPt \times 0.067 \times e^{-0.006\,01 \times t} \quad \cdots\cdots (A.28)$$

$$\log(TPt) = 4.928 - 4.87 \times e^{-0.006\,01 \times t} \quad \cdots\cdots (A.29)$$

产奶净蛋白质需要量：

$$NP_L(g/d) = 48.9 \times Y \quad \cdots\cdots (A.30)$$

除育成母羊 IDCPw 取 5.3g/d 外，其他肉用绵羊产毛小肠可消化粗蛋白质需要量计算如下：

$$IDCPw(g/d) = NPw/0.26 \quad \cdots\cdots (A.31)$$

$$IDCPw(g/d) = 11.54 + 0.384\,6 \times NPg \quad \cdots\cdots (A.32)$$

式(A.24)～式(A.32)中：

LBW —— 动物活体重，单位为千克(kg)；

ADG —— 平均日增重，单位为千克每天(kg/d)；

t —— 妊娠天数,单位为天(d);
TPt —— 第 t 天妊娠胎儿的总蛋白质值,单位为克(g);
Y —— 每日产奶量,单位为千克每天(kg/d)。

A.4 肉羊常用饲料成分与营养价值表

肉羊常用饲料成分与饲料蛋白质瘤胃动态降解参数见表 A.7。表中"-"表示暂无测定数据。表中英文缩写及其度量单位具体注释如下:

DM —— 饲料中干物质含量,单位为百分率(%);
ME —— 饲料干物质中代谢能浓度,单位为兆焦每千克(MJ/kg);
CP —— 饲料干物质中粗蛋白质含量,单位为百分率(%);
a —— 具体注释见本附录 A 中 A.2.2 部分;
b —— 具体详释见本附录 A 中 A.2.2 部分;
c —— 具体注释见本附录 A 中 A.2.2 部分;
CF —— 饲料干物质中粗纤维含量,单位为百分率(%);
NDF —— 饲料干物质中中性洗涤纤维含量,单位为百分率(%);
ADF —— 饲料干物质中酸性洗涤纤维含量,单位为百分率(%);

表 A.1 生长肥育绵羊羔羊每日营养需要量表

LBW kg	ADG kg/d	DMI kg/d	ME MJ/d	IDCP g/d
4	0.1	0.12	1.88	35.4
4	0.2	0.12	2.72	60.8
4	0.3	0.12	3.56	82.4
6	0.1	0.13	2.47	41.2
6	0.2	0.13	3.36	62.4
6	0.3	0.13	3.77	83.7
8	0.1	0.16	3.01	42.9
8	0.2	0.16	3.93	63.8
8	0.3	0.16	4.6	84.8
10	0.1	0.24	3.6	44.5
10	0.2	0.24	4.6	65.2
10	0.3	0.24	5.86	85.8
12	0.1	0.32	4.14	46.0
12	0.2	0.32	5.02	66.4
12	0.3	0.32	8.28	86.8
14	0.1	0.4	4.6	47.5
14	0.2	0.4	5.86	67.6
14	0.3	0.4	6.69	87.8
16	0.1	0.48	5.02	48.9
16	0.2	0.48	8.28	68.8
16	0.3	0.48	7.53	88.7

表 A.1（续）

LBW kg	ADG kg/d	DMI kg/d	ME MJ/d	IDCP g/d
18	0.1	0.56	5.86	50.3
18	0.2	0.56	7.11	69.9
18	0.3	0.56	7.95	89.6
20	0.1	0.64	8.28	51.6
20	0.2	0.64	7.53	71.0
20	0.3	0.64	8.79	90.5

表 A.2 育成母绵羊每日营养需要量表

LBW kg	ADG kg/d	DMI kg/d	ME MJ/d	IDCP g/d
25	0	0.8	4.6	29.0
25	0.03	0.8	5.44	41.7
25	0.06	0.8	5.86	47.3
25	0.09	0.8	6.69	53.0
30	0	1	5.44	33.0
30	0.03	1	6.28	45.1
30	0.06	1	7.11	50.6
30	0.09	1	7.53	56.2
35	0	1.2	6.28	37.0
35	0.03	1.2	7.11	48.4
35	0.06	1.2	7.95	53.9
35	0.09	1.2	8.79	59.3
40	0	1.4	6.69	41.0
40	0.03	1.4	7.95	51.7
40	0.06	1.4	8.79	57.0
40	0.09	1.4	10.04	62.3
45	0	1.5	8.79	49.5
45	0.03	1.5	9.62	54.8
45	0.06	1.5	10.88	60.1
45	0.09	1.5	12.1	65.3
50	0	1.6	7.95	52.7
50	0.03	1.6	9.2	57.9
50	0.06	1.6	10.88	63.1
50	0.09	1.6	12.13	68.3

表 A.3　育成公绵羊营养需要量表

LBW kg	ADG kg/d	DMI kg/d	ME MJ/d	IDCP g/d
20	0.05	0.8	6.7	54.5
20	0.1	0.9	8	67.1
20	0.15	1	10	79.7
25	0.05	0.9	7.2	59.1
25	0.1	0.9	9	71.4
25	0.15	1.1	11.1	83.6
30	0.05	1.1	8.5	63.4
30	0.1	1	10	75.4
30	0.15	1.2	12.1	87.4
35	0.05	1.2	9.3	67.7
35	0.1	1	10.9	79.4
35	0.15	1.3	13.2	91.2
40	0.05	1.3	10.2	71.8
40	0.1	1.1	11.8	83.3
40	0.15	1.4	14.2	94.9
45	0.05	1.4	11.1	75.8
45	0.1	1.2	12.7	87.2
45	0.15	1.5	15.3	98.6
50	0.05	1.5	11.8	79.8
50	0.1	1.3	13.6	91.1
50	0.15	1.6	16.2	102.4
55	0.05	1.6	12.6	83.7
55	0.1	1.4	14.5	94.9
55	0.15	1.6	17.2	106.2
60	0.05	1.7	13.4	87.5
60	0.1	1.5	15.4	98.8
60	0.15	1.7	18.2	110.0
65	0.05	1.7	14.2	91.4
65	0.1	1.6	16.3	102.7
65	0.15	1.8	19.3	114.0
70	0.05	1.9	15	95.2
70	0.1	1.6	17.1	106.6
70	0.15	1.9	20.3	117.9

表 A.4 育肥羊每日营养需要量

LBW kg	ADG kg/d	DMI kg/d	ME MJ/d	IDCP g/d
20	0.1	0.8	7.4	67
20	0.2	0.9	9.3	92
20	0.3	1	11.2	118
25	0.1	0.9	8.6	71
25	0.2	0.9	10.8	96
25	0.3	1.1	13.0	120
30	0.1	1.1	9.8	75
30	0.2	1.1	12.3	99
30	0.3	1.2	14.8	123
35	0.1	1.1	11.1	79
35	0.2	1.2	13.8	103
35	0.3	1.3	16.6	126
40	0.1	1.2	12.2	83
40	0.2	1.3	15.3	106
40	0.3	1.4	18.0	130
45		1.3	13.4	87
45	0.2	1.4	16.8	110
45	0.3	1.5	20.3	133
50	0.1	1.4	14.6	91
50	0.2	1.5	18.3	114
50	0.3	1.6	22.1	136

表 A.5 妊娠母绵羊每日营养需要量

妊娠阶段	LBW kg	DMI kg/d	ME MJ/d	IDCP g/d
前期[a]	40	1.6	10.46	68
	50	1.8	12.55	73
	60	2	13.39	78
	70	2.2	14.23	82
后期[b]	40	1.8	12.55	85
	45	1.9	13.39	89
	50	2	14.23	93
	55	2.1	15.06	96
	60	2.2	15.9	101
	65	2.3	16.74	105
	70	2.4	17.57	110

表 A.5（续）

妊娠阶段	LBW kg	DMI kg/d	ME MJ/d	IDCP g/d
后期[c]	40	1.8	14.23	98
	45	1.9	15.06	103
	50	2	16.32	108
	55	2.1	17.15	113
	60	2.2	18.41	118
	65	2.3	19.25	125
	70	2.4	20.5	132

[a] 指妊娠期的第 1 个月至第 3 个月。
[b] 指母羊怀单羔妊娠期的第 4 个月至第 5 个月。
[c] 指母羊怀双羔妊娠期的第 4 个月至第 5 个月。

表 A.6 泌乳母绵羊每日营养需要量

LBW kg	泌乳量 kg/d	DMI kg/d	ME MJ/d	IDCP g/d
40	0	2.0	8.37	57
40	0.4	2.0	12.55	80
40	0.8	2.0	16.74	102
40	1	2.0	18.83	113
40	1.2	2.0	20.92	124
40	1.4	2.0	23.01	136
40	1.6	2.0	25.1	146
40	1.8	2.0	27.2	158
50	0	2.2	9.62	59
50	0.4	2.2	14.23	82
50	0.8	2.2	18.41	104
50	1	2.2	20.5	115
50	1.2	2.2	22.59	126
50	1.4	2.2	24.69	138
50	1.6	2.2	26.78	148
50	1.8	2.2	28.87	160
60	0	2.4	11.3	61
60	0.2	2.4	13.39	72
60	0.4	2.4	15.48	84
60	0.6	2.4	17.57	95
60	0.8	2.4	19.66	105
60	1	2.4	21.76	117
60	1.2	2.4	23.85	128

表 A.6 （续）

LBW kg	泌乳量 kg/d	DMI kg/d	ME MJ/d	IDCP g/d
60	1.4	2.4	25.94	139
60	1.6	2.4	28.03	150
60	1.8	2.4	30.12	159
70	0	2.6	12.55	63
70	0.2	2.6	14.64	74
70	0.4	2.6	16.7	86
70	0.6	2.6	18.83	96
70	0.8	2.6	20.92	107
70	1	2.6	23.01	119
70	1.2	2.6	25.1	130
70	1.4	2.6	27.61	141
70	1.6	2.6	29.71	152
70	1.8	2.6	31.8	163

表 A.7 肉羊常用饲料成分与饲料蛋白质瘤胃动态降解参数

序号	饲料名称	样品来源 及说明	DM %	ME MJ/kgDM	CP %DM	a %CP	b %CP	c /h	CF %DM	NDF %DM	ADF %DM
1	苜蓿干草	北京，苏联苜蓿 2 号	92.4	8.68	18.2	25	65	0.09	31.9	51.0	41.4
2	苜蓿干草	北京，下等	88.7	7.08	13.1	26	54	0.05	48.8	60.3	44.7
3	黑麦草	北京，盛花期	18.0	10.11	18.3	—	—	—	23.3	61.0	38.0
4	黑麦草	吉林	87.8	9.73	19.4	—	—	—	23.2	65.0	38.0
5	羊草	黑龙江，4 样品平均值	91.6	7.86	8.1	33.6	18.8	0.1	32.1	62.1	37.7
6	羊草	内蒙古	92.0	8.53	7.6	—	—	—	—	62.5	35.7
7	碱草	内蒙古，结实期	91.7	5.85	8.1	—	—	—	45.0	—	—
8	谷草	黑龙江，2 样品平均值	90.7	5.72	5.0	—	—	—	35.9	74.8	50.8
9	大米草	江苏，整株	83.2	7.54	15.4	—	—	—	36.4	82.4	68.7
10	沙打旺	北京	14.9	9.64	23.5	—	—	—	15.4	—	—
11	象草	广东湛江	20.0	9.13	10.0	—	—	—	35.0	—	—
12	玉米秸	辽宁，3 样品平均值	90.0	5.31	6.6	—	—	—	27.7	66.1	40.3
13	稻草	浙江，晚稻	89.4	4.44	2.8	—	—	—	27.0	86.7	54.6
14	稻草	河南	90.3	4.24	6.9	—	—	—	29.9	74.8	50.3
15	小麦秸	北京，冬小麦	43.5	4.80	10.1	30	50	0.12	36.1	78.9	47.4
16	小麦秸	新疆，墨西哥种	89.6	4.86	6.3	30	50	0.12	35.6	81.0	58.0
17	花生蔓	山东，伏花生	91.3	8.52	12.0	—	—	—	32.4	—	—

表 A.7 （续）

序号	饲料名称	样品来源及说明	DM %	ME MJ/kgDM	CP %DM	a %CP	b %CP	c /h	CF %DM	NDF %DM	ADF %DM
18	甘薯蔓	7省市31样品平均值	88.0	7.13	9.2	—	—	—	32.4	—	—
19	甘薯藤	11省市平均值	13.0	8.65	16.2	—	—	—	19.2	—	—
20	玉米青贮	吉林，收获后黄干贮	25.0	5.56	5.6	—	—	—	35.6	52.8	34.5
21	玉米青贮	4省市5样品平均值	22.7	8.12	7.0	—	—	—	30.4	—	—
22	苜蓿青贮	青海西宁	33.7	7.62	15.7	—	—	—	38.0	43.6	35.8
23	冬大麦青贮	北京，7样品平均值	22.2	9.13	11.7	—	—	—	29.7	—	—
24	甘薯蔓青贮	上海	18.3	6.87	9.3	—	—	—	24.6	—	—
25	甜菜叶青贮	吉林	37.5	9.32	12.3	—	—	—	19.7	—	—
26	胡萝卜	12省市13样品平均值	12.0	12.66	9.2	—	—	—	10.0	—	—
27	胡萝卜	张家口	9.3	12.79	8.6	—	—	—	8.6	—	—
28	甘薯	7省市8样品平均值	25.0	12.55	4.0	—	—	—	3.6	—	—
29	甘薯	北京	24.6	12.34	4.5	—	—	—	3.3	—	—
30	甜菜	8省市9样品平均值	15.0	10.60	13.3	—	—	—	11.3	—	—
31	豆腐渣	2省市4样品平均值	11.0	13.19	30.0	—	—	—	19.1	—	—
32	甜菜渣	黑龙江，15样品平均值	8.4	9.77	10.7	—	—	—	31.0	—	—
33	马铃薯	10省市10样品平均值	22.0	12.28	7.5	—	—	—	3.2	—	—
34	芜菁甘蓝	3省市5样品平均值	10.0	12.96	10.0	—	—	—	13.0	—	—
35	籼稻谷	9省市34样品平均值	90.6	11.77	9.2	—	—	—	9.4	16.0	12.0
36	玉米	北京，黄玉米	88.0	13.86	9.7	—	—	—	1.5	14.0	6.5
37	玉米	23省市120样品平均值	88.4	13.42	9.7	35.9	43.1	0.1	2.3	13.6	2.3
38	高粱	17省市38样品平均值	89.3	12.22	9.7	—	—	—	2.5	—	—
39	高粱	北京，红高粱	87.0	12.33	9.8	—	—	—	1.7	17.0	6.0
40	燕麦	11省市17样品平均值	90.3	12.05	12.8	—	—	—	9.9	29.3	14.0
41	大麦	20省市49样品平均值	88.8	12.29	12.1	—	—	—	5.3	20.0	7.0
42	小麦	15省市28样品平均值	91.8	13.23	13.2	—	—	—	2.6	11.8	4.2
43	小麦麸	山东，39样品平均值	89.3	10.53	16.8	29	60	0.06	11.5	46.0	13.0
44	小麦麸	全国115样品平均值	88.6	10.86	16.3	—	—	—	10.4	35.5	10.3
45	米糠	4省市13样品平均值	90.2	12.66	13.4	—	—	—	10.2	23.0	18.0
46	高粱糠	2省8个样品平均值	91.1	12.62	10.5	—	—	—	4.4	—	—
47	玉米皮	北京	87.9	9.44	—	—	—	—	15.7	51.0	17.0
48	大豆皮	北京	91.0	10.14	20.7	23	76	0.05	27.6	—	—
49	黄面粉	北京，土面粉	87.2	13.39	10.9	—	—	—	1.5	—	—
50	豆饼	四川，溶剂法	89.0	12.42	51.2	—	—	—	6.7	13.9	6.3
51	机榨豆饼	13省42样品平均值	90.6	12.96	47.5	—	—	—	6.3	15.6	9.9
52	去壳棉籽饼	上海，浸2样品平均值	88.3	11.19	44.6	—	—	—	11.8	31.0	18.0
53	棉籽饼	去壳机榨，4省市6样品平均值	89.6	12.00	36.3	—	—	—	11.9	—	—

表 A.7 (续)

序号	饲料名称	样品来源及说明	DM %	ME MJ/kgDM	CP %DM	a %CP	b %CP	c /h	CF %DM	NDF %DM	ADF %DM
54	向日葵饼	北京,去壳浸提	92.6	9.71	49.8	—	—	—	12.7	—	—
55	机榨菜籽饼	13 省市 21 样品平均值	92.2	12.02	39.5	—	—	—	11.6	—	—
56	机榨胡麻饼	8 省市 11 样品平均值	92.0	12.26	36.0	—	—	—	10.7	—	—
57	机榨花生饼	9 省市 34 样品平均值	89.9	13.17	51.6	—	—	—	6.5	—	—
58	玉米粉渣	6 省 7 样品平均值	15.0	13.20	12.0	—	—	—	9.3	81.9	28.0
59	马铃薯粉渣	3 省 3 样品平均值	15.0	10.39	6.7	—	—	—	8.7	—	—
60	酱油渣	宁夏银川	24.3	12.21	29.2	—	—	—	13.6	—	—
61	酒糟	贵州,玉米酒糟	21.0	10.57	19.0	—	—	—	11.0	43.0	21.0
62	酒糟	吉林,高粱酒糟	37.7	12.68	24.7	—	—	—	9.0	47.0	19.0
63	啤酒糟	2 省 3 样品平均值	23.4	10.06	29.1	—	—	—	16.7	45.0	22.0
注:表中“—”表示暂无测定数值。											

图书在版编目（CIP）数据

畜牧业行业标准汇编．2004～2011．第2卷/农业部畜牧业司，全国畜牧总站，全国畜牧业标准化技术委员会编．—北京：中国农业出版社，2012.12
（中国农业标准经典收藏系列）
ISBN 978-7-109-17377-4

Ⅰ.①畜… Ⅱ.①农…②全…③全… Ⅲ.①畜牧业—行业标准—汇编—中国—2004～2011②畜禽—饲养管理—行业标准—汇编—中国—2004～2011 Ⅳ.①S8-65

中国版本图书馆CIP数据核字（2012）第271267号

中国农业出版社出版
（北京市朝阳区农展馆北路2号）
（邮政编码 100125）
责任编辑 刘 伟 冀 刚 李文宾

中国农业出版社印刷厂印刷 新华书店北京发行所发行
2012年12月第1版 2012年12月北京第1次印刷

开本：880mm×1230mm 1/16 印张：14
字数：435千字
定价：84.00元